¿Por qué caen las manzanas?

"No sé lo que pareceré a los ojos del mundo, pero a los míos es como si hubiese sido un muchacho que juega en la orilla del mar y se divierte de tanto en tanto encontrando un guijarro más pulido o una concha más hermosa, mientras el inmenso océano de la verdad se extendía, inexplorado, frente a mí". [1]

Isaac Newton

"…Newton, perdóname; tú encontraste el único camino que en tu época era posible para un hombre de máxima capacidad intelectual y de creación. Los conceptos que tú creaste siguen rigiendo nuestro pensamiento físico, aunque ahora sabemos que hay que sustituirlos por otros más alejados de la esfera de la experiencia inmediata si aspiramos a una comprensión más profunda de la situación". [2]

Albert Einstein

NOTAS DEL AUTOR

Cuando en las plácidas noches de verano contemplo el firmamento desplegando su belleza serena hecha negro y luz, comprendo el significado de lo infinito. Me siento entonces como una diminuta partícula inmersa en una actividad cosmológica ordenada y, a la vez, inasequible para la lógica humana. Y bajo las estrellas, aquella sensación de cuando era niño, aquel inexplicable escalofrío, se repite al contemplar a la redonda Luna como dueña misteriosa del cielo.

De la observación de esta y de otras maravillas de la Naturaleza nació y creció en mí un desbordante interés y pronto muchas preguntas tomaron forma. Tuve buenos guías que saciaron mi curiosidad y por eso el ansia de conocer, de comprender los mecanismos que envuelven el mundo y tal vez, la necesidad de sentirme un participante activo me llevó a profundizar y, al cabo del tiempo, a amar la Ciencia. Toda esta información se ha ido entrelazando, conformando un modo de ser, un modo de plantear y justificar la existencia y también de comprender nuestro papel en la naturaleza.

Este libro, lejos de ser un acopio de información, pretende rendir un humilde homenaje a la vida y al pensamiento de los grandes hombres de la Ciencia. A aquellos que poseyendo una inteligencia superior construyeron un edificio teórico sólido que nos permite explicar en parte el funcionamiento del mundo que nos rodea. Esta obra irá mostrando, a partir de las vicisitudes y las anécdotas de sus vidas y de las circunstancias del tiempo que les tocó vivir, la esencia de sus teorías y cómo estas han permitido los avances científicos que nos hacen lo que somos porque abrieron los caminos intelectuales por los que hoy nos movemos. Ellos fueron los pioneros en la navegación del gran río. De Ptolomeo y su Sol a Galileo y su Tierra, de Newton y su Determinismo a Einstein y su Relatividad. En suma, aquí se cuenta la aventura de la razón vista a través del prisma de unos ojos particulares.

Las teorías científicas son en esencia hermosas porque se construyen sobre cimientos matemáticos que sirven para interpretar una realidad ideal. La **simetría** está casi siempre presente en estos desarrollos. Podríamos decir que el Cosmos parece querer revelarse contra las condiciones Matemáticas que se le quieren imponer y en su lucha únicamente consigue desviarse un poco de los modelos ideales. Y es que de la observación del mundo físico, desde los procesos subatómicos a las teorías moleculares; desde la pequeñez de la Tierra a la inmensidad de las estrellas, las galaxias y del propio Cosmos; todo parece obedecer a unos modelos y leyes racionales cuyo elemento conciliador es el de poseer uno o varios elementos de simetría. Pensemos, por ejemplo en las alas de una mariposa, en la disposición del cuerpo de los seres vivos, en la forma de las montañas y hasta en nuestros propios edificios. Y desde este punto agrandemos la mirada hacia la cuidada forma de los planetas y los soles, o concentrémosla en el girar vertiginoso de los electrones en torno al núcleo. Los modelos simétricos están presentes, en mayor o menor medida, en la explicación de todos los fenómenos. Es más: **la simetría vive en nuestra propia mente.**

La **cuarta dimensión** viene a completar esa simetría de las Leyes de la Física para hacerlas más universales, más coherentes y más uniformes dentro de la estructura científica que las protege. Las Matemáticas permiten diseñar mundos de muchas dimensiones; pero durante siglos únicamente tres eran las responsables de los fenómenos físicos, reunidas bajo la palabra **espacio**. Cualquier objeto del mundo podía referenciarse de manera inequívoca gracias a sus tres coordenadas espaciales (largo, ancho y alto) y la evolución de cualquier fenómeno también se controlaba con esas variables, ayudadas por otra más esquiva e independiente llamada **tiempo**. El tiempo pertenecía a otra categoría distinta de las anteriores; actuaba por su cuenta, sin someterse a los dictados de las otras tres. Y de hecho parece que es así en la mayoría de los fenómenos; pero eso es sólo un esbozo de la verdad. Tuvieron que pasar varios milenios hasta que se consiguió atrapar al esquivo tiempo y ensamblarlo con el espacio en igualdad de condiciones.

Esta obra se estructura en tres partes. En la primera se esboza la impagable contribución de la Ciencia Antigua; en especial un pueblo: el griego; y un lugar: Alejandría. Allí se desplegó el infinito poder de las Matemáticas, venciendo a los designios divinos que intervenían en todos los campos del saber. En la segunda se retrata el oscurantismo y la desprotección que, durante la Edad Media, zarandearon a la Ciencia, haciéndola temblar desde sus cimientos. Afortunadamente en esa época vivieron hombres extraordinarios que, aun a riesgo de sus propias vidas, no se conformaron con creer las medias verdades que eran dogma para la mayoría. Nunca podremos pagarles su esfuerzo por intentar asimilar desde el intelecto un mundo que se negaba a la razón en aras de una divinidad que todo lo podía. En la tercera, en fin, se narra el nacimiento y desarrollo de la Ciencia Moderna, primero con la timidez de los primeros pasos de un niño, luego con los titubeos del adolescente y la imprecisión del joven hasta llegar a su pletórica madurez: compleja, inabarcable para un solo hombre, omnipresente y rebosante de fascinación.

Me hubiera gustado escribir que en esta obra no hay fórmulas; sin embargo no es así. He considerado las indispensables para comprender mejor los conceptos que se derivan de ellas. La mayor parte de las veces se usan como vehículo para introducir ejemplos a fin de aclarar mejor ideas que resultan de difícil explicación. Por esta razón y también motivado por un principio elemental de rigor he decidido su inclusión; aunque el lector pueda, la mayoría de las veces, esquivarlas sin perder el hilo narrativo.

Han sido muchas las lecturas y trabajos que han apoyado la obra que aquí empieza, la mayoría de ellos incluidos en la bibliografía; pero quisiera destacar especialmente cuatro que recomiendo encarecidamente al lector interesado en la divulgación científica. "A Hombros de Gigantes: Estudio sobre la Primera Revolución Científica" de Alberto Elena, Profesor Titular de Historia de la Ciencia de la Universidad Autónoma de Madrid que de una manera detallada y amena nos invita a un viaje a lo largo de la historia del conocimiento científico. "Einstein" de Banesh Hoffmann (1906-1989), Profesor de Física Teórica que colaboró con el sabio en la Universidad de Princeton. Esta obra trata no es solo una biografía muy completa de la que he obtenido muchas de las citas que aparecerán en este libro, sino que presenta un enfoque muy didáctico de la obra einsteniana que resulta muy asequible. Para quienes quieran profundizar más: "Relatividad Especial. Curso de Física del M.I.T". de Anthony Philip French, Profesor Emérito de Física del Massachusetts Institute of Technology que da una visión muy completa de la teoría apoyada en múltiples ejemplos que la hacen comprensible. "La Relatividad General. De la A a la B" de Robert Geroch, Profesor de Física Teórica de la Universidad de Chicago cuyo trabajo, lleno de referencias gráficas, nos introduce de manera intuitiva en conceptos difíciles de abordar.

Deseo expresar mi agradecimiento a Enrique Carballo González, Profesor Titular de Física Aplicada de la Universidad de Vigo, que con sus aportaciones y sugerencias ha enriquecido esta obra. A Luis Fernando Romaní Martínez, Catedrático de Universidad de Física Aplicada por brindarse a presentar esta obra y por el entusiasmo puesto en la tarea. También a Fernando Martínez Menchón por su colaboración en la elaboración de muchas de las ilustraciones. A *Creative Commons España* por su asesoramiento con respecto a las imágenes. Extiendo mi gratitud a los amigos que han ido leyendo los distintos borradores de este libro contribuyendo a hacer más compresible y ameno cuanto aquí se cuenta.

PARTE PRIMERA

EL COMIENZO DEL GRAN VIAJE

Nuestra nave parte hacia la gran odisea a lo largo del río. Las rocas se levantan amenazadoras y la corriente nos zarandea sin cesar. El temor se apodera de los tripulantes. Todo es desconcierto. La sabiduría adquirida es una mezcla amorfa de observaciones naturales y contribuciones divinas. Todo parece mezclarse sin sentido, incluso en las mentes más privilegiadas. La ignorancia es la mejor aliada de los dioses y estos parecen atacar a la razón desde todos los frentes. La herencia recibida es muy débil; insostenible por la lógica y por lo tanto por el intelecto de los puros, si es que los hay. Todo está por hacer. Nadie conoce a ciencia cierta rutas seguras para alcanzar el conocimiento. La noche cae y, a lo lejos, las luces tenues de unas antorchas intentan dar esperanzas al navío. Guiados por ellas, llegamos a aguas mansas. Varios hombres, desde lo alto de la colina, vienen a recibirnos. Nos entregarán un cargamento insólito que nos permitirá crear un mundo intelectual, donde la razón luchará por amansar la exuberante espuma de las aguas. Así hallaremos una senda segura. Hagamos una pequeña parada y escuchémosles.

1.1 El legado indeleble.

Siempre me he preguntado qué hubiese sido de nuestro presente si los conocimientos de la cultura clásica no hubiesen sido frenados por tantos siglos de oscurantismo. Desde hace milenios se desarrollaron civilizaciones extraordinarias cuya visión del Cosmos, apoyada por una infinita curiosidad, sirvió de pilar para la Ciencia actual. A los egipcios, fenicios o babilónicos, a los pueblos de oriente, a los griegos y romanos les preocupaba enormemente todo lo que les rodeaba; en especial la gran maquinaria del Universo y la influencia de este sobre sus vidas. Por eso fueron muchos los observadores del cielo; los estudiosos de la Astronomía, una ciencia que en principio fue teológica y que, paulatinamente, se fue transformando en racional. En este trayecto se observa el poderoso influjo de la simetría y de la repetición como ideas recurrentes en la explicación de los fenómenos.

Figura 1. En la Cosmogonía India la Tierra era sostenida por gigantescos elefantes que se sustentaban sobre el caparazón de una tortuga. Un gran áspid que se mordía la cola encerraba el conjunto de Tierra y cielo.

Ya los egipcios establecieron un calendario que se basaba en la observación de un acontecimiento periódico: la aparición de la estrella Sirio en el horizonte. Como este hecho se producía coincidiendo con la gran crecida del Nilo, consideraron ese día como el primero del primer mes del año: el Mes de la Inundación. Dividieron entonces el año en doce meses de treinta días repartidos en tres estaciones y, para completarlo, añadieron cinco días en un intento somero pero racional de soslayar las desviaciones. Continuaron con esta división; pero el paso de los años hizo olvidar a los gobernantes y legisladores el fenómeno físico que la había originado. La consecuencia de esto fue un alejamiento entre el año civil y el astronómico. En lugar de añadir un día "de vez en cuando", para atenuar la discrepancia, mantuvieron el sistema, de modo que, cada 120 años, el calendario civil adelantaba un mes entero al astronómico. Si reflexionamos sobre estos hechos, podemos constatar que la arbitrariedad está presente en su aplicación, pero fue una base periódica, es decir, sustentada en una armonía espacio-temporal, la que permitió la organización de la vida egipcia.

Figura 2. Para los egipcios antiguos, la bóveda celeste era la diosa Nut que estaba enamorada de la Tierra. Todos los días, Ra, el dios del Sol, nacía y moría, después de recorrer el cuerpo de su madre en una embarcación.

Este pueblo no tuvo un soporte matemático consistente para fundamentar sus observaciones astronómicas. Por eso causa extrañeza la orientación de sus pirámides, que apuntan de manera casi perfecta a los puntos cardinales, los cuales se localizaban tomando como punto de referencia también, acontecimientos fijos o periódicos, como la posición de la Estrella Polar o de una determinada constelación o, simplemente, el tamaño de la sombra en sus instrumentos de medida del tiempo. La experiencia les había enseñado que la sombra más corta es la que señala el norte.

Desde el siglo XIX han proliferado los trabajos que pretenden demostrar científicamente la cuidada disposición de las pirámides, en especial de las de la planicie de Gizeh. De entre ellos son reseñables los que han realizado la egiptóloga inglesa Kate Spence y el español Juan Antonio Belmonte, investigador del Instituto de Astrofísica de Canarias. Según estos autores la perfecta alineación de las pirámides pudo ser debida a la posición de dos estrellas, cuya prolongación permitía a los egipcios localizar el norte. Este hecho, junto a otros muchos parece corroborar el asombroso control intelectual que este pueblo tenía de los fenómenos naturales, muchos de ellos indispensables en la organización de sus vidas.

Pero no es necesario remontarse al principio de los tiempos para darse cuenta de esta afirmación. Para los campesinos, aún hoy, tiene importancia primordial el calendario lunar, fundamentado en la periodicidad del movimiento de nuestro satélite natural.

Ya los antiguos tomaron buena nota de ello y así, los babilónicos, por ejemplo, construyeron un calendario que se ajustaba a estas observaciones. Este pueblo fue el creador del legado primigenio de la división de nuestro tiempo.

El astrónomo **Naburiano**, (siglo V a.C), calculó la duración del año solar en 365 días, 6 horas y 15 minutos. En Babilonia se concibió la semana de siete días y la hora, el minuto y el segundo. Este sistema fue heredado por los hebreos y los griegos. Los desajustes entre el año lunar y las estaciones, basadas en el año solar, eran compensados, de un modo arbitrario, por ley. El rey, cada cierto tiempo, decretaba la ampliación en un mes de un año determinado. **Metón**, astrónomo griego del siglo V a.C., encontró una regla llamada ciclo metódico que permitía una corrección científica de estos desajustes: 19 años solares equivalen a cada 235 meses lunares[1] (19 años lunares + 7 meses lunares), es decir, cada 19 años solares las mismas fechas del año corresponden con las mismas fases de la luna. En el llamado calendario ático lunisolar usado por los griegos se intercalaban siete meses lunares en el período de 19 años lunares para lograr la concordancia entre el calendario solar y el lunar.

Todas estas reflexiones me conducen a pensar que la periodicidad del Universo es la madre del conocimiento astronómico antiguo y que las desviaciones no son más que el fruto de errores matemáticos, mecánicos o humanos; ya que era más fácil fijarse en el fenómeno y construir un sistema arbitrario, que depender continuamente de la observación. Podemos concluir pues, que de la periodicidad, el arbitrio y las aportaciones de lo sobrenatural surge la concepción del mundo y la actitud ante la vida de los pueblos de la antigüedad.

La cumbre del saber antiguo llegó, sin duda, con los griegos, que dieron el gran salto existente entre lo espiritual y lo racional: **el paso del mithos al logos**. Poco a poco, sus sabios

---

[1] La diferencia es de unas dos horas. Cada mes lunar tiene 29,5 días y cada año lunar 354 días. Por lo tanto 354 días x 19 años lunares + 7 meses lunares x 29,53 días = 6932,5 días que son 19 años solares.

diseñaron un sistema matemático y geométrico que les permitió la explicación coherente de muchos fenómenos. Se partía siempre de suposiciones o hipótesis, muchas veces imposibles de demostrar, pero siempre basadas en la observación y en el razonamiento, evitando usar como pretexto dioses y héroes.

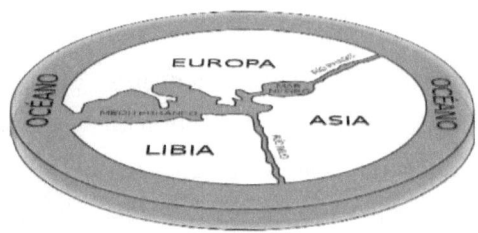

Figura 3. Anaximandro proponía una Tierra con forma cilíndrica. La superficie del planeta se ajustaba a la base plana superior y flotaba en un mar universal.

Cuántas veces en nuestros ratos de ocio nos entretenemos haciendo pedacitos una hoja de papel o troceando una ramita con la navaja. Seguro que algo parecido sugirió la "primera teoría atómica". Dos griegos del siglo V a.C., **Leucipo** y **Demócrito**, defendieron la idea de la existencia de unas partículas elementales, indivisibles (átomo = sin división), eternas, indestructibles, dinámicas, inmersas en un vacío infinito, que constituían toda la materia. También concibieron la existencia de diferentes clases de átomos que originarían los distintos tipos de materia. Poco se sabe de las vidas de estos dos filósofos. El primero pudiera ser natural de Elea o de Éfeso. Lo que sí es conocido es que Demócrito de Abdera era más joven que Leucipo y fue uno de sus discípulos. Como no se tiene certeza sobre las partes de la doctrina atomista que fueron aportadas por uno o por el otro, la filosofía atomista se les atribuye a ambos.

Los atomistas propusieron que de la idea esencial de que el número de átomos es infinito se deriva necesariamente la existencia de otros mundos. Esta idea se alejaba considerablemente de la lógica sustentada en la observación. Sin embargo cuan acertadas eran sus suposiciones, pues hoy sabemos que el Universo está plagado de galaxias, soles y planetas que se rigen por códigos espacio-temporales idénticos los que soportan nuestro sistema mundo. Además su audacia les llevó a afirmar que la estructura de estos mundos no tiene por que ser un calco de la nuestra. Puesto que el comportamiento de los átomos tiene un carácter completamente aleatorio esa condición es suficiente para que los resultados de sus combinaciones produzcan universos totalmente distintos del nuestro.

El propio **Aristóteles** (384 a.C-322 a.C.) compara los átomos con las letras de un alfabeto, con piezas de un rompecabezas gigantesco. Pero, quizás, lo más atrayente de esta teoría atómica sea la introducción del principio de azar y aleatoriedad. El comportamiento de los átomos griegos es casual y no está predeterminado; cosa que Aristóteles negaba taxativamente porque era partidario de una causalidad; de una relación causa-efecto que chocaba de frente contra el atomismo.

El lector que guste de estos temas puede aplicar este comportamiento caótico y de probabilidades al nacimiento de la Física Cuántica. Cuánta coincidencia. Qué distinto resulta el determinismo newtoniano, que puso las cosas en su sitio durante tres siglos, haciendo creer a toda la comunidad científica la predestinación del Cosmos y más aún, de la propia vida humana.

Incluso podemos ir mucho más allá postulando teorías que hace unos años pudieran parecer ideadas por un escritor de ciencia ficción. Es sencillo retomar hoy en día estos planteamientos y abstraerlos incluso más allá de la propia materia, proponiendo la existencia de la antimateria y por lo tanto de los antiátomos y de los antiuniversos. La antimateria es materia compuesta de antipartículas de las partículas que constituyen la materia normal. El ejemplo más sencillo es el átomo de antihidrógeno, que está compuesto de un antiprotón de carga negativa y un antielectrón de carga positiva. Si una pareja partícula/antipartícula entra en contacto se aniquilan entre sí y producen una enorme energía, que puede invertirse en crear partículas, antipartículas o radiación. Experimentalmente se ha conseguido, hace ya más de cuarenta años, producir antiátomos de hidrógeno, e incluso núcleos de antideuterio, creados a partir de un antiprotón y un antineutrón, pero no se ha logrado crear antimateria de mayor complejidad. La antimateria se crea en el Universo allí donde haya colisiones entre partículas de alta energía.

Las preguntas que podemos derivar de la anterior exposición son muchas y muy variadas. ¿Es nuestro Universo una consecuencia aleatoria del comportamiento de las partículas y las antipartículas? ¿Existen universos paralelos de antimateria susceptibles de conjugación o simetría con el nuestro? ¿Qué implicaciones filosóficas subyacen bajo todo este ingente acopio de información científica?

La Ciencia no prueba que el Universo sea eterno, sino que, hoy por hoy, la comunidad científica y por ende, la gente de a pie piensa de que el Universo tuvo un comienzo absoluto en el **tiempo cero**. La teoría de la Gran Explosión (Big Bang) implica el comienzo de un tiempo absoluto, indisolublemente ligado al concepto de espacio. La Ciencia no puede explicar, ni podrá nunca, lo que pasó antes del tiempo cero. Tal explicación rebasa los límites del conocimiento científico. Es en esto en lo que puede basarse la justificación primigenia de la existencia de un ser superior.

Llegados a este punto es obvio que la idea de la existencia de Dios se apunta como algo recurrente; pero sustancialmente se trataría de un ente completamente distinto al que tradicionalmente nos presentan las religiones; pues estas, contagiadas de un espiritualismo excesivamente humanizado, le confieren forma, nombre, historia y características que terminan alejándolas completamente de la propiedad auténtica de su concepción. La educación se encarga luego de manifestar estas circunstancias en la vida de cada uno difuminando la verdadera esencia del ser supremo: **el concepto de eternidad.**

El caos de Demócrito parece, en una primera abstracción, lo más alejado a la idea de este libro, pero si reflexionamos desde nuestro conocimiento actual, ¿No es una distribución estadística de cualquier fenómeno aleatorio un ente matemático simétrico en su más pura esencia? Evidentemente sí. Pensemos, por ejemplo, que la distribución estadística normal (campana de Gauss) está presente en la mayoría de los sucesos del azar. El mundo atómico desordenado y convulso que nos plantea el sabio griego posee sentido gracias a las Matemáticas. **Las Matemáticas han puesto orden en el caos.** En este punto no quisiera abundar en más disquisiciones filosóficas o teológicas y sí alabar la acertada visión de los griegos cuyas interpretaciones nos han permitido llegar tan lejos.

Muchos griegos intentaron dar forma intelectual al Universo, aplicando, casi siempre, formas geométricas. Para Tales de Mileto (624 a.C?-548 a.C) era una burbuja semiesférica rodeada de agua. Para Anaximandro (611 a.C-547 a.C), los astros son anillos huecos de aire opaco semejantes a gigantescas arandelas y su brillo es debido a pequeños orificios abiertos en ellos; **Platón** (427 a.C?-347 a.C?) se imagina un Universo ordenado y susceptible de ser descrito matemáticamente; esférico en su totalidad y en sus constituyentes, coincidiendo con su discípulo Aristóteles en su concepto de tiempo como fluir de las cosas a través de una recta infinita. En sus Diálogos lo define como la imagen móvil de la eternidad. Definición que es retomada por Aristóteles al decir que es el número del movimiento según el antes y el después.

Esta visión lineal del devenir del tiempo perduró durante milenios hasta la Teoría de la Relatividad, que nos propone la existencia de un espacio-tiempo interdependiente que se cierra sobre sí mismo, que se geometriza y se hace periódico. El Universo es, además, según estos dos filósofos, único y limitado; y es precisamente en su limitación donde se sustenta la posibilidad de representarlo. Fuera de la esfera celeste no existe ni siquiera la nada.

Casi todos los filósofos antiguos han planteado también mecánicas celestes para explicar el movimiento de los planetas, del Sol y de la Luna. El pionero por excelencia de todos estos intentos geométricos de ordenar el Universo fue **Eudoxo** (408 a.C-355 a.C). Describió en sus libros las constelaciones observadas en sus viajes por Grecia y Egipto. Ideó una esfera celeste en la que explicaba el movimiento de los astros con un sistema de 24 esferas móviles. En su sistema mundo las esferas celestes se encontraban unas dentro de otras y contenían en su superficie los diferentes astros. Los planetas giraban en esferas perfectas, con los polos situados en otra esfera que a su vez tenía sus polos en otra esfera. Al girar estas esferas a diferentes velocidades en torno a un eje común se obtenían las posiciones relativas de cada cuerpo. El sistema presentaba gran complejidad estructural y, a medida que aumentaban los conocimientos del cielo el número de esferas necesarias aumentaba también. **Hiparco** (161 a.C-127 a.C), quizás abrumado por tanta complejidad al ver que el problema se complicaba cada vez más, redujo el número de esferas a 7 y puso en el centro a la Tierra.

Figura 4. El mapa de los cielos de Hiparlo descansa sobre los hombros del Atlas Farnesio, un gigante de mármol del s. II que encuentra en el Museo Arqueológico Nacional de Nápoles. El coloso sostiene un globo de 65 cm de diámetro en el que se muestran cuarenta y una 41 constelaciones dispuestas con precisión y un sistema de círculos de referencia, entre ellos el ecuador, los trópicos, el círculo polar ártico y el antártico. Fue el primer mapa estelar y se creía perdido hasta que un arqueólogo lo descubrió en 2005.

Las enseñanzas de Hiparco no cayeron en saco roto, a pesar de la complejidad. Claudio **Ptolomeo**, adoptó y desarrolló su sistema. A nosotros han llegado la mayoría de sus obras, pero el desconocimiento sobre su vida es casi absoluto. Algunos estudiosos afirman que vivió en el siglo II a.C. y otros lo fechan aproximadamente en el año 100 al 150 de nuestra era. El poder geométrico de su teoría y su conveniencia teológica hicieron que su modelo geocéntrico triunfase y fuera adoptado por la cristiandad hasta bien entrada la Edad Media.

En esta vorágine, que acabó eludiendo la racionalidad para acomodarse en la teología, la Historia de la Ciencia se esforzó en olvidarse de otro personaje que con el paso de los siglos recibiría el pago de su extraordinaria audacia. Fue el astrónomo y matemático **Aristarco de Samos** (310 a.C-230 a.C). Como se ve por las fechas fue muy anterior a Ptolomeo. Su teoría, llamada Heliocéntrica, porque situaba al Sol en el centro del sistema mundo, fue arrinconada y olvidada durante siglos. Era matemáticamente correcta pero constituía un "error moral". Ambos personajes parecen pues, totalmente antitéticos sin embargo tuvieron algo en común: su relación con la ciudad de **Alejandría**: la Meca del saber antiguo

Antes de adentrarnos en el pensamiento de estos dos genios, atraquemos nuestro barco en su concurrido puerto interior del lago Mareotis. Vistamos unas túnicas griegas y perdámonos entre la multitud, entrando por la puerta de la muralla a Vía del Domo, la calle empedrada que nos mostrará la urbe más grande y floreciente del mundo.

Alejandría fue concebida, ubicada y fundada por Alejandro Magno (356 a.C-323 a.C.), hacia el 331 a. C, durante la campaña de Egipto. La leyenda cuenta que el insigne militar viajó al Oasis de Siwa en el desierto libio para escuchar al Oráculo de Amón. Allí el dios se le presentó como su padre abriéndole así camino hacia la divinidad. Y dicen que el propio Amón le inspiró la ciudad de sus sueños. Cuando Alejandro vio aquella planicie junto al mar, en la parte occidental del delta del Nilo, supo que aquel era el lugar.

Ordenó a Dinócrates, el jefe de sus arquitectos, que marcara el emplazamiento de las murallas y dentro de ellas la localización de las calles y edificios más importantes. La misma leyenda cuenta que los trabajadores, siguiendo sus órdenes, fueron trazando el perímetro de la ciudad y sus principales vías —la Canopia y la del Domo— con chorros de harina y que unas aves se la comieron, hecho interpretado como un presagio de que la ciudad alimentaría al mundo civilizado.

Pero el gran Alejandro, el preclaro mecenas de la sabiduría, no pudo ver más que el esbozo de su gran proyecto. Tras su precoz muerte, acaecida a los 33 años, se sucedieron las luchas internas por alcanzar el poder. El imperio se fragmentó en muchos pedazos y sus lugartenientes y generales se los fueron repartiendo según su poder e influencia. Uno de ellos, Ptolomeo Lagos se hizo con Egipto y su hijo Ptolomeo Soter "el Salvador", (367 a.C-283 a.C), fundó la dinastía Lágida.

Este soberano, desde Menphis, la capital del reino, fue el ejecutor del sueño de Alejandro, haciendo un esfuerzo ingente por levantar y engrandecer Alejandría desde todos los ámbitos: urbano, social, cultural y espiritual. Escogió al arquitecto Dinócrates de Rodas para comenzar la descomunal obra. Fue este arquitecto el que materializó la ciudad y el que unió la isla de Pharos con la costa a través de un dique, el Heptastadion.

Con la colaboración de Demetrio Falero, que probablemente fue primer bibliotecario, (aunque el primero registrado fue Zenodoto de Éfeso, preceptor de los hijos del rey Soter), el rey concibió el Museión, un centro de investigación e intercambio de conocimientos, es decir, la universidad mas antigua de la que se tiene constancia. Como parte de él nació la renombrada Biblioteca, que probablemente no tuvo un edificio propio sino que estaba integrada en la gran institución dedicada a las musas. El proyecto del primer Ptolomeo se completó durante el reinado de su sucesor Ptolomeo II Filadelfo (284 a.C-246 a.C), que se apoyó en el arquitecto Sostrato de Cnido, de origen jónico, encargado de materializar el proyecto de construcción del faro y el Serapeum: un grandioso templo en honor al dios egipcio-griego Serapis, que su hijo Ptolomeo III Evérgetes ampliaría para albergar libros, pues la biblioteca original estaba ya repleta. El propio Evérgetes respaldó a su astrónomo real, el insigne Conón de Samos para que se comenzase a utilizar en Alejandría el polémico **calendario** que propuesto por el sabio, en el que se dividía el año en doce meses de treinta días, intercalando en esos meses cinco días adicionales y un día más cada cuatro años para corregir los errores acumulados. Aunque los comienzos de este calendario fueron titubeantes y nunca fue aceptado por la comunidad egipcia, que continuó utilizando el suyo, lo cierto es que el de Conón terminó imponiéndose entre los griegos, hasta tal punto que fue adoptado por los romanos (calendario juliano) y luego en el medievo (calendario gregoriano) se perpetuó hasta llegar nuestros días.

Los sucesivos monarcas de la saga de los Ptolomeos continuaron fomentando, durante tres siglos, el desarrollo económico y cultural de la ciudad hasta su último representante: la enigmática Cleopatra VII (69 a.C-30 a.C). Bajo tan acertados mandatarios Alejandría irradió cultura, pensamiento y Ciencia con una luz tan fuerte como la del colosal faro que la anunciaba.

Si continuamos nuestro paseo imaginario podemos adentrarnos en las magníficas instalaciones de la Biblioteca, en la pudo haber más de un millón de papiros en el momento de máximo esplendor según estimaciones de los historiadores más optimistas; pasear por el Museión, escuchando las disputas de los intelectuales; curiosear por el Jardín Botánico, con especies exóticas del Oriente y de África; contemplar los raros ejemplares de su zoológico; pasar una noche en el observatorio astronómico; y todo ello en un ambiente paradisíaco de estanques y jardines.

Emisarios reales viajaban a los confines del mundo para copiar o comprar bibliotecas enteras. Incluso los barcos que llegaban a puerto eran registrados meticulosamente no en busca de oro, sino de libros, los cuales, después de ser copiados y clasificados eran devueltos a sus dueños. Sabios de todas partes soñaban con Alejandría y los más destacados eran llevados allí. Tal era la fascinación que les producía la ciudad que se quedaban viviendo en ella, amparados por el respeto y la admiración de sus conciudadanos. Por eso no nos extrañemos si en nuestro camino nos encontramos a Hiparco, Arquímedes, Euclides, a Eratóstenes o a tantos otros.

Pues bien, una vez hecho este recorrido para ponernos en situación y poder sentir lo mismo que los grandes hombres que allí llegaban, retomemos de nuevo el discurso que dejamos en manos de Aristarco y Ptolomeo. Cuando Aristarco llegó a la ciudad, se encontró con que la mayoría de los intelectuales aceptaba las ideas de Platón y Aristóteles sobre una Tierra inmóvil en el centro de un Universo estático y limitado. Aristarco arremetió contra estas ideas de los "consagrados" dando una visión nueva, revolucionaria y peligrosa. Supuso que el Sol y las estrellas estaban inmóviles en la bóveda celeste, pero que la Tierra y los demás planetas giraban en torno al astro rey en círculos. Por eso podemos considerarle como un pionero, como el antecesor más directo de Copérnico. Lamentablemente, su ingeniosa teoría fracasó, dado que iba en contra del egocentrismo humano que hace que nos sintamos el centro de todas las cosas y también en contra de las ideas de filósofos ejemplares. Defendía las mismas razones que, como veremos más adelante, costaron la vida, varios siglos después, al bueno de Giordano; o que aconsejaron el proceso a Galileo.

Figura 5. Claudio Ptolomeo

Ptolomeo, sin embargo tuvo más fortuna, pues su concepto del Cosmos era más conveniente. Debido a ello, su teoría fue aclamada y aceptada en la Antigüedad y en el Medievo, profundamente, fanáticamente religioso. Sus ideas no eran ni mucho menos originales, como ya hemos visto, pero él les dio la solidez y confianza matemática de las que adolecían. La esencia de su teoría se encuentra en el libro "Sintaxis Matemática", llamada por los árabes "Almagesto", que significa "el gran libro". En ella, junto a las hipótesis de los planetas, se expone de manera completa y elaborada la estructura de un Universo que gira en torno a la Tierra, sustituyendo las "esferas sólidas" de sus predecesores por esferas matemáticas. El resultado es un complicado sistema en el que los planetas van trazando bucles alrededor de la tierra. Esos bucles, llamados epiciclos, son necesarios para justificar las observaciones que se hacían del cielo.

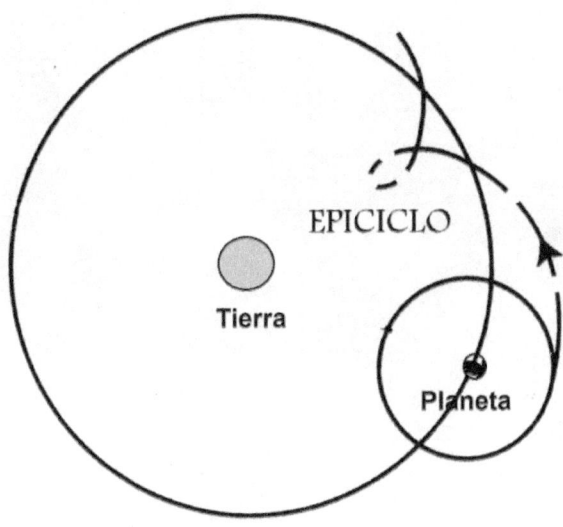

Figura 6. Los epiciclos de Ptolomeo.

La teoría se ajustaba de modo excelente a las observaciones de la época y fue de suma utilidad para astrónomos y navegantes durante siglos, sin embargo el sistema de combinación de movimientos de traslación era mucho más complicado que el de Aristarco y esta complejidad aumentaba con el perfeccionamiento de los aparatos de observación. Sirva de ejemplo que en el siglo XVI se necesitaban 70 movimientos simultáneos para justificarlo.

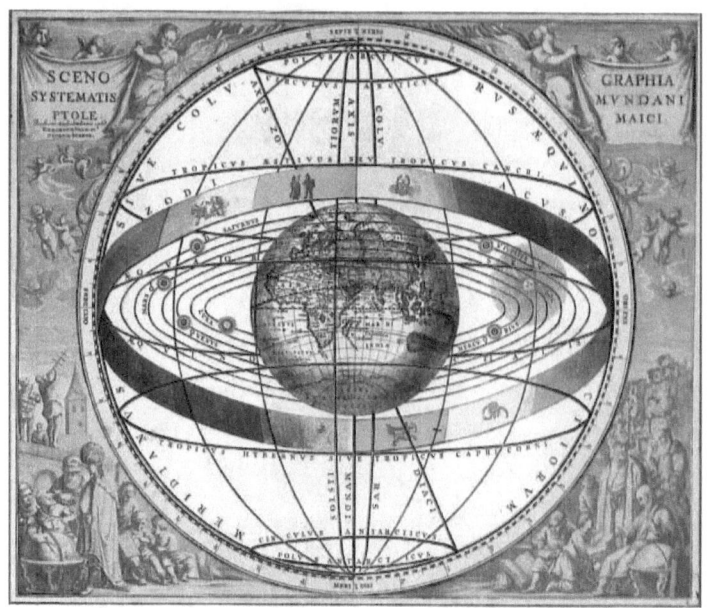

Figura 7. El Sistema Mundo según Ptolomeo. La Tierra está en el centro del Universo y el Sol y los planetas conocidos (Mercurio, Venus, Marte, Júpiter y Saturno) giran a su alrededor. Más lejos la esfera de las estrellas fijas, que da una vuelta cada 24 horas.

La historia de Ptolomeo es, desde luego, la historia de un gran error; pero yo diría que se trata de un error justificable. Un principio de la Astronomía actual nos dice que un observador que se sitúe en cualquier punto del Universo creerá estar en el centro del mismo y verá alejarse de él en todas direcciones a las estrellas, constelaciones y galaxias, en una hermosa imagen de la expansión cósmica. Pues bien; imaginémonos que somos observadores situados fuera del Sistema Solar. Nuestra visión de este será "absoluta" y nos daremos cuenta de que la Tierra gira alrededor del Sol. Pero si ahora nos colocamos en nuestro planeta la visión se relativiza y —con los instrumentos de los antiguos— no podemos constatar si nos movemos nosotros o si lo hace el resto del firmamento. Por eso cuando pienso en Ptolomeo no puedo dejar de defenderlo. Construyó una mecánica celeste que se ajustaba a la experiencia y que predecía aceptablemente las posiciones relativas de los astros. Realmente era incorrecta, pero matemáticamente acertada, ya que en estos términos, el movimiento relativo de un punto respecto a otro puede ser descrito desde un sistema de referencia que tome el primero como punto fijo u origen, describiendo la posición del segundo en cada momento o viceversa. Nuestros dos puntos en cuestión son la Tierra y el Sol. Para Aristarco el Sol era ese punto invariable y estudiaba las posiciones relativas de la Tierra y, por extensión, las del resto de los cuerpos celestes. Para Ptolomeo en cambio, el origen del sistema de referencia era la Tierra; a cuya posición se referían las de los demás astros. ¿Qué le diría Einstein a Ptolomeo si hubiesen mantenido una conversación? Tal vez le relatase el didáctico cuento del niño que, sentado en el portal, ve pasar un carruaje o de cómo los pasajeros de este "ven pasar" al niño...

Sumergidos en tan filosóficos pensamientos hemos caminado un buen trecho por la ciudad de amplias avenidas y verdes jardines. Recuperando la visión de nuestro entorno nos descubrimos de nuevo ante la imponente puerta de la Biblioteca alejandrina. Dentro, murmullos de conversaciones y debates nos empujan a entrar. Al fondo de la gran sala un hombre sostiene que la Tierra es esférica y que puede probarlo: es de Cirene (276 a.C- 194 a.C). La elocuencia de sus palabras y su seguridad nos promete unos momentos interesantes.

Figura 8. Eratóstenes de Cirene

De todas las medidas de Geografía Astronómica, a las cuales los griegos eran muy aficionados, la suya resulta asombrosa por su ingenio, sencillez y exactitud. Con la simple ayuda de su inteligencia demostró, hace más de 2200 años, que una nutrida colección de leyendas sobre la forma de la Tierra eran falsas, argumentando científicamente sus afirmaciones. Nuestro orador llegó a ser director de la Biblioteca. Un buen día, leyendo uno de los numerosos papiros encontró una antigua leyenda:

"Cerca de la ciudad de Siena,
en la primera catarata del Nilo,
en el día más largo del año,
a las doce en punto del mediodía,
las columnas de los templos no dan sombra
y el Sol se refleja en las aguas de un profundo pozo". [3]

Lejos de quedarse sencillamente admirado de tal suceso y continuar dedicándose a sus múltiples obligaciones su mentalidad científica le hizo plantearse una pregunta: ¿Ocurrirá lo mismo en otra parte del mundo, por ejemplo, en Alejandría? Tras la comprobación vino seguramente la perplejidad. En Alejandría las columnas sí producían sombra ese día y a esa hora.

Juguemos unos instantes con una hoja de papel. Clavemos en ella dos simples palillos, suficientemente separados y situémosla bastante alejada de un foco luminoso para que el tamaño de este y la distancia, nos permitan afirmar que los rayos inciden perpendicularmente en la hoja. En tales condiciones ambos palillos producirán una sombra idéntica y si, casualmente, consiguiéramos realizar un movimiento del papel que nos permitiese hacer desaparecer la sombra de un palillo, la otra, inexorablemente, desaparecerá también. Tan simple fenómeno se repetiría, igualmente, en las columnas de las dos ciudades: Siena y Alejandría, si la Tierra fuera plana. La experiencia de Eratóstenes niega de manera elemental lo que tan evidentemente se manifiesta a los sentidos. La única posibilidad de que el comportamiento de nuestros dos palillos se parezca al de las columnas africanas es que doblemos, curvemos el papel y aún más, cuanto mayor sea la curvatura mayor será la diferencia entre las citadas sombras, ajustándose perfectamente a criterios geométricos sencillos[2].

Eratóstenes concibió seguramente algo similar a este juego, concluyendo que el comportamiento de la sombra de las columnas y de los reflejos del pozo era debido a la diferente orientación de estos con respecto al Sol. La variación en la orientación, es decir, el

---

[2] Ya en épocas anteriores a Eratóstenes en el mundo griego era generalmente aceptada la idea de una Tierra esférica. Uno de los argumentos cualitativos más utilizados para argumentarlo era que cuando un barco se aleja en el mar lo último que deja de verse es la punta del mástil.

paso de una posición vertical a una oblicua sólo tiene sentido en una superficie curva.

¿Cómo midió el anciano sabio la distancia entre las dos ciudades? Lo más probable es que hiciera uso de distintas mediciones. Pudo calcularla a través de la información de las caravanas de camellos que venían del sur, pero esta medida hubiera sido del todo grosera. Pudo obtener datos también del conocimiento de los marineros que conducían las barcazas que traían mercancías de Sudán. Además, animado por su extraordinaria convicción, empleó a unos hombres que midieran cuidadosamente, a pasos según la leyenda, la distancia entre Siena y Alejandría. El valor obtenido se acercaba a los 800 km. Una vez obtenido el dato fundamental de la distancia y conociendo la medida de la sombra de un palo clavado en el suelo de Alejandría el día más largo del año, a través de una sencilla semejanza de ángulos averiguó que el ángulo central cuyo arco correspondía a la distancia entre Siena y Alejandría correspondía la cincuentava parte de una circunferencia completa (unos 7°). Utilizando estas medidas podemos imaginar el cálculo que realizó el sabio:

$$(800 \cdot 360)/7 = 41.143 \text{ km}$$

El radio del planeta se deduce de manera inmediata:

$$\text{Radio} = 41.143/2\pi = 6.548 \text{ km}$$

Si tenemos en cuenta los cálculos actuales, que nos presentan un radio medio de 6371 km podemos calcular la desviación cometida por Eratóstenes:

$$(6.548-6.371) \cdot 100/6.371 = 2,8\%$$

Un valor extraordinariamente correcto y dentro de unos límites razonables de incertidumbre.

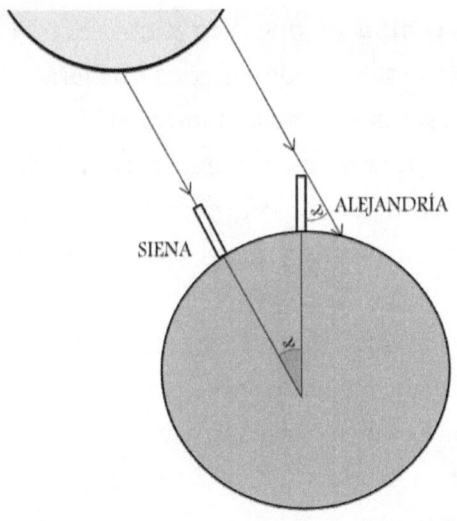

Figura 9. El razonamiento de Eratóstenes para el cálculo de la circunferencia terrestre.

¿Cuántos marinos y científicos creyeron a Eratóstenes y se aventuraron en la inmensidad del océano? No lo sabemos. Seguramente fueron muchos los que soñaron con el gran viaje de circunvalación. No obstante, aún habremos de esperar diecisiete siglos para comprobar experimentalmente la redondez del planeta de la mano de Magallanes y Elcano. El geógrafo Estrabón (63 a.C-21) nos relata, haciendo uso del sentido común, que el desconocimiento de lo que hay más allá del mar exterior se debe a las dificultades técnicas y al miedo de los marinos a adentrarse en las aguas desconocidas del mar exterior mitificadas por terroríficas leyendas.

Hoy nuestro planeta es aquel limitado mediterráneo de los antiguos. Como dice el eminente divulgador científico Carl Sagan la Tierra está en "la orilla del océano cósmico" y nuestros marineros salen al espacio, temerosos de su negrura. Que un egoísta sentimiento no nos haga creer que somos el centro de nada.

Solamente somos "una mota de polvo en el tibio Sol de la mañana" [4]; un mundo entre los millones de mundos que giran alrededor de miles de millones de estrellas como la nuestra.

Hemos anclado nuestra nave durante cientos de años en un paraíso intelectual; pero ha llegado el momento de partir. Después de siete siglos de bonanza soplan malos vientos en Alejandría. Lo que el hombre construyó y cuidó tan delicadamente durante tanto tiempo será borrado de la faz de la Tierra. El esplendor se tornará en ruina y como único recuerdo nos quedará en herencia un oscuro sótano: **el Serapeum** y unos cuantos papiros que apenas sirven para endulzar la boca a los estudiosos y para soñar qué hubiera sido si la Ciencia y el hombre se entendieran mejor.

1.2 La agonía de la Ciencia Antigua.

A medida que nos alejamos del puerto del lago interior de la esplendorosa ciudad y regresamos al río que nos lleva a través de un delta inmenso y cambiante empieza a entrarnos una melancolía profunda e inevitable al pensar cómo acabó todo. Aquel lugar sublime, prodigio de ciencia, arte y belleza sucumbirá a los envites bárbaros de la ignorancia y la codicia. Las luces de la ciudad se extinguen en la lejanía y nos deja completamente a oscuras en río de curso traidor en el que bancos de arena y limo amenazan con encallar el barco, porque transporta sabiduría; y la sabiduría es dominio y autonomía, razón y justicia. No hay armas en el mundo más poderosas y más temidas.

Con el hombre nació la preocupación por explicar todo lo que ocurría en la Naturaleza. Cuando la explicación no era racionalmente factible se recurría a la invención de leyendas, creencias y dogmas. Una vez sembrada la semilla, el cultivo del fanatismo es fácil de mantener. Crece y se desmanda. Domina y apacigua a las gentes. Es un instrumento de poder.

Fanatismo e incultura han sido durante siglos los mejores aliados de los gobernantes para dominar a sus pueblos. Su semilla ha germinado y florecido abundantemente a lo largo de la historia encargándose de aplastar cualquier tipo de creación intelectual que contraviniera lo establecido. El ejemplo más claro de esta reflexión lo tenemos en la destrucción del saber griego. Paralelamente al florecimiento alejandrino creció por todas partes un incontenible afán de explicar los fenómenos como resultado de misteriosas fuerzas o disposiciones divinas. Los propios griegos y romanos edificaron un mundo mitológico que confunde a cualquiera. Así, el pueblo se fue alejando del profundo sentir racionalista de sus grandes sabios. Esta exaltación religiosa toma forma en escritos como los llamados "Herméticos", que resumen las revelaciones del dios greco-egipcio Hermes-Thot a su discípulo Asclepios.

Según esta obra las cualidades para alcanzar el conocimiento no son la observación, el razonamiento y la objetividad; sino la fe ciega y la imaginación. Posturas como esta permitieron a los contaminados transformar la Astronomía en astrología; la naciente Química en alquimia; la Botánica en recetas curativas sin sentido. A fin de cuentas: la Ciencia en una caricatura de sí misma. La belleza matemática y la armonía de los modelos racionales se perdieron en la oscuridad de la noche y reinaron la fantasía, el mito y la causa final. La magia, que había sido perseguida duramente y se ejercía de modo clandestino, dejó de esconderse y ocupó los ámbitos de la gente culta. El saber se convirtió en un marasmo, mezcla de componentes fantasiosos, que consolaban a la humanidad porque eran capaces de explicarlo todo. En los primeros siglos de nuestra era estas ideas tomaron forma brutal. La cultura sobrevivía, casi exclusivamente, en centros como

Alejandría. La ciudad y por tanto toda la sabiduría que encerraba, padeció muchos percances a lo largo de sus mil años de lucidez intelectual. A mediados del siglo I sufrió un terrible incendio. En el siglo III el emperador Diocleciano mandó quemar cientos de papiros que contenían artes mágicas que contravenían a los dioses. Los cristianos se ensañaron con el templo de Serapis a finales de ese mismo siglo. Finalmente, la Biblioteca fue arrasada a mediados del siglo VII por el emir árabe Arm ibn al-As, obedeciendo las órdenes del califa Omar. Jean-Pierre Luminet, en su obra "El Incendio de Alejandría" hace un hermoso canto al esplendor de la ciudad y una triste reflexión sobre su decadencia. En la obra narra las conversaciones de tres personajes alejandrinos de aquella época: Filopón (490?-566), anciano director de la Biblioteca; el joven médico Rhazes y la bella Hipatia, matemática alejandrina. Entre los tres tratan de convencer al general Arm para que no destruya en un segundo tantos siglos de ciencia, arte y filosofía; y de hecho lo consiguen, pero el califa carece de la sabiduría del general y, ante los esfuerzos de este por ensalzar la grandeza de los papiros, le contesta en una carta con cruel contundencia:

> "Por lo que se refiere a los libros de los que me hablas en tu última carta, éstas son mis órdenes: si su contenido está de acuerdo con el libro de Alá, podemos prescindir de ellos puesto que, en ese caso, el Corán es más que suficiente. Si, por el contrario, contienen algo distinto de lo que el Misericordioso dijo al Profeta, no hay necesidad alguna de conservarlos. Actúa, y destrúyelos todos. [5]

Esta fue la frase lapidaria de la Biblioteca. Sus libros ardieron durante años en los baños y las termas de la ciudad templando el agua que bañaba los cuerpos sebosos de los militares y los ricos comerciantes que se jactaban de las desdichas de los sabios y de los eruditos venidos a menos.

La populosa ciudad, crisol de culturas como la cristiana, la griega, la árabe y la judía se convirtió así en una sombra de si misma y, aunque el faro aun se mantenía en pie, ya no servía para iluminar la sabiduría.

Todas las religiones pusieron su granito de arena en el holocausto. Los escritos antiguos tuvieron que pasar el fino tamiz religioso, que solamente los aceptaba si no contravenían las Escrituras o si no eran un peligro para distraer al creyente de su camino de salvación. ¡Qué filtro más subjetivo y fácil de manipular por intereses particulares! El atraso y la pérdida de valiosa información fueron inevitables. La preocupación por construir intelectualmente el mundo material desapareció; se mudó en preocupación por organizar el mundo espiritual y, cuando el saber científico estaba debilitado en su más profundo ser, llegó la gota que colmó el vaso. Los bárbaros ocuparon la mayor parte de Occidente. Embebecidos de ignorancia, asimilaron toda esta sin razón y pusieron la puntilla definitiva a la Ciencia.

No obstante, un pequeño reducto mantuvo viva la llama del saber antiguo: Constantinopla. En el Imperio Bizantino, generaciones de estudiosos, traductores, historiadores y recopiladores fueron la clave para conservar la sabiduría clásica. Muchos son los que merecen mencionarse, pero vamos a pararnos en tres: **Marciano Capella** (s. III), **Boecio** (480-525) y **Casiodoro** (480-575):

El primero escribió una obra llamada "de las Bodas de Mercurio con la Filosofía y las Siete Artes liberales", que es una recopilación de los conocimientos necesarios al hombre culto de la época. Este tratado sería uno de los más influyentes en la historia de la cultura europea. Abarca la Gramática, Dialéctica y Retórica (**Trivium**) y la Geometría, Aritmética, Astronomía y Música (**Quadrívium**). Esta primera división de las disciplinas en humanidades y ciencias fue aceptada y puesta en práctica por las universidades medievales europeas y constituyó durante siglos el soporte vertebrador de los conocimientos.

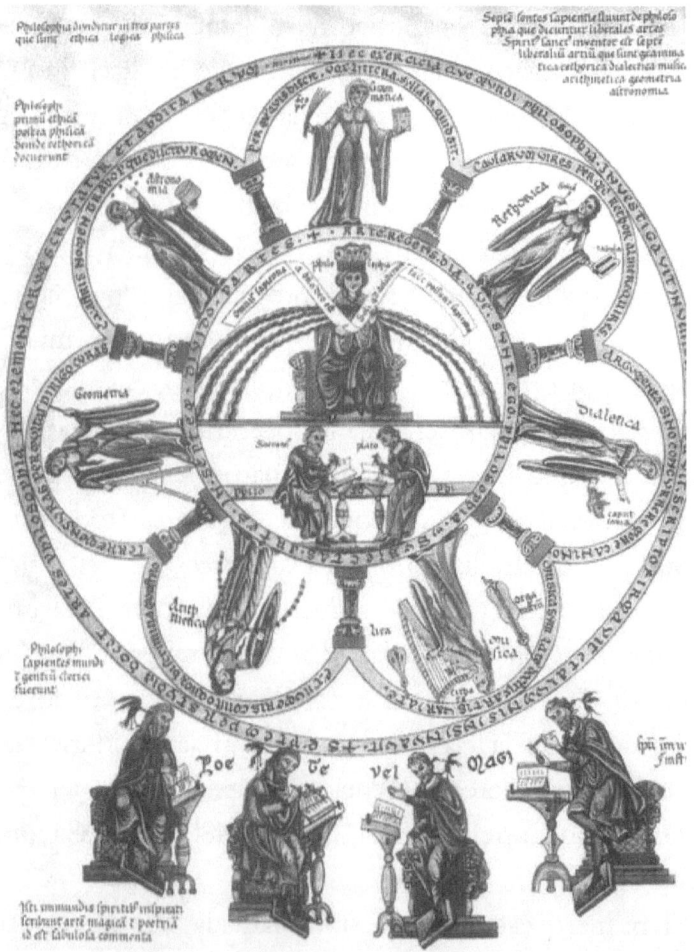

Figura 10. Las Siete Artes Liberales.

Boecio (480-525) también bebió de las fuentes bizantinas, pues era hijo adoptivo de un senador del emperador Justino; sucedido por su sobrino, el célebre Justiniano. En el año 522 fue nombrado Maestro de Oficios (un rango similar al de ministro) por el rey ostrogodo Teodorico. Cuando este rey fue perdiendo su poder, Boecio fue acusado de traición y brujería, con el agravante de se un defensor del restablecimiento de la paz romana. Nada pudo hacer su suegro para evitarle la muerte, es más lo acompañó en su desdicha, ya que ambos fueron ajusticiados. La obra de Boecio puede estructurarse en cuatro apartados:

En primer lugar encontramos los tratados de las Artes Liberales en los que se evidencia un esfuerzo clarísimo por preservar del olvido los conocimientos comprendidos en el Quadrivium, que corrían mucho más peligro de desaparecer que los otros, cuya inocuidad religiosa encontró más adeptos entre los estudiosos cristianos. Sin él probablemente no hubiésemos conocido ni a Euclides ni a Ptolomeo, por ejemplo. En segundo lugar las obras sobre Lógica; de un claro contenido aristotélico. Completan esta división los tratados teológicos y filosóficos. Todos ellos serían importantes vehículos de transmisión cultural e ideológica durante la Edad Media, lo que convierte a Boecio en un autor fundamental en la construcción de nuestro saber.

En cuanto a Casiodoro, se encuentra en Constantinopla hacia el 514. Allí bebió de las fuentes del saber extinguidas en Occidente. Volvió a su ciudad natal, en Calabria, fundando un convento al que llamaban Vivarium, donde comenzó la ingrata tarea de recopilar manuscritos. Sus monjes copiaban meticulosamente textos hebreos y griegos que casi nunca entendían y que eran rebuscados, con paciencia infinita, por todas partes. Este ejemplo prendió en muchos monjes medievales, que durante cientos de años, copiaron sin tregua cuantos documentos caían en sus manos.

Durante la **Alta Edad Media** (s.V-s. X) y en el siglo siguiente, la Ciencia toca su fondo en la Europa Occidental. Únicamente unos pocos hombres muestran preocupación por el legado filosófico y científico de los antiguos, intentando, en la mayor parte de las ocasiones asimilarlo o compatibilizarlo con la cultura cristiana. En esta época se impuso, en la mayor parte de los casos la visión aristotélica del mundo y en menor medida la platónica, tamizadas ambas por una religiosidad enfermiza.

Merece la pena citar a San Isidoro de Sevilla (570-636) que en sus veinte tomos de "Etimologías" compendió todo el saber clásico y cristiano a modo de gran enciclopedia temática. Beda el Venerable (672-735), seguramente influido por el anterior introdujo sus ideas, plasmadas en la obra "Historia Eclesiástica de los Anglos" en las sociedades anglosajona y carolingia. Alcuino de York (735-804), que bajo los auspicios de Carlomagno fundó la Escuela Palatina, a la que acudía lo más selecto del floreciente imperio. Uno de sus más destacados discípulos, Rábano Mauro (780-856), fue uno de los principales autores del medievo alemán. Roscelino de Compiègne (1050?-1120) que, siguiendo la línea de Aristóteles, enseñaba el nominalismo, doctrina según la cual las ideas universales son "flatus vocis" y solamente las cosas concretas son reales. También hubo algunas mujeres que merecen citarse por su originalidad, como Hildegard de Bingen (1096-1179), una abadesa alemana cuya agudeza y erudición la hicieron muy influyente en la sociedad alemana; y Herrad de Landsberg, (1130?-1195), también una religiosa alemana, autora del "Hortus Deliciarum", un compendio de las ciencias que se estudiaban en aquella época.

Muy pocos nombres y singularísimas las mujeres que se atrevieron a hablar de Ciencia, adaptando el discurso siempre a modo de compendio, a las circunstancias particulares que les tocó vivir. Procurando evitar confrontaciones con la Biblia para evitar ser acusados de herejía, desterrados, excomulgados o, en el peor de los casos, servir de yesca en una hoguera purificadora de los pecados. Pocos nombres para tantos siglos; lo que demuestra el oscurantismo al que la Ciencia se vio sometida durante este periodo aciago. Muy pocos miraban al cielo con ojos limpios de verdades grotescas como las que triunfaban en aquella sociedad constreñida por el empecinamiento religioso de explicar el mundo como inmóvil, centrado y plano sobre el que todo el Universo tenía obligación de girar por imperativo divino.

Estos siglos de fanatismo incontrolado obligaron a la Ciencia a refugiarse en los monasterios. En ellos se guardaban los pocos cientos de libros que eran rescatados y conseguían sobrevivir al tamiz del abad de turno.

Continuamos la navegación por el tortuoso río, pero ahora la nave lleva un cargamento confuso y lleno de falsedades e invenciones. Acumula en sus bodegas y en su cubierta un remedo burdo de la sabiduría, una imitación absurda e incongruente que construye el saber con mezcla de misticismo elocuente y de verborrea pseudocientífica para ajustar el comportamiento de la naturaleza a palabras escritas hace milenios pero que eran dogma de fe. Nuestra nave ha de fondear de nuevo. Las aguas, imitando al misterioso Guadiana, desaparecen ante nuestros ojos. El reloj de la Ciencia se detiene. Nos adentramos en la noche profunda, en los dominios de la ignorancia. Como ya hemos adelantado las causas de este despropósito, vamos a dejarnos ahora de patetismos, para ocuparnos de esbozar los caminos subterráneos por los que continúa el río y evita filtrarse en las profundidades de la Tierra.

Los máximos responsables de que los conocimientos de la Ciencia Clásica hayan llegado hasta nuestros días son los árabes, curiosamente los mismos que apuntillaron Alejandría. Aunque aquel fue, tal vez, su mayor pecado intelectual, en su defensa es merecido agregar que fueron los que verdaderamente se preocuparon por preservar la sabiduría durante el milenio aciago. Fueron pueblo conquistador, culto y extremadamente religioso. Formaron el imperio más grande conocido por la historia. Se extendía desde las puertas de la India y China hasta nuestra península. Sus intelectuales se ocuparon de estudiar y salvaguardar los conocimientos que a ellos llegaban y, aunque seguramente hubo grandes genios, los musulmanes no destacaron por la aportación de ideas originales en el campo astronómico, sino que su inspiración se soportaba en el saber antiguo. Así es frecuente encontrar en los manuscritos referencias a Platón o Aristóteles, que fundamentaron la filosofía de la época; o a Ptolomeo, cuyo sistema celeste fue tomado como modelo.

Lejos de presentar interés por explicar los fenómenos de la Naturaleza, los árabes tomaron como buenas las argumentaciones clásicas y se dedicaron con ahínco a la Astronomía práctica: construcción de observatorios, confección de tablas astronómicas y mapas de estrellas, o a la invención de instrumentos de medida, como el astrolabio, el cuadrante, el turquete o la brújula.

La necesidad de saber orientarse se le imponía al musulmán desde la propia religión. El Corán hace indicaciones precisas sobre la forma de orar, siempre en dirección a la Meca. Cualquier chiquillo conocía la manera de hacerlo.

La aportación árabe al conocimiento de los cielos no nace de la propia Astronomía, sino de las Matemáticas, donde sí fueron verdaderos pioneros. Son los padres del sistema de numeración decimal tal como hoy lo conocemos y desarrollaron increíblemente la Aritmética: fracciones, raíces, proporciones... Crearon el Algebra y la Trigonometría. Fabricaron en suma una bomba teórica que estallará muchos siglos después.

Poca justicia hemos hecho en la cultura occidental a los sabios musulmanes. La mayor parte de ellos son unos verdaderos desconocidos para la mayoría. Sin embargo su aportación fue esencial para el desarrollo de la Ciencia actual. Y lo fue por tres razones fundamentales. En primer lugar porque fueron el principal vehículo de transmisión del saber antiguo. Según palabras del historiador Manuel Marques, **Al-Andalus** contaba, en su época de mayor esplendor con una inmensa biblioteca de más de cuatrocientos mil volúmenes en la que trabajaba un número de copistas, traductores e ilustradores más numeroso que el de todos los monasterios de monjes copistas de Europa juntos. En segundo lugar perfeccionaron y mejoraron muchas de los conocimientos que estaban transmitiendo. Pensemos, por ejemplo, en las Matemáticas o en la dimensión práctica que dieron a la astronomía. Y por último también fueron inventores y creadores de Ciencia. Especial relevancia tuvieron, para la cultura de la desvencijada Europa los sabios de Al-Andalus, lugar donde se desarrolló una cultura puntera tanto en el arte como en la Ciencia, varios siglos por delante de las encorsetadas producciones falsamente científicas de los reinos cristianos

Por ello quisiera, llegado este punto, recuperar el nombre de alguno de aquellos sabios que hoy se sitúan en el fondo del cajón de los olvidados. Veamos pues algunos:

Muhammad ibn Musa **Al Jwarizmi** (780?, 835) Nació en Jorezm, al sur del mar de Aral. Trabajó como bibliotecario en la corte del califa al-Mamun segundo hijo de Harun al-Rashid, conocido gracias a las "Mil y unas Noches" y como astrónomo en el observatorio de Bagdad. Introduce el sistema numérico indio y los algoritmos para calcular con él. Sus trabajos de Álgebra, Aritmética y tablas astronómicas contribuyeron a dar un impulso enorme a las Matemáticas de la época. Fue el primero en utilizar la expresión **al-Jabr** (Álgebra). Introdujo el método de cálculo con la utilización de la numeración arábiga y la notación decimal. Escribió una obra, cuya versión latina, fue titulada "el Libro de la reducción", que tuvo gran influencia en la matemática europea hasta mediados del s. XV. En ella indicó las primeras reglas del cálculo algebraico: la transposición de los términos de uno a otro miembro de una ecuación, previo cambio de signo y la anulación de términos idénticos en ambos miembros. Formuló métodos para extraer raíces cuadradas y cúbicas. También estudió las ecuaciones de segundo grado y otras cuestiones matemáticas. La latinización de su nombre dio lugar a la palabra "guarismo".

Yahya-al-Gazal (770-884), embajador del califa Abd-al-Rahman II hizo una contribución inestimable a la astronomía al rescatar las tablas astronómicas de al- Jwarizmi, cuya calidad y exactitud eran muy superiores a las de la época y difundirlas por Al-Andalus.

Maslama **al-Mayriti** (¿,1007), el madrileño. Realizó diversas observaciones astronómicas, resumió las tablas de al-Jwarizmi y tradujo el *Planisferio* de Tolomeo. Su "Tratado del Astrolabio", que se conserva en el monasterio del Escorial, fue una obra de extraordinaria repercusión en el mundo astronómico y matemático. Fundó en Madrid una **Escuela de Matemáticas y Astronomía** que alcanzó una alta reputación entre los eruditos. A ella pertenecieron muy ilustres figuras, de las cuales se conocen los nombres de lbn al Samh, lbn al Saffar, lbn-Kirmani, lbn-Khaldun, al-Zahrawi, como también los distinguidos continuadores de su obra: Djabir lbn Aflah, Abu-I-Hassari al-

Marrakushi, al-Zarkali, Al Gafequi. En su obra y en la de sus continuadores se apunta la posibilidad de que la Tierra girara sobre su eje.

Abd-al-Rahman al-Sufí (903-986) Astrónomo persa también conocido como **Azophi**. Escribió el "Libro de las estrellas fijas", ilustrado con bellas imágenes, una de las obras maestras de la astronomía musulmana. Tradujo la obra de Ptolomeo y en el se inspiró para catalogar las estrellas con una precisión tan alta que incluso es posible utilizar sus tablas en la actualidad.

Ibn Sina (980-1037) fue conocido en occidente con el nombre de **Avicena**. Aunque su obra magna es la que se refiere a sus tratados de medicina y filosofía, también hizo importantes contribuciones en las demás ciencias. Nació en Persia y es uno de los principales responsables de que los escritos de Aristóteles se extendiesen por Europa, fundamentalmente porque su obra fue traducida al latín por Averroes. Dividió las ciencias en teóricas (Filosofía Primera o Ciencia Divina, Matemáticas y Física) y prácticas (Ética, Economía y política).

Abu Ishaq Ibrahim ibn Yahya (1029-1100), llamado **Azarquiel**, fue un astrónomo hispanoárabe nacido en Córdoba. Trabajó en Toledo y en Córdoba. Inició su actividad como constructor de instrumentos astronómicos e inventó un astrolabio perfeccionado, llamado azalea que tenía un diseño plano y permitía cálculos muy exactos. Gracias a ello se pudo trazar un planisferio celeste.. Escribió las "Tablas Toledanas", precursoras de las "Tablas Alfonsíes" y otras obras astronómicas de gran trascendencia como el "Libro de la lámina de los siete planetas". En este libro se describe un aparato llamado **ecuatorio** que muestra los siete planetas conocidos orbitando alrededor del Sol. Incluso aparece reflejada la introducción de una trayectoria elíptica para el planeta Mercurio. Todos sus trabajos de astronomía fueron recopilados por orden de Alfonso X el Sabio.

Muhammad Ibn Tufayl (1100-1185), llamado **Abubacer**. Nació en Al-Andalus De la misma manera que el anterior su contribución en otros campos eclipsó su obra astronómica pero el astrónomo al-Bitruyi (¿-1200) conocido por los cristianos como **Alpetragius**, uno de sus discípulos, cuenta que su maestro concibió un sistema que explicaba la realidad prescindiendo de excéntricas y de epiciclos y prometió escribir un libro sobre el tema, es poco probable que cumpliera su promesa. Sus ideas fueron recogidas y ampliadas por Alpetragius en un libro de astronomía en el que se intentaban tirar por tierra las hipótesis de Ptolomeo. Fue traducido al latín por Miguel Escoto, un célebre astrólogo y alquimista del siglo XII que responsable de la difusión de muchos escritos árabes.

Ibrahim ibn **Muda**.(finales del s XI) Su "Libro de las incógnitas del arco y de la esfera" fue el primer tratado de trigonometría esférica que se conoció en Europa.

Abu I-Walid ibn Rusd (1126-1198), **Averroes**. Nació en Córdoba. Su saber enciclopédico abarca todos los campos. Su contribución más original es que postula el magisterio de la razón, independientemente de los postulados teológicos, promoviendo una ciencia separada de apriorismos no científicos.

Podríamos continuar con una lista inmensa de nombres y fichas que no harían sino confirmar la trascendental importancia que la contribución árabe y en especial la andalusí hicieron a la Ciencia. Sin embargo la vida de estos sabios tampoco fue fácil. Sus peripecias estuvieron siempre a disposición de las vicisitudes políticas y religiosas de la época que les tocó vivir y por ello el mérito de su labor es inmenso e impagable. Tal vez los versos de un poeta cordobés llamado Ibn Hazm que vivió hacia el año mil, compuestos cuando veía arder sus libros por orden del rey sirvan para rendirles un merecido homenaje.

> "Dejad de prender fuego
> a pergaminos y papeles,
> y mostrad vuestra ciencia,
> para que se vea quien es el que sabe.
> Y es que aunque queméis el papel
> nunca quemaréis lo que contiene,
> puesto que en mi interior lo llevo,
> viaja siempre conmigo cuando cabalgo,
> conmigo duerme cuando descanso,
> y en mi tumba será enterrado luego". [6]

Pero mientras el mundo árabe se erigía en mecenas de la cultura ¿qué ocurría en los reinos cristianos? Las cosas no marchaban tan bien y la Ciencia no se mostraba tan fecunda. No obstante en la **Baja Edad Media** se dan una serie de condiciones que permiten una cierta esperanza. La economía de los reinos mejora a partir del siglo XII. Se produce una explosión demográfica. Se inventa la imprenta y la cultura comienza a abandonar los monasterios, fundándose las primeras universidades. Pero la Ciencia ha de pasar demasiados tamices religiosos, morales y costumbristas, de manera que, "entender la verdad", o poseer conocimientos revolucionarios resulta demasiado peligroso.

Los personajes ilustres comienzan a proliferar por los reinos europeos y a difundir tímidamente la Ciencia a través de los conocimientos adquiridos fundamentalmente de los árabes. En tal difusión fue esencial la Escuela de Traductores de Toledo. En ella cristianos, árabes y judíos hicieron una ingente labor de recopilación y traducción de las obras clásicas y árabes al latín, al hebreo y al árabe durante los siglos XII y XIII.

Las universidades europeas se habían alimentado hasta aquel momento de la cultura latina y, aunque se tenía conocimiento de la existencia de los grandes filósofos griegos, no existían traducciones y se ignoraba el contenido de su obra. Los árabes, en su expansión por las tierras del Imperio Bizantino —heredera de la antigüedad griega— asimilaron, tradujeron, estudiaron, comentaron y conservaron las obras de aquellos autores y finalmente las trajeron consigo hasta la Península Ibérica junto con un ingente bagaje cultural que ellos mismos habían generado.

Toledo fue la primera gran ciudad musulmana conquistada por los cristianos, en 1085. Como en otras capitales de Al-Andalus, existían en ella bibliotecas y sabios conocedores de la cultura que los árabes habían traído del Oriente y de la que ellos mismos habían hecho florecer en la Península Ibérica. Con la presencia en Toledo de una importante comunidad de doctos hebreos y la llegada de intelectuales cristianos europeos, acogidos por el cabildo de su catedral, se genera la atmósfera propicia para que Toledo se convierta en la mediadora cultural entre el Oriente y el Occidente de la época.

Los métodos de traducción evolucionaron con el tiempo. En un primer momento, un judío o cristiano conocedor del árabe traducía la obra original al romance oralmente ante un experto conocedor del latín que, a continuación, iba redactando en esta lengua lo que escuchaba. Más tarde, en la época de Alfonso X, los libros fueron traducidos por un único traductor conocedor de varias lenguas, cuyo trabajo era revisado al final por un enmendador.

Alfonso X, impulsor de la Escuela de Traductores de Toledo, fue un rey polifacético interesado por multitud de disciplinas de la época: las ciencias, la historia, el derecho, la literatura... Su labor consistió en dirigir y seleccionar a los traductores y obras, revisar su trabajo, fomentar el debate intelectual e impulsar la composición de nuevos tratados. Se rodeó de sabios musulmanes y judíos, fue mecenas de eruditos y trovadores y a él se debe, en gran parte, el florecimiento de la cultura en esta época. Meritoria fue también la tarea de una larga lista de traductores, como **Domingo Gundisalvo (1110-1181), Gerardo de Cremona (1114-ca.1187), Abraham Alfaquí (ca.1260-1294)** y otros muchos que, con sus conocimientos lingüísticos y su formación científica pusieron en manos de Europa las claves de un posterior desarrollo científico e intelectual. La difusión vino acompañada de grandes hombres que repartieron por el continente sus enseñanzas y su saber defendiendo unas ideas comprometidas aún a costa de ser tildados de visionarios excéntricos, de locos o de herejes[3].

Durante este período se mantuvo un tira y afloja en lo que se refiere a la interpretación del Sistema Mundo. Una especie de confrontación Teología/Ciencia. Unos eran partidarios de Aristóteles y su "Teoría de las Esferas Inmóviles". Otros, de Ptolomeo y el geocentrismo. Ambas interpretaciones tuvieron mayor o menor fuerza y difusión en determinados momento e influyeron sobre muchos sabios cristianos. La pugna se resolvió por fin en favor de Ptolomeo. El mismísimo Tomás de Aquino

---

[3] Podríamos citar por ejemplo a Roger Bacon (1210-1292), Raimundo Lulio (1233-1316), Maestro Eckhart (1260-1327) Juan Duns Escoto (1265-1308), Guillermo de Ockham (1300-1350), Nicolás de Cusa (1401?-1464), León Hebreo (1460-1530),Giovanni Pico Della Mirandolla (1467-1494), Erasmo de Rótterdam (1467-1536), Francis Bacon (1561-1626), Sebastián Fox Morcillo (1524-1560).

(1225-1274), máximo responsable de la introducción del pensamiento aristotélico en las universidades europeas a través de su compendio "Summa Theologiae", parece hacerse eco de esta disputa cuando afirma:

> "...Quizá se pudiera explicar el movimiento de los astros por algún otro procedimiento que los hombres no han concebido todavía".
> [7]

Figura 11. El Universo medieval: descripción de los "orbes celestes". Ptolomeo. Théorique des ciels, 1528.

Tras un largo trecho a oscuras por un río impredecible, una sonrisa se esboza en los rostros de los marinos. Comienza a clarear y las aguas muestran una hermosura que parece predecir una bonanza lejana. En la nave aparecen nuevos tripulantes. Son hombres arriesgados harán frente a un mundo científicamente hostil, exponiendo en la empresa sus propias vidas. Son intrépidos aventureros que tendrán que luchar con la adversidad por la falta de medios y con la oposición de sus contemporáneos. Las aguas del río les mostrarán que esa belleza prometida les es inalcanzable y les exige una entrega casi suicida. Tendrán un reconocimiento tardío que no podrán recoger en vida, pero su sacrificio valdrá para devolver a la Ciencia su inherente simetría racional. Personajes como Nicolás de Cusa, Copérnico, Bruno, Brahe, Kepler, Galileo, serán los nuevos pilotos que conducirán la nave con firmeza hacia un futuro incierto pero prometedor.

PARTE SEGUNDA

LOS MAESTROS CONTRUCTORES DE LA CIENCIA

En una ocasión, hace ya algunos años, se publicó en los periódicos de París un anuncio según el cual, por 25 céntimos, se ofrecía la posibilidad de conocer un procedimiento para viajar barato y sin el menor cansancio. Fueron muchos los inocentes que enviaron el dinero y cada uno de ellos recibió una carta que decía:

> "Ciudadano, quédese usted en su casa tranquilamente y recuerde que la Tierra da vueltas. Encontrándose en el paralelo de París, es decir, en el 49, usted recorre cada día 25.000 km. Si gusta disfrutar vistas pintorescas, abra los visillos de su ventana y contemple el cuadro conmovedor del firmamento". [8]

El autor de tan esperpéntico argumento fue juzgado por estafa y, al leerle el juez la sentencia condenatoria, el acusado adoptó una postura solemne y dijo, lleno de sarcasmo: "E pur, si muove" —y, sin embargo, se mueve—. ¡Cómo hubiese disfrutado Galileo de esta situación! Lamentablemente el juicio que a él le tocó sufrir fue bastante más patético.

2.1 La herejía de los sabios.

Galileo Galilei (1564-1642) nació en Pisa. De familia aristocrática, su padre se empeñó en que estudiase Medicina, pero pronto abandonó estos estudios por sus aficiones: la Física y las

Matemáticas. Preocupado por el análisis de los movimientos, fue el primero en plantearse cuestiones sobre la relatividad de los mismos. Incorpora en sus escritos el lenguaje matemático a la Física, disciplina de la que llegó a ser catedrático en la Universidad de Padua. Su interés por la Mecánica le impulsó a estudiar Astronomía, Ciencia a la que aportó grandes descubrimientos, basados en el perfeccionamiento del telescopio, instrumento que construyó por las noticias que le llegaron de otro similar concebido anteriormente por el holandés Lipershey (1570-1619).

Las observaciones de Galileo le llevaron a afirmar que el Sol estaba en el centro del Universo y que la Tierra giraba a su alrededor. Estas ideas chocaron de frente con una Iglesia aristotélico-ptolomeica, que ejercía una gran represión contra la innovación de sus credos. Fue advertido en varias ocasiones. En vista de que no cejaba en su empeño, acabó en el Tribunal de la Inquisición y fue procesado. Para salvar su vida se vio en la obligación de abjurar de todos sus descubrimientos:

> "Yo, Galileo Galilei, hijo del difunto florentino Vicente Galilei, de setenta años de edad, comparecido personalmente ante este tribunal, y puesto de rodillas ante vosotros, los Eminentísimos y Reverendísimos señores Cardenales Inquisidores generales de la República cristiana universal, respecto de materias de herejía, con la vista fija en los Santos Evangelios, que tengo en mis manos, declaro, que yo siempre he creído y creo ahora y que con la ayuda de Dios continuaré creyendo en lo sucesivo, todo

cuanto la Santa Iglesia Católica Apostólica Romana cree, predica y enseña. Mas, por cuanto este Santo Oficio ha mandado judicialmente, que abandone la falsa opinión que he sostenido, de que el sol está en el centro del Universo e inmóvil; que no profese, defienda, ni de cualquier manera que sea, enseñe, ni de palabra ni por escrito, dicha doctrina, prohibida por ser contraria a las Sagradas Escrituras; por cuanto yo escribí y publiqué una obra, en la cual trato de la misma doctrina condenada, y aduzco con gran eficacia argumentos en favor de ella, sin resolverla; y atendiendo a que me he hecho vehementemente sospechoso de herejía por este motivo, o sea, porque he sostenido y creído que el Sol está en el centro del mundo e inmóvil y que la Tierra no está en el centro del Universo, y que se mueve.

En consecuencia, deseando remover de la mente de Vuestras Eminencias y de todos los cristianos católicos esa vehemente sospecha legítimamente concebida contra mí, con sinceridad y de corazón y fe no fingida, abjuro, maldigo Y detesto los arriba mencionados errores y herejías, y en general cualesquiera otros errores y sectas contrarios a la referida Santa Iglesia, y juro para lo sucesivo nunca más decir ni afirmar de palabra ni por escrito cosa alguna que pueda despertar semejante sospecha contra mí, antes por el contrario, juro denunciar cualquier hereje o persona sospechosa de herejía, de quien tenga yo noticia, a este Santo Oficio, o a los Inquisidores, o al juez eclesiástico del punto en que me halle.

Juro además y prometo cumplir y observar exactamente todas las penitencias que se me han impuesto o que se me impusieren por este Santo Oficio.

Mas en el caso de obrar yo en oposición con mis promesas, protestas y juramentos, lo que Dios no permita, me someto desde ahora a todas las penas y castigos decretados y promulgados contra los delincuentes de esta clase por los Sagrados Cánones y otras constituciones generales y disposiciones particulares. Así me ayude Dios y los Santos Evangelios sobre los cuales tengo extendidas las manos". [9]

Figura 12. Galileo aceptando las condiciones de la Inquisición.

De no haber pronunciado estas palabras, la condena de la Inquisición bien pudiera haber sido la horca, la hoguera, la decapitación. Así salvó su vida; pero esta se convirtió en un infierno. Condenado al aislamiento, ciego y hastiado, murió convencido de su armoniosa concepción del Sistema Solar. La historia le hizo justicia al cabo de los siglos y le mitifica cuando relata que, después de haber oído de rodillas la sentencia y repetido la fórmula de abjuración, se levantó, dio un fuerte pisotón y murmuró: **"E pur si muove"**. Sin embargo, muchos autores opinan que esta frase es del todo apócrifa.

La contribución de Galileo a la Física es impagable. A Él se debe el principio de inercia que hoy constituye la primera ley de la Dinámica Clásica, una primera explicación coherente de la caída libre de los cuerpos, la idea de la composición de movimientos.

Galileo se nos presenta pues, en los umbrales de la Era Moderna, como el gran profeta científico que salvará a la Física del atolladero mediático en el que había entrado. La opresiva sociedad medieval, sumida en un profundo fanatismo religioso, alimentado por el interés de unos pocos y por la ignorancia de la mayoría, se encargaba de amedrentar, someter e incluso eliminar a cualquiera que contraviniese el orden establecido. Hacía falta mucho valor para enfrentarse a todo eso. Era mucho más fácil someterse a las "voluntades divinas" y vivir ricamente a la sombra de cualquier rico noble encaprichado con ciencias absurdas. Afortunadamente ha habido valientes en todas las épocas. Galileo no estaba solo. Su obra había tenido unos precedentes basados en la observación, en el criterio y en la objetividad.

Otros antes que él, lucharon contra el hostil mundo circundante, encendiendo y transmitiendo la verdadera llama científica. A esos hombres, que recibieron en muchas ocasiones pagos tan tristes y desagradecidos como él mismo, debió Galileo el haberse acercado a la verdad y con ello, haber permitido que nos acercásemos nosotros. Por ello merece la pena que retrocedamos unos años para recuperar su memoria aunque sea con el insuficiente recuerdo que permiten unas líneas.

Uno de ellos, un siglo atrás, fue **Nicolás de Cusa** (1401?-1464). Este estudioso proponía romper con la visión clásica del mundo en beneficio de un Universo abierto en constante movimiento, indefinidamente extenso, aunque no infinito. En su obra "La Docta Ignorancia" (1440), expone con toda claridad que la tierra no permanece inmóvil en el universo.

> "… Así la Tierra, la Luna y los planetas son movidos como las estrellas alrededor del polo distante y diferentemente, conjeturando que el polo está donde se cree el centro". [10]

Esta idea se puede considerar el exponente más fidedigno de toda la obra de Nicolás de Cusa, que será heredada por Copérnico para construir una teoría consistente.

A pesar de recoger el testigo de Ptolomeo, el astrónomo polaco **Nicolás Copérnico** (1473-1543) entendía que el sistema del griego se había complicado enormemente. El estaba convencido de que la realidad tenía que ser más sencilla. Había asimilado las ideas de Nicolás de Cusa sobre la rotación de la Tierra y, teniéndolas en cuenta, concluyó que el movimiento de los planetas se simplificaba haciendo un cambio en el sistema de referencia, es decir, situando el Sol como centro del Universo, con una Tierra móvil girando periódicamente al igual que el resto de los planetas. Para él este modelo simplifica mucho la comprensión del Cosmos: lo ordena.

"Por ello nonos avergüenza confesar que este todo que abarca la Luna, incluyendo el centro de la Tierra, se traslada a través de aquella gran órbita entre las otras estrellas errantes, en una revolución anual alrededor de Sol, y alrededor del mismo está el centro del mundo, por lo que permaneciendo el Sol inmóvil, cualquier cosa que aparezca relacionada con el movimiento del sol puede verificarse aún mejor con la movilidad de la Tierra…". [11]

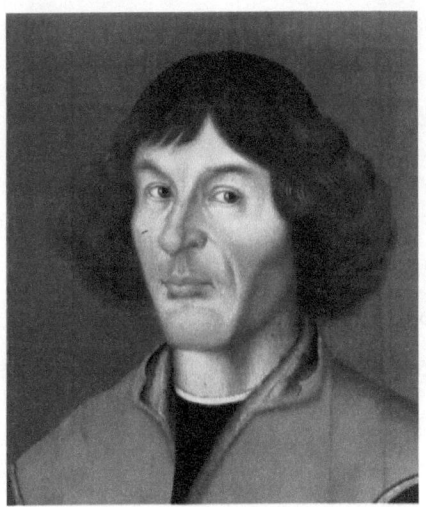

Figura 13. Nicolás Copérnico: canónigo, médico, filósofo y astrónomo polaco. Su obra más importante es"De Revolutionibus Orbium Colestium", en donde diseña el Sistema Solar heliocéntrico.

"...cualquier cosa que aparezca relacionada con el movimiento del sol puede verificarse aún mejor con la movilidad de la Tierra...".

Recreémonos en este pensamiento. Es la expresión más genuina del maravilloso orden cósmico; de la interdependencia de todas sus partes. La sencillez de este modelo hizo ver a su autor que la maquinaria celeste es algo increíblemente más simple de lo que pensaba, ya que las leyes que lo rigen pueden ajustarse a planteamientos matemáticos hasta entonces desconocidos.

Copérnico, para dar la forma definitiva a su Sistema Mundo, lo enmarcó dentro de una gran esfera inmóvil, donde localizaba las estrellas fijas. Una idea lógica —y no original— de aislar el Sistema Solar para estudiarlo matemáticamente.

Entre las principales objeciones que se le hicieron, aparte de la ya tan manida del antropocentrismo, podemos señalar las siguientes:

- ¿Cuál es la causa del movimiento terrestre?
- ¿Por qué las piedras caen hacia la Tierra si esta no está en el centro?
- ¿Por qué no aprecia el hombre que la Tierra se mueve?
- ¿Por qué los pájaros no se ven rezagados en su vuelo?...

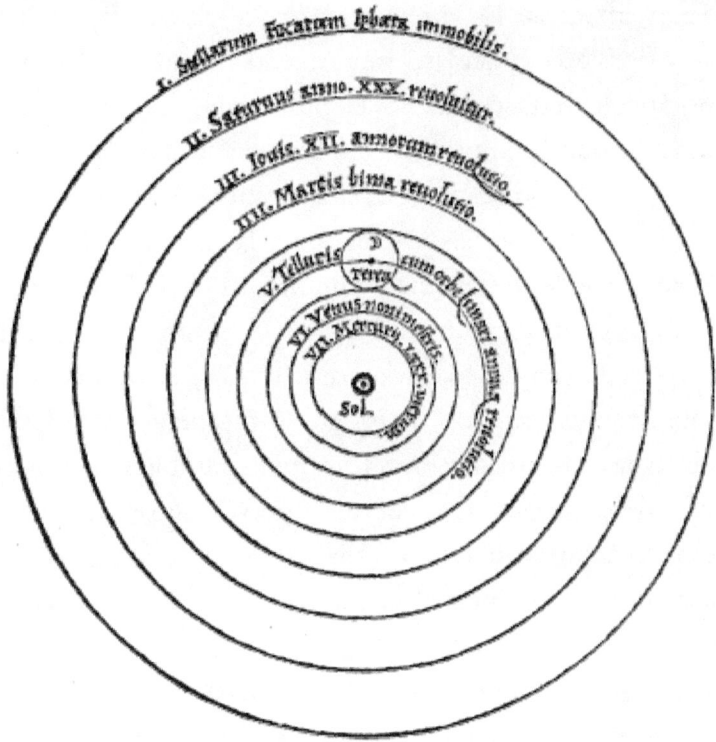

Figura 14. Sistema Mundo de Copérnico. Esta imagen apareció en la versión original del Revolutionibus de 1543. En el centro se ve el Sol y, a su alrededor, la órbita de Mercurio, cuyo período de traslación se estima en ochenta días. Le sigue la órbita de Venus, con nueve meses. Luego, la Tierra, cuyo período de revolución es anual. Marte tarda dos años en efectuar el movimiento. Júpiter, doce y Saturno treinta años. La más externa es la esfera inmóvil de las estrellas fijas.

Eran muchas las preguntas; y la discusión, difícil o imposible. Por eso, Nicolás, por miedo a desagradar a sus contemporáneos, retrasó mucho la publicación de su libro. De hecho, se cree que la impresión fue terminada justo para que el autor la viese el día de su muerte. La controversia fue tremenda. La teoría fue tachada de falsa y opuesta a las Sagradas Escrituras. Lutero le acusó de loco y hereje y durante los cien años siguientes se especuló, discutió y argumentó contra el Sistema Copernicano, antes de que, venciendo todas las dificultades, el heliocentrismo fuera generalmente aceptado. Pero, en su momento, las ideas del sabio polaco no cayeron en saco roto, pues también encontraron fervientes defensores. De entre todos ellos destaca el desafortunado **Giordano Bruno** (1548-1600), que fue ganado por entero para la causa e intentó rebatir cuantas acusaciones salían a su paso. Ante los argumentos típicos en contra del movimiento terrestre (viento, pájaros, nubes...), opinaba que carecían de fundamento, pues el aire que rodea nuestro planeta es arrastrado por el movimiento de esta[4]. Comparaba la Tierra con una nave que surca el mar: el movimiento general de la nave no produce efecto alguno sobre los movimientos de las cosas que están en su superficie. Estas presentan el mismo comportamiento si la nave está quieta[5]. El tema más delicado y causa de mayor polémica fue el de la atracción, que tendrá que ser resuelto más adelante por Newton. Para ilustrarlo, valga la anécdota de que, aún en el XVII, soñaban con hacer un túnel a través de la Tierra, Maupertuis y Voltaire. A este proyecto se refirió también, aunque de forma más modesta, el astrónomo francés Flammarion.

---

[4] Idea original de Copérnico.
[5] Se vislumbra la idea de movimiento relativo.

Figura 15. Giordano Bruno: un hombre adelantado a su tiempo. Su valentía intelectual le costó la vida.

Bruno, ensimismado con el heliocentrismo, se hace radical en sus afirmaciones, en contraposición con el conservadurismo general, decantándose por un Universo infinito. Algo a lo que ni aún el propio Kepler osará. Su idealismo y confianza en la Ciencia, a pesar de no ser propiamente un científico, sino más bien un relator o un historiador, llevará al arriesgado Giordano ante la Inquisición. En 1552 fue detenido y condenado a pasar ocho años en la cárcel. Posteriormente, en el año 1600 fue excomulgado y quemado en la hoguera.

Otro recopilador insaciable de datos astronómicos fue **Tycho Brahe**. La contribución científica de este astrónomo danés (1546-1601) no fue su concepción del sistema planetario, sino su convencimiento de la necesidad de realizar un trabajo sistemático de observación. Brahe no aceptó jamás el heliocentrismo de Copérnico y retomó las ideas clásicas; pero introduciendo una importante novedad: el Sol giraba en torno a la Tierra, pero los demás planetas lo hacían alrededor del astro rey. Y es precisamente en la observación y descripción de las posiciones planetarias donde se encuentra su más valiosa herencia. Este sistema híbrido sitúa a Tycho en una posición intermedia —muy diplomática para su tiempo— entre la ortodoxia ptolomeica y la heterodoxia más absoluta de Copérnico. Desde el punto de vista filosófico es una obra muy inteligente, pues combina la realidad física (traslación planetaria), con la moral de la época (Tierra como centro).

Desde su juventud, Tycho Brahe se interesó por la Ciencia del Cosmos. Siendo de familia noble no tuvo problemas para ingresar con trece años en la Universidad de Copenhague, estudiando luego en las de Leipzig, Rostock y Basilea. Podemos retratarle como un paciente observador obsesionado con la exactitud. Comparando una y mil veces sus cálculos con las tablas astronómicas que conocía, llegó a la conclusión de que no era lógico corregir los múltiples errores que presentaban, sino que era necesario emprender la laboriosa misión de elaborar unas nuevas. A este empeño dedicó toda su vida, construyendo aparatos de observación muy precisos, como el gran cuadrante, para medir la altura de los astros, o sus descomunales sextantes y esferas armillares.

Figura 16. El astrónomo nacido en Dinamarca Tycho Brahe

Uno de sus primeros éxitos fue el descubrimiento de la Nova de 1572: una nueva estrella había nacido, acontecimiento que echaba por tierra el dogma de la inmutabilidad de los cielos. A este estudio siguió la observación del cometa de 1577, el primero cuyo seguimiento se realizó de una forma seria y sistemática. El resultado de las mediciones fue espectacular: la trayectoria del móvil era secante a las órbitas de los planetas, lo que ampliaba el tamaño y los límites del Universo, haciéndolo conceptualmente más indefinible, pues... ¿de dónde venía o a dónde iba el cometa?...

Brahe tuvo en Federico II de Dinamarca un gran mecenas, que incluso le cedió una isla donde le construyó un observatorio. Además pagaba religiosamente todos los gastos derivados de los experimentos del sabio. Pero Tycho tenía un enorme defecto: era un pésimo administrador y siempre estaba endeudado. La suerte le acompañaba en el último momento, cuando el mecenas cargaba con todas las responsabilidades. Pero un buen día la fortuna le dio la espalda, ya que accedió al trono Cristian IV, cuya pasión por la Astronomía y por Brahe era nula. Pagó sus últimas deudas y le prohibió reincidir. Las cosas se fueron torciendo y el sabio fue perdiendo día a día todo cuanto poseía. Tomando una decisión de urgencia abandonó aquellas tierras y se marchó a Alemania, donde vivió casi dos años, período en el cual publicó un libro donde describía la posición de unas 1000 estrellas y lo hizo llegar a los poderosos de la época. Con esta estrategia se ganó el apoyo de Rodolfo II, que le nombró matemático imperial; y nuestro sabio se instaló en Bohemia.

Figura 17. Sistemas planetarios del "Almagestum Novum" de Riccioli, Potlomeo, que aparece agachado, se humilla ante los sistemas heliocéntricos de Copérnico y Tycho Brahe.

En este momento aparece en escena un joven llamado **Johannes Kepler** (1571-1630), que será el nuevo apoyo del ya anciano Tycho. Parece que todo se presta para que Brahe alcance grandes metas cuando inesperadamente muere y Kepler se pone al frente de todas las investigaciones sin la presencia incómoda de su maestro.

Figura 18. Johannes Kepler.

Haciendo un pequeño balance podemos afirmar sin temor a equivocarnos que el encuentro y colaboración de ambos fue determinante en el desarrollo de la Nueva Física, ya que ambos poseían características complementarias: Tycho fue un experimentador nato que puso en manos de Kepler el material necesario para que este elaborase los cálculos matemáticos[6]. Después de estudiar afanosamente la obra de Copérnico, Brahe y Galileo; Kepler tomó partido y desde el principio, apoyó la idea copernicana del Cosmos y, en oposición a su maestro, se aunó a

---

[6]Es conocido que Kepler no era un gran observador y sí un buen matemático.

los que apostaban por un Universo sencillo, susceptible de amoldarse a unas reglas básicas matemáticamente simples que permitieran no solamente explicar los acontecimientos pasados o actuales, sino hacer previsiones de futuro[7].

El primer problema que abordó en sus investigaciones el joven científico fue el del tamaño y forma de las órbitas planetarias. Debido a la gran repercusión de sus famosas leyes, este estudio cayó en un inmerecido olvido con el paso del tiempo. Sin embargo la importancia de este trabajo fue crucial para el propio autor, ya que supuso su primer gran éxito y le dio el ánimo y el convencimiento necesarios para continuar su tarea. El procedimiento empleado por Kepler para tal empresa fue el relacionar la forma de las órbitas con figuras geométricas regulares. Así, una esfera de igual radio que la órbita de Saturno circunscribía un cubo. Otra esfera inscrita en él presentaba un radio igual que el de la órbita de Júpiter. De igual modo procedía con los restantes planetas empleando en todo momento, poliedros regulares. La secuencia del razonamiento puede verse en el siguiente esquema:

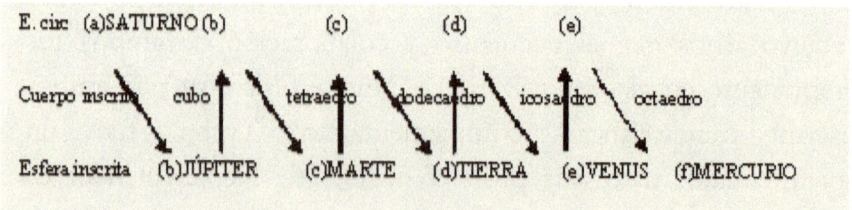

---

[7]En aquellos tiempos las previsiones se hacían a partir de tablas de difícil manejo.

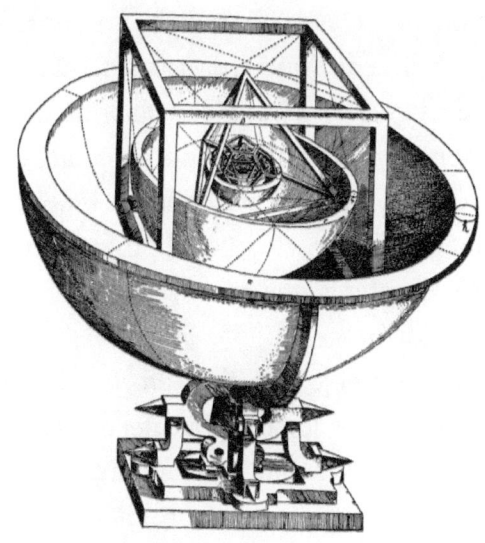

Figura 19. Estructura de las órbitas planetarias de Kepler.

Esta perfección matemática parecía salida de la mente divina, pues se da la casualidad de que solamente existen cinco clases de sólidos regulares de caras iguales, lo que daba pie para afirmar, o por lo menos sospechar, la no existencia de más planetas[8]. En esta imperfección lógica, creada por un exceso de demanda simétrica al Cosmos, podemos argumentar el olvido de tan peculiar método. Pero en su momento este juego geométrico causó gran asombro. "La alegría que siento por este descubrimiento es tan intensa que no puede describirse con palabras" [12]; recoge en sus escritos.

Ganado definitivamente por Copérnico lo demostró en su primer libro, "Mysterium Cosmographicum", que lo hizo llegar a los astrónomos de la época; entre ellos a Galileo y a Tycho. A ninguno de ellos convenció, pero ambos supieron apreciar el esfuerzo y el talento de aquel joven. Galileo le respondió

---

[8]El descubrimiento del séptimo acontecería muchos años después de la muerte de Kepler.

animándole a proseguir y le rogó que le comunicase cualquier nuevo dato o descubrimiento que apoyase la teoría de Copérnico. Brahe fue menos efusivo y le reprochó la falta de datos precisos y fiables para la elaboración de la teoría, no obstante, le invitó a ir a Praga, invitación que Kepler aceptó tiempo más tarde por dos motivos: la persecución desatada contra la minoría protestante en la ciudad de Graz y el interés que tenía por disponer de los datos del afamado observador.

Era indudable que el joven sabio, en su colaboración con el maestro, intentaría por todos los medios adecuar sus cálculos a los razonamientos de Tycho, pero le era imposible y siempre terminaba justificando a Copérnico[9]. Con los datos de las órbitas de Marte y Júpiter intentó encontrar un círculo que pasase por las posiciones tabuladas. Después de sesenta ensayos, encontró que una órbita circular con el Sol un poco desplazado del centro parecía ajustarse bastante bien a la realidad.

Pero esta ilusión se desvanecería muy pronto al comprobar que existía una diferencia mínima entre los datos de Tycho[10] y los obtenidos con sus cálculos de 8 minutos de arco (ángulo que describe el segundero de un reloj en 0.02 segundos). Kepler podía haber argumentado que esta diferencia era debida a un pequeño error en las observaciones, pero conociendo el perfeccionismo, meticulosidad y fiabilidad del maestro, prefirió dudar de sus propios análisis, en un ejercicio de asombrosa humildad, rechazando desde aquel mismo instante la hipótesis de las órbitas circulares. Se concentró entonces en el estudio del planeta Marte, por las ventajas que reunía sobre los demás planetas, ya que aparece "visible" por la noche más tiempo que Mercurio o Venus y

---

[9] Tycho prohibió desde el primer momento a su discípulo que empleara sus datos para avalar a Copérnico.
[10] Una vez más se demuestra la importancia de la herencia de Tycho.

recorre la órbita completa en mucho menos tiempo que Júpiter o Saturno. Tras muchas comprobaciones, llegó a la asombrosa conclusión de que sus datos sobre las posiciones de Marte se ajustaban al modelo de una órbita elíptica en uno de cuyos focos se encuentra el Sol[11]. Había descubierto para ese planeta la ley que después se generalizaría con el nombre de **primera ley de Kepler**: *Los planetas describen órbitas elípticas con el Sol en uno de sus focos.*

Pero las observaciones de Marte todavía dieron más frutos. Comparando las áreas barridas por el planeta en períodos iguales de tiempo pero en posiciones diferentes, concluyó que las áreas eran iguales, lo que implica que la velocidad aumenta al acercarse al Sol. Esta es la esencia de la **segunda ley de Kepler**: *En el movimiento de revolución alrededor del Sol, el radio vector del planeta barre áreas iguales en tiempos iguales.*

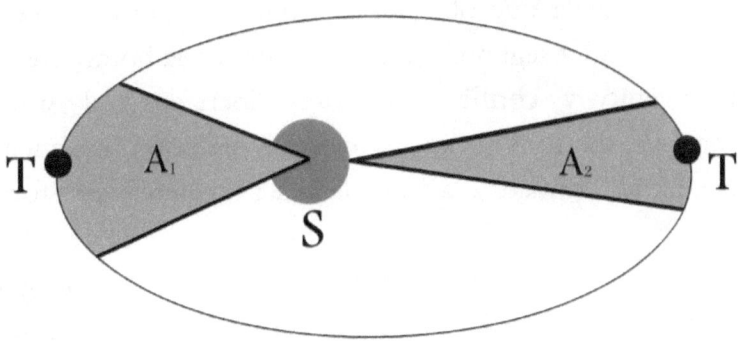

Figura 20. Segunda ley de Kepler. $A_1 = A_2$.

En 1609 publicó estos resultados en un libro titulado "Astronomía Nova". Continuó trabajando sobre sus cálculos y los de Tycho durante más de 15 años y publicó por fin, en 1619,

---

[11] A finales del siglo XI, Arzaguel de Toledo, astrónomo español, propuso la idea de las órbitas elípticas, pero no fue aceptada por oponerse a Ptolomeo y por no ser corroborada por observaciones fiables.

"Harmonicus Mundi", donde se encuentra la que hoy conocemos como **tercera ley de Kepler**: *La razón entre el cuadrado del tiempo que tarda un planeta en dar una vuelta completa alrededor del Sol y el cubo de su distancia media es una constante que tiene el mismo valor para todos los planetas*[12].

Si llamamos T al período de rotación (tiempo que tarda el planeta en dar una vuelta completa) y R el radio medio, enunciamos la ley así:

$$\frac{T^2}{R^3} = K$$

Recreémonos durante unos instantes en el análisis de estas leyes: la primera supone una ruptura total con la tradición y promueve una visión totalmente nueva del Sistema Solar. Es una proposición atrevida que obliga a una nueva disposición mental ante el Universo. La segunda ley va en contra de la homogeneidad del movimiento y confiere "mayores libertades" al sistema planetario. En la tercera se establece la relación cuantitativa definitiva, lo que confiere a la teoría la belleza matemática y formal que necesitaba[13].

La vida de Johannes Kepler no corrió pareja a su gloria como astrónomo. Desde su inicio estuvo marcada por la adversidad, lo que hace más meritorios sus descubrimientos. Fue un niño prematuro nacido en Weil, cerca de Württemberg. Enfermizo desde su nacimiento, sus problemas de salud se

---

[12] Más exactamente: "el cuadrado del período del planeta es proporcional al cubo del semieje mayor de la órbita.

[13] Con el triunfo de su 3ª ley, escribió: "[...] lo que hace 16 años era para mí una tarea urgente a realizar [...] aquello por lo cual colaboré con Tycho Brahe [...] por fin fue descubierto y reconozco su verdad, que ha superado mis mejores esperanzas. La suerte está echada, pero el libro está escrito para ser leído ahora o en la posteridad. No importa que mi libro tarde un siglo en encontrar un lector; también Dios esperó seis mil años en encontrar un observador".

agravaron por una viruela que padeció a los seis años y que le ocasionó serios trastornos en la vista y en las manos. Fue incomprendido y la fortuna no le sonrió; vivió luchando contra la penuria. La muerte de su mujer y de varios de sus hijos, así como una grave acusación de brujería contra su madre fueron algunas de las tribulaciones de su vida. Al morir dejó a su segunda esposa como herencia dos camisas, un frac y 22 escudos.

Kepler intentó explicar las "causas"[14] de sus leyes basándose en William Gilbert (1544-1603) sobre la atracción de los cuerpos, expuestas en el libro "De Magnete". La idea básica consistía en que el Sol, al girar sobre sí mismo, arrastraba a los planetas como si de un gran imán se tratase. También opinaba que las mareas eran provocadas por la atracción de la Luna.

Una de las últimas obras de Kepler fue "Las Tablas Rudolfinas", realizadas en honor a su protector y basadas en los datos de Brahe. En estas tablas utiliza para sus cálculos los logaritmos. Como agradecimiento, dedicó la introducción a J. Neper en 1614.

Kepler fue, en fin, un matemático por excelencia y no un físico. Por ello, describe cuantitativamente el comportamiento del Sistema Solar, pero no profundiza en sus causas: las misteriosas fuerzas que hacen que los planetas se sometan a esos movimientos periódicos matemáticamente hermosos.

Copérnico, Galileo, Kepler, quizás sin ser demasiado conscientes de ello, fueron los pioneros del determinismo científico que será abordado y resuelto por Newton y dejado en herencia para siempre.

---

[14] Poco a poco germinaban las ideas de atracción y gravitación enunciadas años después por Newton.

Figura 21. El frontispicio de las Tablas Rudolfinas rinde homenaje a Hiparco, Ptolomeo, Copérnico y Tycho Brahe.

2.2 ISAAC NEWTON: el Determinismo Científico.

A la nave está a punto de subir el gran capitán que ansían todas las tripulaciones. Alguien que la gobernará frente los impredecibles vientos que han estado a punto de hundirla. Pero este hombre de obra inmortal y vida anónima, al que le tocó vivir un tiempo convulso y contradictorio, no va a tener una singladura confortable y segura sino llena de avatares y contingencias que le llevarán a desarrollar una personalidad arisca y desconfiada y un método de trabajo sistemático y escrupuloso que le defienda de sus enemigos. Guiará el navío durante mucho tiempo, casi siempre acertadamente. "Casi" porque, debido a su carácter egocéntrico, ocasionó serios perjuicios a otros aventajados marinos, que tuvieron que amilanarse ante la prepotencia del que abrió caminos.

2.2.1 Ambiente científico y filosófico de Newton.

Antes de conocer su obra es necesario un recorrido por el contexto en el que se desenvolvió su vida y los acontecimientos que le llevaron a edificar sus teorías. También resultará interesante una breve semblanza de su carácter. De ambos asuntos nos ocuparemos de inmediato.

Isaac Newton conoció y estudió las obras de los grandes físicos y astrónomos: Copérnico, Tycho, Galileo, Kepler; así como el pensamiento filosófico de Descartes, Hobbes, More, Boyle, Gilbert...

La tradición nos hace ver que Isaac Newton adquirió la esencia de sus conocimientos matemáticos de su maestro **Isaac Barrow** (1630-1677), pero esto no es en absoluto correcto. El joven Newton fue, antes que nada, un autodidacta que se interesó por los trabajos de sus contemporáneos:[15] matemáticos como

---

[15]También pudieron influirle Pierre de Fermat, (1601-1665) que, además de destacar en

William Oughtred (1574-1660), John Wallis (1616-1703) o François Viète (1540-1603)[16] fueron sus verdaderos formadores. Pero, por encima de ellos debemos colocar a Descartes (1596-1650), cuya geometría asimiló y estudió detalladamente. A partir de esta etapa, hizo investigaciones en los campos de la Geometría Analítica y del Álgebra, llegando a desarrollar básicamente el cálculo diferencial e infinitesimal. Con este trabajo preparó inconscientemente su cerebro para diseñar sus Principia. Dada la importancia de la obra cartesiana en su pensamiento, conviene que nos detengamos un poco en ella.

La mecánica de Descartes, influida en algunos aspectos por Isaac Beckman[17] dominó todo el siglo XVII, hasta la aparición de las ideas newtonianas. Era más filosófica que física y planteaba más problemas de los que resolvía. Descartes simulará no aceptar nunca las aportaciones de Beckman, dando a entender que los resultados eran fruto de su reflexión personal, en un gesto muy egoísta. En realidad, el filósofo vivió una aventura intelectual individualista y egocéntrica, despreciando a sus contemporáneos y no aceptando sus planteamientos.

Geometría Analítica, planteó el cálculo infinitesimal, o Guillaume de L'Hopital (1661-1704) y Blaise Pascal (1623-1662).

[16] Su conocimiento de los matemáticos de la antigüedad fue muy superficial. Solamente conoció las obras de Arquímedes o Apolonio de Perga, llegando a ellos a través de la profundización en los trabajos de su tiempo.

[17] Isaac Beckman (1588-1635). Físico contemporáneo de Descartes. Era atomista, aunque partidario del éter como explicación de la caída de los cuerpos. Coincidía con Galileo en el tema de la conservación del movimiento y era firme defensor de la teoría copernicana. Creía en la existencia de una velocidad límite para los objetos que caen. La luz, para él, era un conjunto de corpúsculos de velocidad finita.
Además, estudió el choque de los cuerpos, llegando a conclusiones acertadas. D. Beckman estudió con Descartes la caída de los cuerpos, llegando a una ley exacta antes que Galileo, pero, incomprensiblemente, Descartes se olvidó de este resultado y divagó en posteriores ocasiones sobre el mismo problema.
Éter: Sustancia sutil inobservable, que, según físicos y filósofos de la época, ocupaba todo el Universo y transmitía las diferentes clases de energía. Se usó para explicar el peso, la propagación de la luz y las ondas, etc...

Descartes buscó desde el principio una explicación para la caída de los cuerpos distinta a la de Galileo.

> "Todo lo que él (Galileo) dice acerca de la velocidad de los cuerpos que descienden en el vacío, etc., está edificado sin cimientos, porque él habría tenido que determinar antes lo que es pesantez (peso), y si él supiese la verdad, sabría que en el vacío aquella es nula"[18]. [13]

Figura 22. Retrato de Descartes pintado por Frans Hals durante la estancia del filósofo en Holanda.

El mundo cartesiano es único e indefinido y el movimiento adquiere matices de relativismo, en cuanto que hay que referirlo a algo que se considere en reposo[19]. El reposo es de la misma naturaleza y entre ellos existe una simetría[20].

---

[18] Al creer en el éter, para Descartes no existe el vacío, explicando el peso como el resultado de la interacción o choque de los cuerpos y el éter.
[19] Newton sacó mucho fruto de esta idea.

> "Me parece que es evidente que solamente Dios quien, por su omnipotencia, ha creado la materia con el movimiento y el reposo de sus partes, y quien conserva ahora en el Universo, por su concurso ordinario, tanto reposo y tanto movimiento y reposo como puso en él al crearlo"[21]. [14]

La conservación del movimiento se plasma en que la materia tiende a moverse rectilíneamente y en que el equilibrio o simetría reposo-movimiento se establece por choques. Con estos criterios intentará Descartes explicar el mecanismo de los cielos, de los cuales forma una visión particular.

> "Tendré más cuidado que Copérnico en no atribuir movimiento alguno a la Tierra, e incluso en que mis razones al respecto sean más verdaderas que las de Tycho".
> [15]

Concibe una Tierra que da vueltas sobre su propio eje, exenta de fuerza para hacerlo, ya que es arrastrada por el movimiento de la materia sutil que la rodea.

Podemos concluir que la idea cartesiana del Universo se basa en una construcción filosófica individual creada en la propia mente del matemático y no a través de la observación. Era una idea muy aristotélica en la que prevalecían las ideas sobre las realidades. Descartes no diseña una Física celeste sino su Metafísica,

---

[20] Influencia de Beckman.
[21] Introduce una idea de inercia o conservación del movimiento.

atribuyendo a Dios o a la sutilidad del éter aquello que no puede explicar con el razonamiento lógico. Este planteamiento —ampliamente difundido en la Europa del siglo XVII— tuvo importantes repercusiones. Sin embargo, en Inglaterra, la asimilación de estas ideas (que dieron lugar a nuevas corrientes intelectuales) fue radicalmente diferente. Las nuevas corrientes a las que hago referencia eran, esencialmente, materialistas, empíricas y teológicas. Como representantes de las mismas, podemos citar a tres autores de probada influencia en la época: Hobbes, More y Boyle.

Thomas Hobbes (1588-1679) fue defensor del empirismo a ultranza. Rechazó todo lo que representaba espiritualismo en la obra cartesiana, aunque admitió la existencia del éter. Partidario del mecanicismo integral, afirmaba que el hombre podía ser explicado en términos puramente mecánicos. Este pensador apadrina, pues, una corriente materialista.

Henry More (1614-1687) representa el idealismo. Defiende la existencia objetiva de las sustancias espirituales y la necesidad de una concepción religiosa para explicar el origen y destino del mundo. Según él, Dios inculcó a la materia "el espíritu de la naturaleza". El espacio es algo absoluto, homogéneo e inmutable, en el que la divinidad puso los siguientes atributos: único, simple, inmóvil, intangible, eterno, perfecto y omnipresente.

Robert Boyle (1627-1691) representa lo concreto. Profesa una Física corpuscular y atomista que asimila muchas ideas cartesianas. Admite la existencia de dos clases de éter: el primero transmite las acciones al estilo cartesiano (por choques) y el otro es similar al postulado por Gilbert o Beckman (como un imán). También considera la necesidad de invocar a un Dios creador y organizador; porque la ciencia experimental es incapaz de explicar completamente los fenómenos.

El lector, llegado a este punto, se habrá dado cuenta del enorme marasmo de ideas, de la profunda confusión que conformaba el ambiente en el que vivió Newton. Se antoja inverosímil organizar la mente para asimilar todo este maremágnum de juicios de valor, dogmas y verdades divinas, pretensiones empíricas...Newton lo hizo en su filosofía científica. Sin embargo, sus famosas leyes positivas suponen una verdadera revolución en la Ciencia, una ruptura con todo lo anterior.

2.2.2 Isaac Newton y su particular carácter.

Isaac Newton (1642-1727), nació en las Islas, en una pequeña aldea llamada Woolsthorpe, curiosamente el día de Navidad del mismo año en que murió Galileo (1642). Prematuro, débil y enfermizo, se temió por su vida. Antes de su nacimiento, murió el padre, lo que conllevó que la madre se casase por segunda vez. El pequeño Isaac fue confiado a su abuela. Ambos hechos marcaron hondamente la infancia de Isaac, que temía ser abandonado por su madre.

Figura 23. Isaac Newton.

A los 12 años marchó a la escuela pública de Grantham tras abandonar las escuelas primarias de las localidades vecinas. Él mismo contará que era un niño poco atento, que prefería la construcción de pequeños artilugios mecánicos a los estudios. Se entretenía jugando con una especie de clepshidra[22], o con su cuadrante solar, o con un molinito accionado por un ratón al que llamaba "el molinero". Tenía su habitación literalmente empapelada con sus dibujos y pinturas. Cuando el joven Newton contaba 14 años, su madre enviudó de nuevo y lo reclamó desde su aldea natal para emplearlo en la administración y en los trabajos de su finca. Pero a Isaac no le agradaban nada estos asuntos y, mientras un antiguo sirviente se ocupaba de las compras y las ventas en el mercado de Grantham, él iba a casa de su antiguo patrón a enfrascarse en la lectura de viejos libros. Era tal la pasión que mostraba por el estudio de las ciencias que pudo proseguir su formación en Grantham, gracias a la intervención de un tío suyo.

A los 18 años se matriculó en el Trinity College de Cambridge, donde su profesor —el matemático Isaac Barrow— se dio cuenta pronto de su valía. Afortunadamente para nosotros, la Universidad hubo de cerrar sus aulas a causa de la peste y esta fue la época en la que surgieron la mayoría de las ideas claves de su pensamiento posterior. Algunos estudiosos afirman, incluso, que el resto de su vida se dedicó a desarrollar sus "trabajos de vacaciones". Después de dos años de estancia en su pueblo, momento en que la tradición sitúa la famosa anécdota de la manzana, vuelve a sus estudios en la Universidad. Newton no dio a conocer los resultados de sus trabajos en esta época, pues no sentía ningún interés en publicarlos. A los 27 años ganó la Cátedra de Matemáticas, a la que había renunciado Barrow para dedicarse por completo a la Teología. En ese mismo año, Newton redacta el inventario de sus descubrimientos —el teorema generalizado del binomio que más tarde llevaría su nombre y los principios fundamentales del cálculo infinitesimal—, para confiarlo todo a

---

[22] Reloj de agua.

Barrow. Estos trabajos no serían publicados hasta 1711. Newton permaneció en su puesto durante 26 años, realizando su labor siempre con un celo encomiable. La Royal Society le abrió sus puertas a comienzos de la década de los setenta por sus trabajos de Óptica; y es que Newton había perfeccionado el telescopio, cuyas lentes elaboró con sus propias manos, usando también un espejo esférico como objetivo, lo que evitaba las aberraciones cromáticas. Animado por el interés de esta institución, Newton presentó a sus miembros la primera de sus comunicaciones. En ella exponía las experiencias realizadas con la ayuda de un prisma, con lo que probaba que la luz blanca se compone de colores que se refractan de distinta forma, afirmación que ocasionó multitud de controversias, especialmente con Robert Moore y Christiaan Huygens. A pesar de ello, publicó este trabajo en 1675, incluyendo, además, su teoría corpuscular de la luz o teoría de la emisión. Simultáneamente, elaboró una teoría para explicar el color de los cuerpos y completó la explicación del arco iris elaborada por Descartes.

El carácter de este genio era difícil y controvertido, lo que le llevó a múltiples confrontaciones científicas y políticas; a partir de su "despegue" en la sociedad, combinará sus actividades con montones de querellas contra sus subordinados e intrigas contra sus rivales o contra cualquiera que se atribuyese la primicia de sus descubrimientos. Su criado lo describe así:

> "No le oí nunca practicar ninguna diversión ni pasatiempo, ni montar a caballo para tomar el aire, ni pasear, ni jugar a los bolos, u otro ejercicio cualquiera: él creía que cualquier hora que no estuviese dedicada a sus estudios era una hora perdida ". [16]

Terminada la parte esencial de sus trabajos de Óptica, Newton pareció perder el interés por la Ciencia, pero el astrónomo **Edmund Halley** (1656-1742) lo animó y lo llenó de entusiasmo renovado cuando fue a consultarle como consecuencia de unas discusiones mantenidas con Hooke y Cristopher Wren (1632-1723), a propósito de las leyes de Kepler y de las órbitas elípticas de los planetas. Las respuestas de Newton convencieron a Halley de tal manera que le emplazó en 1685 a publicar sus trabajos sobre Gravitación. Nació así su obra cumbre: "Principios Matemáticos de la Filosofía Natural[23]", que consta de tres partes o libros que el autor revisó hasta la saciedad. En el prefacio, Newton expone su idea de aplicar las Matemáticas a los fenómenos naturales, al frente de los cuales sitúa el movimiento de los cuerpos. Este movimiento es estudiado en los dos primeros libros. La metodología utilizada por Newton es enormemente organizada y sistemática, ya que estructura sus libros en temas, proposiciones, corolarios, estudios y teoremas, lo que hace que, como señala Antonio Escohotado[24]:

> "...Newton tiene cierta responsabilidad en el extendido desconocimiento de su gran obra. Hay en ella un aspecto de oscuridad gustosamente acogida y, ante todo, una desmesura en el contenido; tras casi un millar de proposiciones y teoremas, algunos de extremada complejidad, el lector tiende a rendirse ante la potencia reflexiva que el autor despliega y —si es persona con formación matemática— sentirá la tentación

---

[23] "Philosophiae Naturalis Principia Matematica". La primera edición fue costeada por Halley.
[24] Editor de los Principia en español. Las citas referentes a Newton han sido recogidas de esta traducción.

de acudir a las exposiciones mucho más sintéticas de los epílogos con la talla de Lagrande o Laplace"[25]. [17]

Figura 24. Halley pudo predecir la vuelta del cometa que lleva su nombre gracias a los Principios de Newton.

En efecto, su obra es complejísima y muy amplia, lo que denota una personalidad polifacética. Tanto es así que, además de sus avances destacadísimos en Física y Matemáticas, se interesó por temas tan dispares como la Alquimia o la Teología. Sin embargo esta faceta de Newton queda ensombrecida, lógicamente, por sus magnos tratados (pensemos, por ejemplo, en los Principia o en su Óptica).

---

[25] El tercer libro es diferente. En él, el sabio inglés expone su cosmovisión; pero de este asunto me ocuparé posteriormente.

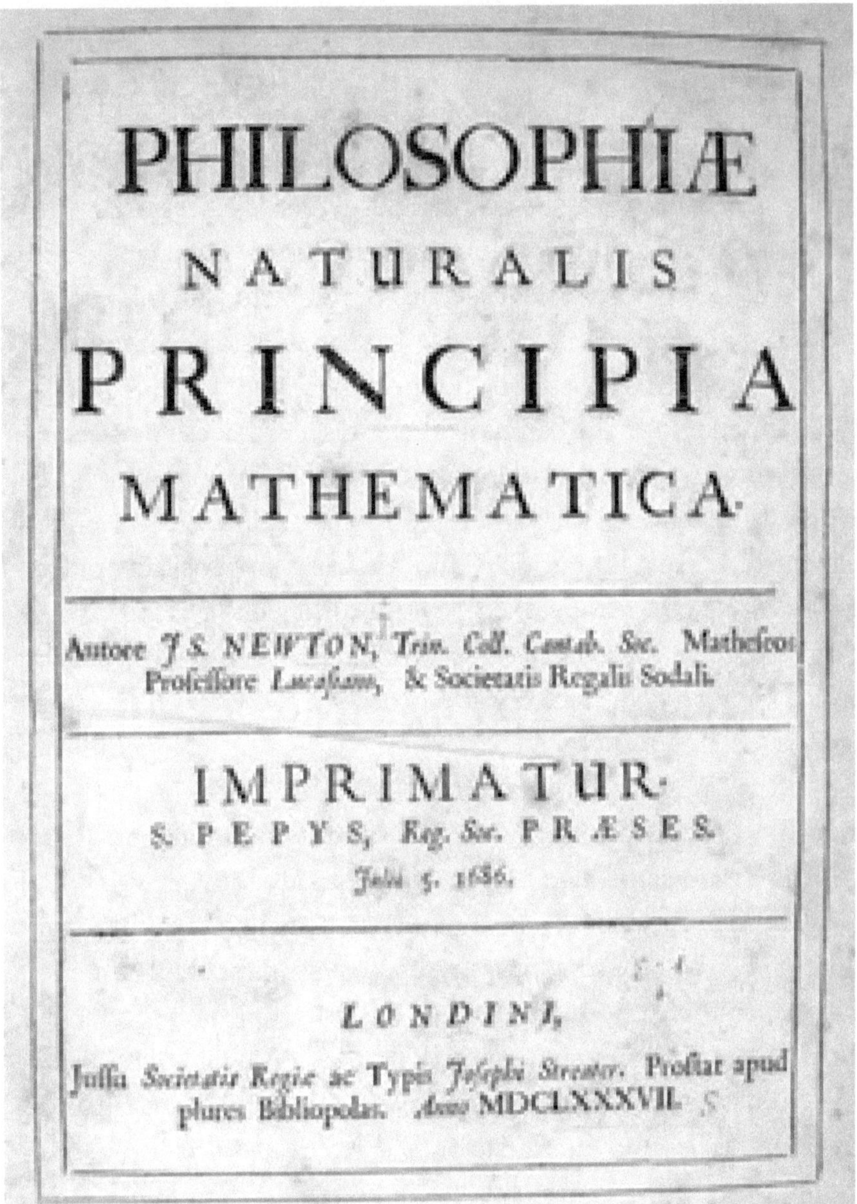

PHILOSOPHIÆ
NATURALIS
PRINCIPIA
MATHEMATICA.

Autore *JS. NEWTON,* Trin. Coll. Cantab. Soc. Matheseos Professore *Lucasiano,* & Societatis Regalis Sodali.

IMPRIMATUR·
S. PEPYS, *Reg. Soc.* PRÆSES.
Julii 5. 1686.

LONDINI,
Jussu *Societatis Regiæ* ac Typis *Josephi Streater.* Prostat apud plures Bibliopolas. *Anno* MDCLXXXVII.

Figura 25. Portada de los "Philopophiae Naturalis Principia Mathematica".

Tras la aparición de los Principia el mundo de la Ciencia pareció aburrirle y buscó refugio en la política, llegando a ocupar un escaño en la Cámara de los Comunes en representación de la Universidad. Pero el ambiente parlamentario no le fascinó lo más mínimo, de forma que su actividad en las sesiones fue prácticamente nula. Algunos autores, para ilustrar esta etapa de su vida, comentan que su mayor ejercicio en el hemiciclo fue pedir a un ujier que cerrase una ventana. El Parlamento se disolvió y Newton cayó en un estado de profunda depresión, causada, probablemente, por un cúmulo de circunstancias desgraciadas: el excesivo celo y pundonor que puso en su antiguo trabajo, que lo llevó a la extenuación; la muerte de su madre y el incendio accidental de su laboratorio. Uno de sus antiguos discípulos, Charles Montagu, consiguió, en 1694, la cartera de Hacienda y una de sus primeras resoluciones fue distinguir a su antiguo maestro con los cargos de Inspector y luego de Director de la Casa de la Moneda (en 1699).

Una anécdota de esta época —concretamente de 1696—, conocida como **el problema de la branquistócrona**[26], nos hará ver, una vez más, el carácter agudo y sagacísimo del genio de Woolsthorpe. En ese mismo año, el matemático suizo Johann Bernoulli (1654-1705) propuso a sus colegas el problema citado anteriormente, dándoles un plazo de seis meses para su resolución que luego ampliaría a un año y medio a petición de Leibniz (1646-1716). Newton usó una nueva rama de las Matemáticas de su invención (el cálculo de variaciones) para resolver el problema.

---

[26] La branquistócrona es, esencialmente, la determinación de la curva que conecta dos puntos, desplazados lateralmente uno de otro y a diferente altura, a lo largo de la cual un cuerpo caería en el menor tiempo posible bajo la única acción de la gravedad. La curva no depende de la masa del cuerpo o del valor de la constante gravitacional. El problema se resuelve por cálculo variacional.

Contaba por entonces 55 años. Bernoulli sólo pudo declarar que reconocía al león por sus garras.

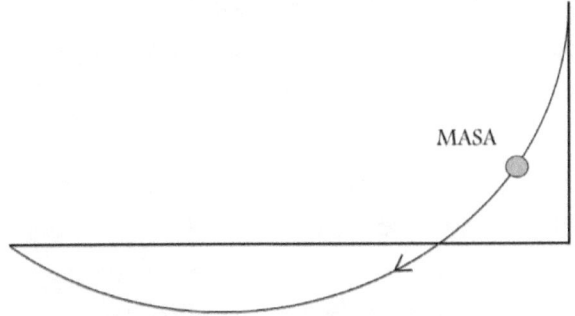

Figura 26. Esquema de la curva branquistócrona. La caída del cuerpo a lo largo de la curva se hace en un tiempo mínimo.

El sabio recibió grandes honores: fue uno de los ocho primeros miembros extranjeros de la Academia de Ciencias de París (1699), Presidente de la Royal Society hasta su muerte, implantando una férrea dictadura personal en la misma, condecorado con el título de Sir por la reina Ana en 1705...

El pasatiempo de sus últimos años fue el estudio, interpretación y calibración de cronologías de civilizaciones antiguas. En su obra póstuma "La Cronología de los Antiguos Reinos Amended" se encuentran estos trabajos y otros, como una reconstrucción arquitectónica del antiguo Templo de Salomón, una nomenclatura de las constelaciones del Hemisferio Norte (para la que toma nombres de personajes, objetos y acontecimientos de la Hélade mítica de Jasón y los Argonautas) y la hipótesis teológica de que los dioses de todas las civilizaciones —excepto la suya— no eran más que reduplicaciones idealizadas de grandes héroes y reyes.

Como vemos, la senectud lo va alejando del camino científico y lo aproxima a la preocupación por la muerte.

Eterno solterón, muere de litiasis[27] a los 84 años, tras enormes sufrimientos. Sus restos fueron inhumados, con pompa digna de rey, en la Abadía de Westminster.

Poco antes de morir, escribió:

> "No sé lo que pareceré a los ojos del mundo, pero a los míos es como si hubiese sido un muchacho que juega en la orilla del mar y se divierte de tanto en tanto encontrando un guijarro más pulido o una concha más hermosa, mientras el inmenso océano de la verdad se extendía, inexplorado, frente a mí". [1]

2.2.3 El Sistema Mundo de Newton:

Ya hemos perfilado la estructura de los tres libros que componen los Principia, con lo que el lector ya estará plenamente capacitado para adentrarse en la esencia newtoniana: la explicación del movimiento en el Universo, que quedará plasmada en la **Ley de la Gravitación Universal**. Pero, antes, es obligado hacer una referencia a Halley, artífice directo de esta obra al que Newton estaba enormemente agradecido por la inestimable ayuda que le prestó para conseguir publicarla.

> "En la publicación de esta obra, el excepcionalmente perspicaz eruditísimo señor Edmund Halley no sólo me ayudó a

---

[27] Litiasis (del griego: "mal de piedra"): formación de cálculos en cavidades o conductos de algún órgano.

corregir los errores de imprenta y a preparar las figuras geométricas, sino que el libro únicamente ha llegado a aparecer debido a su insistencia; cuando obtuvo de mí las demostraciones sobre la figura de las órbitas celestes, me urgió continuamente a comunicarlo a la Royal Society, quien más tarde —debido a su amable estímulo y a sus ruegos— me comprometió a la publicación". [18]

La esencia de la obra newtoniana toma forma y exponente fundamental en las tres leyes del movimiento, que serán punto de partida para la interpretación del comportamiento de los cuerpos; más tarde y con un cuidadoso estudio matemático, Newton hará una proyección de las mismas al aplicarlas a la interpretación de la traslación de la Luna y los planetas. Estas leyes se encuentran como preliminar al Libro Primero y, más concretamente, se sitúan inmediatamente después de las definiciones de las magnitudes empleadas en las mismas: masa, cantidad de movimiento, fuerza insita, fuerza impresa (aplicada), fuerza centrípeta y cantidad acelerativa[28]. Del mismo modo, en el primer escolio, Newton deja

---

[28] Definiciones originales dadas por Newton:
    La cantidad acelerativa de una fuerza centrípeta es una medida proporcional a la velocidad que genera en un tiempo dado.
    La cantidad absoluta de una fuerza centrípeta es una medida proporcional a la eficacia de la causa que la propaga desde el centro por las regiones circundantes.
    La cantidad motriz de una fuerza centrípeta es una medida proporcional al movimiento que genera en un tiempo dado.
    Masa: La cantidad de materia es la medida de la misma, surgida de su densidad y magnitud conjuntamente.
    Cantidad de movimiento es la medida del mismo, surgida de la velocidad y la masa conjuntamente.
    La fuerza insita de la materia es un poder de resistencia de todos los cuerpos

claro sus conceptos de tiempo, espacio, lugar y movimiento y distingue entre lo absoluto y lo relativo del modo más natural:

> "Es de observar, con todo, que el vulgo sólo concibe esas cantidades partiendo de la relación que guardan con las cosas sensibles. Y de ello surgen ciertos perjuicios, para cuya remoción será conveniente distinguir allí entre lo absoluto y lo relativo, lo verdadero y lo aparente, lo matemático y lo vulgar[29]".
> [19]

Las leyes se recogen bajo el epígrafe "Axiomas y leyes del movimiento" y su texto original difiere muy poco del que estudiamos en la actualidad. Sin más preámbulos, pasemos a comentarlas:

Ley Primera[30]:
"Todos los cuerpos perseveran en su estado de reposo o de movimiento uniforme en línea recta, salvo que se vean

---

en cuya virtud perseveran cuando está en ellos, por mantenerse en su estado actual, ya sea de reposo o de movimiento en línea recta.
    Fuerza impresa es una acción ejercida sobre un cuerpo para cambiar de estado, bien sea de reposo o de movimiento sobre una recta.
    Fuerza centrípeta es aquella por la cual los cuerpos son arrastrados o tienden de cualquier modo hacia un punto como hacia un centro.
[29] Las citas referidas a Newton aparecen recogidas en sus "Principia" y han sido tomadas de la edición en castellano traducida por Eloy Rada García y publicadas por Alianza Editorial. Madrid, 1987.
[30] Lo que hoy llamamos "Ley de Newton" es conocido frecuentemente como "Segunda Ley" y el Principio de Inercia de Galileo, que es un caso particular de esta, se conoce hoy como "Primera Ley de Newton".

forzados a cambiar ese estado por fuerzas impresas".

"Los proyectiles perseveran en sus movimientos mientras no sean retardados por la resistencia del aire o impelidos hacia abajo por la fuerza de la gravedad. Una peonza cuyas partes se ven continuamente apartadas de movimientos rectilíneos, no cesaría de girar si no fuese retrasada por el aire. Los cuerpos mayores de los planetas y cometas, que encuentran menos resistencia en los espacios libres, perseveran durante mucho más tiempo sus movimientos progresivos y circulares". [20]

Newton ilustra siempre sus aseveraciones con ejemplos. En este caso emplea dos comparaciones: la del proyectil que no pararía jamás si no fuese retardado por el aire, o la de la peonza que no cesaría en su girar.

En ella aparecen, implícita o explícitamente, los conceptos de movimiento ideal, rozamiento y fuerza, entendida esta como causa de la alteración de un estado monótono.

Ley Segunda:

"El cambio de movimiento es proporcional a la fuerza motriz impresa y se hace en la dirección de la línea recta en la que se imprime esa fuerza".

"Si una fuerza cualquiera genera un movimiento, una fuerza doble generará el doble de movimiento, una triple el triple…". [21]

Una lectura actual nos permite observar, implícitamente, los conceptos de aceleración y vector (considerando este como representante genuino de la fuerza, e indicando su intensidad o módulo, su dirección y su sentido).

Ley Tercera:
"Para toda acción hay siempre una reacción. Las acciones recíprocas de dos cuerpos entre sí son siempre iguales y dirigidas hacia partes contrarias[31]".
"Cualquier cosa que arrastre o comprima a otra es igualmente arrastrada o comprimida por esa otra. Si se aprieta una piedra con el dedo, el dedo es apretado también por la piedra". [22]

Hay en esta ley una mezcla de simplicidad y, a la vez, de curioso misterio. A veces, en mi época de estudiante, imaginaba cómo una simple mesa —desobedeciendo voluntariamente este axioma— engullía todo cuanto se encontraba encima. El principio de acción y reacción es tan natural e inherente a la materia que resulta difícil de asimilar a casos concretos, como cuando nos planteamos definir palabras sencillas y de uso tan común que el propio uso las ha hecho indefinibles.

A partir de este momento y siempre bajo la luz de los principios enunciados, Newton construye laboriosamente el entramado matemático que le permitirá aplicar estos axiomas al

---
[31] Esencia de los choques elásticos.

movimiento de los astros y deducir la ley que rige sus movimientos. Este diseño matemático, que incluye fundamentalmente la Geometría, ocupa la mayor parte de su obra (Libros I y II). Una vez dotado del poder lógico que suministran las Matemáticas, el genio inglés construye su Sistema Mundo, el primero que incluye la causa (la fuerza) responsable del movimiento. Esta visión causal representa el primer paso hacia la visión completa del Cosmos, que, desde este instante, deja de ser descrito y comienza a ser edificado lógicamente.

Sin duda, los trabajos de Galileo —sobre la caída de los graves— y de Kepler —referentes al diseño matemático del Sistema Solar— fueron de una ayuda inestimable. Debido a estas influencias y, cómo no, al descubrimiento de los Principia, logró Newton explicar el movimiento de todos los cuerpos del Universo. Así de simple. ¿Y cuál es la causa de este movimiento? Pues la fuerza aplicada a distancia sobre ellos. En este concepto **de fuerza de acción a distancia** radica la genialidad de la teoría newtoniana. Lo más importante, sin duda, es que no se trataba de una fuerza misteriosa o mítica sino de una magnitud completamente real. El propio autor nos lo dice en la "Introducción al Libro Tercero":

> "Es preciso aún demostrar a partir de esos mismos principios la constitución del sistema del mundo. En realidad, había confeccionado sobre este tema el tercer libro, siguiendo un método popular, con el fin de que pudiese ser leído por muchos. Pero después, considerando que quienes no hubiesen profundizado bastante en los Principios no podrían captar fácilmente la fuerza de sus consecuencias [...], decidí

> traducir la suma de materias de ese Libro a la forma de proposiciones usuales en Matemáticas, que sólo deberían ser leídas por quienes de antemano se hubieran familiarizado con los principios precedentes". [23]

Llegados a este punto, analizaremos las conclusiones que se extraen del libro tercero, basadas en lo que en ese libro se denomina "fenómeno", es decir, hecho observable. Con el objeto de ser concisos y claros, abandonaremos el abigarrado lenguaje newtoniano y haremos una exposición en términos actuales.

Como primer punto de referencia para su estudio del movimiento celeste, usó Newton la Luna. A partir del primer principio, era evidente que sobre el satélite terrestre debía actuar alguna fuerza, pues, si no, esta habría de moverse en línea recta[32].

Dado que la Luna presenta un movimiento orbital alrededor de la Tierra, debe existir una aceleración centrípeta como consecuencia de la variación en la dirección del vector velocidad[33].

> "Que la Luna gravita hacia la Tierra y es continuamente apartada de un movimiento rectilíneo y retenida en su órbita por la fuerza de la gravedad". [24]

---

[32] Existe una fuerza centrípeta de atracción entre la Tierra y la Luna, o entre el Sol y los Planetas. Esta fuerza es compensada por el giro en la órbita a una distancia concreta y con una velocidad determinada. Es erróneo justificar este hecho con la existencia de una fuerza centrífuga; este concepto es totalmente ficticio y artificioso. Si hubiera tal compensación ambas fuerzas se anularían y la Luna se marcharía en línea recta. La gravitación sería entonces un fiasco.

[33] El que la velocidad sea un vector implica que puede experimentar variaciones de módulo, de dirección o ambos. En el caso del movimiento circular es el cambio de dirección lo que verdaderamente importa.

¿Cuál es la naturaleza de esa fuerza? Newton, sin dudarlo, afirmó que esa fuerza tenía la misma esencia que la fuerza de la anécdota de la manzana y que no era otra cosa que el cumplimiento de la segunda ley, es decir, la proporcionalidad entre fuerza y masa. Puesto que el movimiento de la Luna se produce con celeridad[34] constante y el cuerpo recorre la longitud de la circunferencia $2\pi r$ en el tiempo T o período:

$$v = 2\pi r / T$$

y puesto que el vector aceleración normal es consecuencia de la variación en la dirección de la velocidad, su módulo será:

$$a = 2\pi v / T$$

de ambas ecuaciones, concluimos que:

$$a = v^2/r \quad ó \quad a = 4\pi^2 r / T^2$$

Salvando las distancias impuestas por la tecnología, Newton calculó la aceleración de la Luna hacia la Tierra apoyándose en el cálculo, obteniendo un valor para a[35] sensiblemente inferior al de la gravedad terrestre [36] $g = 9,8$ m/s². Aquí debió surgir en la mente de Newton una sospecha clave en el desarrollo de este razonamiento. Tal vez la fuerza con que la Tierra atrae a los cuerpos dependa de la distancia. Bajo esta sospecha y apoyándose en su ley fundamental, tendría que explicar la aceleración de un cuerpo en la superficie de la Tierra y el valor de a, tan pequeño para la Luna[37].

---

[34] Entendiendo por celeridad constante la constancia del módulo de la velocidad media del movimiento circular.
[35] $a = 2,7 \cdot 10^{-3}$ m/s²
[36] Son cálculos aproximados, pues no conocían con exactitud el radio de la órbita lunar.
[37] Newton no admitió, hasta muchos años después, que para la deducción correcta de su Ley de la Gravitación Universal partió de la inestimable contribución de la tercera ley de Kepler.

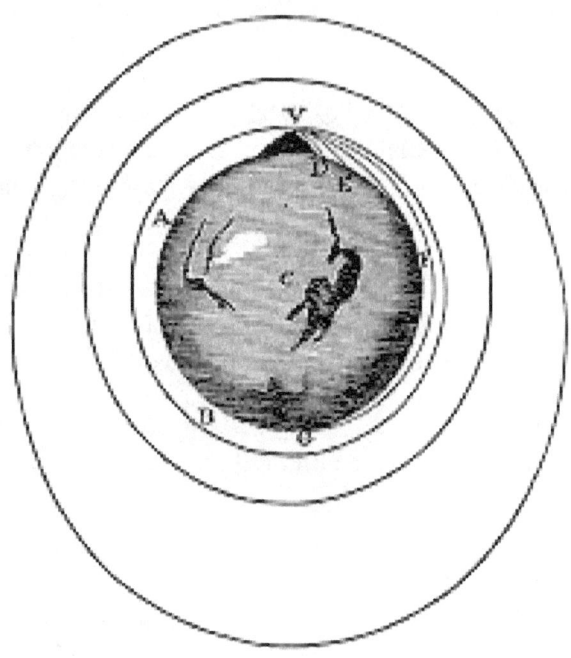

Figura 27. Imagen de la obra de Newton "System of the World", adicionada a la última edición de sus "Principios", que muestra la trayectoria que seguiría un cuerpo lanzado desde una alta montaña con diferentes velocidades. Ilustra claramente el efecto de la acción de las fuerzas centrípetas a medida que nos alejamos de la superficie del planeta.

Por un tiempo, Newton abandonó el estudio del sistema Tierra-Luna y se concentró en las fuerzas ejercidas por el Sol sobre los planetas. Deseaba saber cómo variaba la fuerza ejercida sobre un planeta con el radio de su órbita. Veamos cómo solucionó esta cuestión. En primer lugar; y con el fin de ganar en simplicidad, consideraremos órbitas circulares de centro común. Según lo que hemos expuesto, sabemos que la aceleración centrípeta vale

$$a=4\pi^2 r/T^2$$

y como $F=m \cdot a=m4\pi^2 r/T^2$, donde m es la masa del planeta, para eliminar T —el período de la ecuación anterior—, Newton utilizó la tercera ley de Kepler $K=r^3/T^2$, de donde

$$F=4\pi^2 Km/r^2$$

La consecuencia era extraordinariamente clara: **la fuerza es proporcional a la masa y disminuye la distancia**. Este cálculo confirma la sospecha a la que antes hacíamos referencia y abre un mundo nuevo de simplicidad a la explicación causal de nuestro Sistema Solar. Bajo la acción de una fuerza descrita de tal modo, Newton consiguió demostrar que en la órbita elíptica con el Sol en uno de sus focos se cumplía la ley de las áreas de Kepler. El éxito fue completo[38]. El sistema planetario de Kepler hallaba por fin una expresión matemática que le daba forma y que lo hacía lógico desde su causa.

Si observamos con detalle la ecuación $F=4\pi^2 Km/r^2$ veremos que aparece en ella el factor $4\pi^2 K$, independiente de la situación particular del sistema de fuerzas que planteemos que es, pues, aplicable a cualquier masa que orbite en torno al Sol. $4\pi^2 K$ sólo depende de las propiedades del Sol, por ser este la fuente de atracción. Para ser conscientes de tal situación, podemos expresar la fuerza de atracción del astro sobre una masa m, por ejemplo, la Tierra como:

$$F=4\pi^2 K_s m/r^2$$

De igual manera, la fuerza con que la Tierra atrae a un cuerpo m[39]:

---

[38] Huygens y Hooke utilizaron también la tercera ley de Kepler para deducir que F es proporcional a $1/r^2$, pero no demostraron el cumplimiento de las otras leyes.
[39] Por correspondencia con $F=ma$ $a=g=4\pi^2 K_t/r_t^2$ es la aceleración de una masa que cae libremente.

$$F=4\pi^2 K_t m/r_t^2$$

m: masa situada en la superficie

r_t: radio terrestre

Con esta idea, el sabio volvió a intentar solucionar el problema del movimiento lunar. Es evidente que la aceleración de la Luna hacia la Tierra debe valer:

$$a_l=4\pi^2 K_t/r_l^2$$

r_l: distancia desde el centro de la Tierra al centro de la Luna.

Si efectuamos el cociente entre las dos ecuaciones anteriores, obtenemos lo siguiente:

$$a_l/g=r_t^2/r_l^2 \quad ó \quad a_l=gr_t^2/r_l$$

Newton conocía el valor de $r_t/r_l \approx 1/60$ y también g (por Galileo), por lo que obtuvo $a_l=2,7 \cdot 10^{-3}$ m/s²; valor muy aproximado al obtenido a partir del radio y período lunares.

Esta concomitancia de resultados fortaleció su idea de que la naturaleza de la fuerza que sostenía el sistema Tierra-Luna o Tierra-manzana era del mismo tipo que la existente en el Sol-planeta[40]. Newton escribe años después de su hallazgo:

> "Y el mismo año comencé a pensar que la gravedad se extendía hasta la órbita de la Luna y [...] a partir de la regla de Kepler (tercera ley) deduje que las fuerzas que mantienen los planetas en sus órbitas deben estar en razón inversa a los cuadrados de sus distancias al centro , medidas alrededor del cual giran: y de este modo comparé la fuerza

---

[40] Seguramente, Newton no demostró inmediatamente las Leyes de Kepler que se deducían de este razonamiento. Sin embargo, descubrió la Ley de la Gravitación y la aplicó a la Tierra-Luna cuando tenía 24 años.

necesaria para mantener la Luna en su órbita con la fuerza de la gravedad en la superficie de la Tierra y encontré para ella un resultado suficientemente preciso. Todo esto fue en los dos años de la peste de 1665 y 1666, pues en aquellos días estaba en la edad ideal para la invención y discurría acerca de las Matemáticas y Filosofía (ciencia física) mejor que en cualquier tiempo después". [25]

El intento de unificación de la naturaleza de las fuerzas le llevó a suponer que esa constante K_i que dependía de la naturaleza del cuerpo atrayente no podía depender más que de la cantidad de materia de cada uno:

$$K_i = K_{mi}$$

donde la nueva constante, era ya independiente de la naturaleza de los cuerpos y, por lo tanto, utilizable en cualquier sistema. Si multiplicamos K por $4\pi^2$

$$4\pi^2 K = G$$

con lo que, al sustituir estos nuevos valores en la expresión de la fuerza de m_1 sobre m_2

$$F = (4\pi^2 K_1)m_2/r^2 = 4\pi^2 K m_1 m_2/r^2 = G m_1 m_2/r^2$$

expresión matemática aplicable a cualquier sistema gravitacional y conocida como **Ley de Gravitación Universal:** *La fuerza de atracción entre dos cuerpos es directamente proporcional al producto de sus masas, e inversamente proporcional al cuadrado de la distancia entre sus centros de masas*[41].

---

[41] El cálculo detallado realizado por Newton no es conocido; pero a buen seguro que, entre otras consideraciones, tuvo muy en cuenta el principio de acción y reacción, pues de él se pueden sacar conclusiones inmediatas sobre la clave de dependencia de las r_i. También es necesario destacar que la consideración de la masa concentrada en un punto

Con esta arma intelectual en poder de un genio se obraron maravillas. No solamente comprobó las Leyes de Kepler, sino que estudió gran variedad de fenómenos, tales como la explicación de las mareas como consecuencia de la atracción lunar sobre los océanos. Investigó también las pequeñas irregularidades o desviaciones que presentaban las órbitas de los planetas respecto a los resultados teóricos, deduciendo que tales desviaciones eran producidas por las interacciones gravitacionales entre planetas, muy pequeñas, desde luego, pero predecibles correctamente por su teoría.

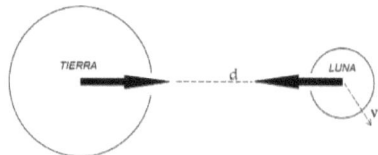

Figura 28. La fuerza gravitatoria que la Tierra ejerce sobre la Luna es proporcional a la masa la Luna e inversamente proporcional al cuadrado de la distancia. La atracción de la Tierra provoca que en la Luna aparezca una aceleración que la obligaría a caer hacia el planeta si no fuera por el giro orbital al que está sometida. Es algo parecido a lo que ocurre con una piedra atada a una cuerda a la que hacemos girar con la mano.

Llegados a este punto podemos contestar desde el punto de vista de Newton a la pregunta que da título a este libro. Partimos

---

en el centro del planeta y del satélite supuso un esfuerzo intelectual muy importante para Newton, pues tuvo que respaldarla con la demostración matemática correspondiente.

para ello de la Ley de Gravitación aplicada a los dos cuerpos que interactúan: Tierra y manzana. La manzana cae atraída por la Tierra con una fuerza cuyo valor es

$$F = G \frac{m_{Tierra} m_{manzana}}{R_T^2}$$

donde R_T es el radio de la Tierra (la altura de la manzana es, en principio, despreciable ante la enormidad del valor este). El valor de Gm_{Tierra}/R_T^2 es una constante a la que llamamos g o gravedad y cuyo valor tiene unidades de aceleración. Por lo tanto $F = m_{manzana}g$. Esta es la fuerza a la que llamamos Peso[42].

$$P = m \cdot g$$

Conviene, una vez entendida la cuestión, precisar que **g** no es exactamente constante. El conocido valor que hemos indicado g=9,8 m/s² se da en la superficie de la Tierra y a latitud 45°. Si efectuamos las correcciones que se producen en el valor de **R** debidas a que la Tierra no es esférica y a que la manzana cae desde cierta altura se producen desviaciones muy pequeñas en el valor de **g**. Como curiosidad indicaré que el valor de g no será el mismo en lo alto de una montaña que en un valle, pues en este último lugar R será un poco menor y por lo tanto **$g = Gm_{Tierra}/R^2$** ligeramente mayor. Pesamos ligeramente más en el valle que en lo alto de la montaña, aunque la diferencia es despreciable. No sería lo mismo si se trata de comprar o vender oro al peso.

---

[42] No es lo mismo masa que peso. La masa es la cantidad de materia que tiene un cuerpo, que es la misma en todas partes. El peso es la fuerza con la que la Tierra u otro astro lo atrae. Esta confusión se debe a que en el lenguaje coloquial solemos hacer expresiones del tipo "el niño pesa 30 kilos". La expresión es errónea desde el punto de vista de la Física. Deberíamos decir "la masa del niño es de 30 kilos"; puesto que su peso en la Tierra es $P_T = 9,8 \cdot 30 = 294$ Newton. En la Luna g=1,6 m/s² y su peso sería $P_L = 1,6 \cdot 30 = 48$ Newton.

2.2.4 Filosofía científica de la obra newtoniana.

Newton fue, indiscutiblemente, un genio en toda la extensión de la palabra, incluso con las matizaciones subjetivas que esta contiene, como la excentricidad o el particular carácter del que ya hemos hablado. Su personalidad alcanza, ocasionalmente, notas de contradicción, sumándose a la caótica situación del tiempo que le tocó vivir.

En esta Filosofía se obtienen las explicaciones de fenómenos concretos. Sin embargo, en otras ocasiones, llevado si cabe por una necesidad existencial de dar solución a problemas inabordables en su tiempo, es capaz de proponer las hipótesis peregrinas, faltando a su principio de rigor. En su afán por perseguir las causas de los fenómenos, termina por aferrarse a la Teología, que le facilita un socorrido recurso intelectual para armonizar su obra científica; de tal modo que pensamientos como la necesidad de la existencia de Dios como la causa final del mundo estaban, sin duda, presentes en su mente.

En resumidas cuentas, la Filosofía científica que emana la obra newtoniana es una mezcla de rigor científico con Teología. De hecho, los rasgos teológicos de los que se sirvió Newton le hicieron ganar más adeptos en un comienzo que la propia teoría. Podrían quedar perfilados con las siguientes ideas:

El maravilloso orden que reina en el Universo no puede ser explicado en términos exclusivamente mecánicos; sino que es obra de un Ser Supremo, inteligente y todopoderoso, que está presente en todas las cosas y que podemos conocer a través de la matemática y armónica estructura del mundo y por la causalidad del mismo. La diversidad de todo lo que nos rodea es la manifestación más palpable de la voluntad organizadora divina y el hombre y su inteligencia son el reflejo diluido e infinitesimal del intelecto divino. Sólo Dios puede percibir y comprender el todo.

El hombre es un aprendiz de la naturaleza que se maravilla cuando interpreta una minúscula porción de la maquinaria diseñada por Dios.

La armonía del Sistema Mundo es consecuencia de una intención deliberada, de una elección, no de una aleatoriedad divina[43]. Ninguna causa material es suficiente para sustituir el orden del mundo.

El mecanicismo universal que se concluye de la obra científica entra en choque frontal con estas ideas teológicas. Sin embargo, debemos entender que la situación y la época en las que vivió Newton lo "obligaban" a afirmar la existencia de Dios; circunstancia debida a dos factores: la propia convicción, derivada de la educación recibida y la seguridad de la integridad de su persona y de su obra. Newton también fue astuto en este sentido.

De todos modos, estas reflexiones filosóficas ligadas al mecanicismo se constituyeron armas muy poderosas, generando derivaciones fanáticas, interpretaciones catastrofistas y construcciones finalistas a las que tan dados somos los hombres cuando queremos resolver algunas preguntas existenciales de forma rápida y concluyente. Serán armas demasiado potentes e incomprensibles para la época y sólo el paso de los siglos descontaminará la teoría científica para presentarla en su esencia matemática genuina.

Los deterministas más radicales encontraron en la versión mecanicista del Cosmos una fuente de inspiración y sacaron conclusiones filosóficas existencialistas a todas luces exageradas. Es evidente que los principios y leyes de la dinámica de Newton, así como su Teoría de la Gravitación, parecen estar diciendo que todo fenómeno físico es matemáticamente computable y predecible, pero lo cierto es que no podemos apoderarnos metafísicamente de

---

[43] Cuánto tiempo ha de pasar hasta que Heisemberg nos convenza de lo contrario.

estas ideas y diseñar un modelo determinista para la existencia humana. Muchos defensores del determinismo a ultranza, en la época de Newton y en siglos posteriores lo hicieron, llegando a afirmaciones tan extremas como las que a continuación presento: Todo efecto requiere una causa determinante. Existe un orden inmutable y constante en el Universo, que es la condición para prever el encadenamiento de los fenómenos. Todos los fenómenos están sometidos a leyes naturales de carácter causal. Negación de la libertad humana y afirmación de la predestinación del hombre. Dios como causa final.

2.3 Los grandes perjudicados.

En el barco capitaneado por Newton había otros grandes oficiales capaces de dirigirlo, pero, en muchas ocasiones, hubieron de callar sus opiniones, o estas fueron rechazadas y enterradas por largo tiempo en el olvido. Isaac Newton, llevado por su poder científico, su arrogancia y su desafortunado carácter, arremetió contra quienes le contradecían, le criticaban o pretendían apoderarse, mejorar o perfeccionar sus ideas. Objetos de su ira fueron Descartes, Huygens, Hoocke o Leibniz. Bajo este epígrafe conoceremos sus aportaciones y, en cierto modo, aunque tarde, les haremos justicia.

Descartes (1596-1650) no sufrió en vida los acosos a sus teorías, pero estas, que en buena medida sirvieron para configurar el pensamiento newtoniano, se verán atacadas en su raíz más profunda por los principios que fundamentó. Newton arremete, en primer lugar, contra el desorden introducido en el espacio por Descartes, a través de sus ideas de los torbellinos de materia. Su Teoría de la Gravitación ordena el Universo, predice el movimiento de los astros de forma sencillamente lógica. Así, el propio Newton, en el escolio del Libro II, se da prisa por refutar el maremágnum cartesiano diciendo que es imposible creer en la hipótesis de que los planetas son transportados a través del espacio por torbellinos de materia.

Descartes llenaba, asimismo, el espacio de un fluido denso que lo invadía todo. Newton rechaza esta afirmación al afirmar que para comprender y explicar los movimientos regulares de los planetas y de los cometas lo que hace falta es vaciar los cielos de materia (en todo caso asume la existencia de un medio etéreo, pero no más).

Descartes veía la naturaleza como un mecanismo automático cuyo movimiento ha sido diseñado por la inteligencia divina. Newton también arremete contra esta construcción teológica, sustituyendo la causa divina por la causa física, o, como él dice, los principios activos: así lo manifiesta en su "Óptica" (cuestión 31).

> "Así pues, viendo que la diversidad de movimientos que encontramos en el mundo está disminuyendo siempre, se presenta la necesidad de conservarlo y reclutarlo mediante principios activos como la causa de la gravedad, por la que los planetas y cometas conservan los movimientos en sus órbitas y los cuerpos adquieren gran movimiento en la caída. [...] En efecto, en el mundo encontramos muy poco movimiento que no se deba a estos principios activos." [26]

Newton, para echar por tierra el oscurantismo cartesiano, afirma que la Ciencia debe ser clara, causal y fenoménica; y se debe librar de toda manifestación susceptible de duda[44]. En la misma cuestión 31 al no considerar a los principios activos como inescrutables cualidades ocultas sino como leyes generales de la naturaleza por las que se rigen los fenómenos.

Otro gran científico que tuvo la desgracia de tropezar con el escollo que suponía la intocable figura de Sir Isaac fue el matemático[45] **Gottfried W. Leibniz,** (1646-1716) nacido en Leipzig, creó y desarrolló el cálculo diferencial e infinitesimal. Expuso sus innovadores métodos en una obra publicada en 1684, en los "Acta Eruditiorum" de su ciudad natal; y la verdad es que su eco fue muy escaso, a excepción del interés que despertó en el matemático alemán E. W. von Tschirnhaus y en dos ingleses discípulos de Newton: J. Wallis y J. Craig. A pesar de este desalentador inicio, pronto aparecieron continuadores que vieron la potencia de los nuevos instrumentos matemáticos y, a finales del siglo XVII y comienzos del XVIII, fueron puliéndola y completándola. De entre ellos, cabe destacar a los hermanos Bernuoulli o a Malebranche y, especialmente, al marqués G. de L`Hopital, que, con su obra "Analise des infiniment petits", contribuyó a la definitiva consagración de Leibniz (1696).

---

[44] Una pretensión muy loable, aunque ya sabemos que el propio Newton utilizará, hábilmente, argumentos teológicos cuando las limitaciones científicas le obliguen a ello.
[45] Además de teólogo, químico, ingeniero, historiador y diplomático.

Figura 29. El gran matemático G.W.Leibniz.

Sin embargo, este largo trayecto hacia el reconocimiento científico estuvo lleno de vicisitudes. En primer lugar, Leibniz hubo de superar la oposición de varios matemáticos de renombre, acaudillados por el algebrista francés Michel Rolle. La conversión de este eminente sabio, hacia 1700, supuso el triunfo definitivo de Leibniz, a través de su sucesor L`Hopital. Pero esta no fue la única dificultad, ya que, si nos remontamos a la biografía de Newton, recordaremos que este había comenzado también, aproximadamente en la misma época que Leibniz, el desarrollo de los nuevos cálculos y los había dejado en manos de Isaac Barrow. Pues bien, los resultados de este y sus conclusiones coincidían en lo esencial y en más que eso, a mi entender, con el trabajo del alemán. Los primeros ataques los recibió de los ya citados Wallis y Craig, que declararon abiertamente que Leibniz se había inspirado en Newton y Barrow para escribir su libro. A partir de este momento, se reiteraron las acusaciones entre partidarios de uno y otro; y todo anunciaba que la confrontación personal entre ambos era inevitable. Sin embargo, esta se hizo esperar hasta 1708, año en el que Leibniz, cansado ya de polemizar; pecando de cierta ingenuidad, pidió el arbitraje de la cuestión a Newton y la Royal Society. Podemos decir que Leibniz puso en bandeja el triunfo a su adversario, ya que Newton era un hombre experimentado y audaz en las trifulcas jurídicas, sin contar además con el poder que tenía en la propia Royal Society. Esta asamblea nombró una comisión encargada de reunir los documentos referentes al asunto y de elaborar un informe, que fue publicado en 1712 con el nombre de "Comercium Epistolicum", en el que se aseguraba el plagio. Leibniz fue subrepticiamente apartado del problema y ni siquiera fue llamado a testificar. Este arbitrario procedimiento, realizado en el terreno de uno de los contendientes, no sirvió más que para alimentar los odios y las barreras entre los matemáticos ingleses y los del continente. La controversia continuó después incluso de la muerte de Leibniz y hubo que esperar hasta el siglo XIX, cuando investigaciones más serias confirmaron que los "documentos comprobatorios" a los que aludía la comisión no habían estado en poder de Leibniz.

Pero pasemos ahora a hablar sobre otro eminente científico, **Christiaan Huygens** (1629-1695), cuya polémica con Newton no desmerece en nada a la anterior. El tema: la luz. Me confieso un apasionado de todo cuanto tenga que ver con el desarrollo de las teorías sobre la radiación y, por ello, pediré al lector disculpas de antemano por si me extiendo demasiado; pero el tema es fascinante y, una vez iniciado, envuelve en su misterio a quien lo toca.

¿Qué es la luz? Reflexionemos un momento sobre esta sencilla pregunta que seguro nos hemos planteado más de una vez en alguna pausa de nuestro quehacer diario. Les pediré que me acompañen de nuevo a Grecia, más que nada para establecer antecedentes; y también para comprobar cómo los sabios de la antigua Hélade intentaron resolver este enigma, de manera más o menos aceptable científicamente. Para Heráclito (siglo VI a.C.), la luz era una sustancia cuya forma original era el fuego, generador de todas las cosas. Empédocles consideraba el fuego como uno de los cuatro elementos[46]. Demócrito confiere a la luz un carácter corpuscular, basándose en la teoría atómica. Estaría, pues, formada por corpúsculos redondos e invisibles. En otro orden de cosas, la hipótesis de que un rayo salía del ojo e interaccionaba con los objetos era algo generalmente admitido. De esta forma, podríamos seguir con un sinfín de argumentaciones filosóficas, que intentaban descifrar la naturaleza de la luz y de los cuerpos lumínicos. Estas divagaciones ocuparon a los estudiosos hasta finales del siglo XVI, época en la que aparecen los primeros tratados serios científicamente sobre este tema, acompañados de una concomitancia experimental. La teoría corpuscular de los griegos comienza a tambalearse, ante el empuje de eruditos como Marcus Marci, Antonio de Dominis o Isaac Boss, que se hacen la siguiente pregunta: ¿Es la luz un cuerpo, o más bien se trata del movimiento de un cuerpo? Aparece, pues, un esbozo de la Teoría Cinética de la luz (luz como movimiento de algo), que encuentra un singular aliado en la explicación del sonido como propagación de una perturbación del medio. Al aproximar luz y sonido como resultado de vibraciones del aire, se da un paso importante, ya sospechado por Leonardo y manifestado por Galileo. Ahora bien, el sabio pisano no pudo explicar el origen de ese movimiento: dudaba entre la presión, la vibración o la ondulación. La polémica estaba servida para los sabios del XVII. Descartes, apoyado en su hipótesis de que la materia es fundamentalmente extensión, se inclina por los torbellinos de corpúsculos materiales, desmarcándose totalmente del fluir lógico de los acontecimientos y basándose en las

---

[46] Si bien le confería características especiales, diferentes de los otros tres elementos (aire, tierra y agua); pues el fuego ascendía a los cielos, en lugar de caer.

interioridades filosóficas de su propia obra, en un abuso de individualismo. Y así llegamos a nuestros protagonistas, que absorben todas estas hipótesis, suposiciones y pseudoteorías, que flotan en un ambiente de duda y confusión, e intentan dar explicaciones lógicas ausentes de Metafísica. Toman dos caminos diferentes para ello: Newton apuesta por un modelo corpuscular y Huygens por uno ondulatorio.

Podemos imaginar a Newton explicando su modelo partiendo de que la luz que sale de un cuerpo luminoso es como un chorro de partículas[47] que viajan en una trayectoria rectilínea y que son infinitamente pequeñas, de forma que, aunque la intensidad de luz sea muy elevada, la separación entre ellas es inmensa, de tal manera que apenas interactúan. Newton no se plantea la naturaleza substancial de la luz, pero sí se encuentra confuso a la hora de precisar la clase o categoría de esa sustancia.

La palabra éter no aparece en los escritos de Newton hasta 1671 y, por lo tanto, es ajena a sus primeras teorías sobre la luz. Su inclusión y la consiguiente rectificación de su pensamiento, es fruto de una polémica entablada con **Hoocke**[48] (1635-1703) y, aunque Newton siempre dudó de tal incorporación, terminó por aceptarla. Digamos que entre ambos investigadores hubo una serie de concesiones, siendo Newton el que más terreno cedió, ya que admitió que los corpúsculos emitidos por los focos luminosos, en su movimiento, agitaban el éter, produciendo vibraciones que se propagaban por el espacio. Apreciamos, pues, una evolución de una teoría corpuscular pura a una teoría mixta. Newton criticó siempre con dureza a los defensores de considerar la luz como una propagación espacial de un movimiento vibratorio, pero sus

---

[47] Fotones: Newton llamó a los minúsculas partículas "accesos" y así consta en su obra publicada en 1704 "Óptica o tratado de las reflexiones, refracciones, inflexiones y colores de la luz". La palabra fotón fue usada por primera vez por Albert Einstein.
[48] Acérrimo defensor de la teoría de propagación de vibraciones por el éter (ondas).

embestidas carecieron generalmente de una base científica sólida y más bien se apoyaban en argumentaciones sobre las hipótesis atomistas (todo está constituido por átomos) y en su orgullo intelectual: Hoocke era el representante oficial de la teoría del éter y Newton, para evitar convertirse en su discípulo, conservaba ese elemento corpuscular diferenciador.

Llegados a este punto, pasemos a otro campo, encontrémonos con Huygens y escuchemos su versión de los hechos.

Figura 30. Christiaan Huygens. El tema de la naturaleza de la luz lo enfrentó con Newton incluso en los tribunales.

Para Huygens, la luz es un fenómeno análogo al sonido; y el éter, su vehículo de transporte, a través de un movimiento longitudinal periódico. Así pues, la oscilación se produce en la dirección del rayo y no en la forma transversal (perpendicular al rayo), como hoy la entendemos.

Ambos contendientes y los que a lo largo del camino de han sumado, mantendrán pugnas y enfrentamientos, utilizando como armas fundamentales las explicaciones que sus teorías daban a los fenómenos luminosos conocidos en la época. En estas disputas —bien conocida es ya por el lector su enorme habilidad en este campo—, Newton logró imponer sus ideas, basándose en su enorme influencia. El modelo ondulatorio cayó en el ostracismo hasta el siglo XIX, cuando nuevos descubrimientos ópticos llevaron a los científicos a un replanteamiento de la cuestión. Esta nueva situación hizo que el modelo de Huygens recobrase importancia.

No resulta demasiado complicado explicar determinados fenómenos desde el modelo corpuscular e incluso buscar comparaciones sencillas como las que usaba Newton con el movimiento de bolas en planos inclinados. La reflexión o refracción, la velocidad finita y rectilínea, la energía y presión luminosa, la intensidad, o incluso la absorción de la luz por los objetos, encuentran una explicación satisfactoria; pero, curiosamente, también la encuentran en el modelo ondulatorio, que, además, interpreta casi de una forma intuitiva el fenómeno de la difracción,[49] que en el modelo corpuscular —y esto daría, a buen seguro, más de un dolor de cabeza a Newton— encuentra una explicación complicada y artificiosa.

A lo largo de los siglos siguientes se fueron descubriendo nuevos misterios sobre la luz y aunque una enumeración sería prolija, bien merecen ser destacados algunos, como las interferencias, la polarización y la reflexión parcial, cuya interpretación bajo el prisma corpuscular resulta inviable. Estos

---

[49] Difracción: inflexión de los rayos al pasar por los bordes de un cuerpo opaco, por un pequeño agujero o una ranura, que se manifiesta por una serie de franjas claras y oscuras que se hacen visibles al recoger los rayos en una pantalla.

nuevos fenómenos fraguaron el resurgir del modelo ondulatorio, que durante fines del XIX y comienzos del XX alcanzó sus días más gloriosos. En el primer cuarto del siglo XX se daría una visión completa e integrada, que solucionará de forma satisfactoria esta lucha intelectual. La naciente Mecánica Cuántica nos invitará a ver los modelos no como fines, sino como medios de interpretar la realidad, como visiones parciales y complementarias. Aparece un nuevo concepto de la luz como ente cuántico (pecando de simplicidad, como algo que se mueve como una onda y transporta energía como una partícula). Después de tanta argumentación no puedo menos que sonreírme y pensar: ¡y todo por un rayo!

2.4 Los continuadores de la herencia newtoniana

A lo largo del siglo XVIII, podemos considerar tres grandes vías de avance científico, a saber: el florecimiento de la Matemática pura y aplicada, las comprobaciones experimentales de las leyes apoyadas en un método científico y los avances técnicos.

Podemos imaginar el optimismo que se respiraba en los foros científicos, entusiasmados por el buen funcionamiento de los instrumentos matemáticos y físicos fraguados en el siglo anterior. La aún desconocida potencia del cálculo infinitesimal e integral, los cálculos de probabilidades o el tremendo desarrollo alcanzado por la Geometría, el Algebra o el Análisis; la hermosa perfección de la Mecánica y Óptica newtonianas eran capaces de levantar pasiones entre una comunidad de sabios que crecía vertiginosamente, ayudada, eso sí, por los períodos de bonanza política de los que muchos países disfrutaron. El llamado desde la literatura y artes plásticas "Siglo de las Luces" o Ilustración iluminó también la Ciencia y esta, en magnífico pago, vertió sus innovadores ingenios y comodidades, que propiciaron la revolución industrial, primero en Inglaterra y luego en Europa. A partir de ella, se consolidó la burguesía, nacieron las nuevas formas democráticas, avanzó la tecnología...

Llegados a este punto, me invade una profunda tristeza. Siento que nuestro país comenzó a perder el tren del progreso, para colocarse en el furgón de cola, esperando obtener beneficios de la inteligencia de los demás. Y es que, en los momentos cruciales del siglo XVIII, cuando "invertir en Ciencia" era arriesgado, España se despreocupó de ese asunto, descolgándose irremediablemente del devenir científico.

Recuerdo de mis lecturas juveniles el desconcierto que me produjo aquel episodio de la novela de Jules Verne "De la Tierra a la Luna" donde se enumera la contribución de los diferentes países a la construcción de un cohete. Cuando llegó el turno de España, Verne estimó la aportación española en una ridícula cantidad:

> "En cuanto a España le fue imposible reunir más de ciento diez reales. Dieron como pretexto que tenían que terminar de construir los ferrocarriles. La verdad es que en aquel país no tienen demasiada estima por la Ciencia. Está un poco atrasado". [27]

Los Newton y Leibniz matemáticos y sus prometedores pero desordenados hallazgos, encontraron pronto el desarrollo tranquilo y sistemático de la mano de sus discípulos más directos, pocos, pero muy destacados. De entre ellos, podemos nombrar a **Maclaurin** (1692-1770), analista inglés que ordenó muchos conocimientos de la época en su obra "Tractise of fluxions", publicada en 1742; y a **Jean Bernoulli**, del que ya hemos hablado anteriormente. Estos dos personajes pertenecieron a una generación de tránsito entre los dos siglos. Una generación que tuvo en sus manos una doble tarea: por un lado, afrontó la ardua labor de recopilar, organizar, sistematizar y profundizar en el análisis matemático; por otro, se erigió en formadora de los nuevos matemáticos profesionales del siglo XVIII. Y es que ya no habría sitio para el científico aficionado del siglo anterior. El ovillo era ya demasiado grande y complicado. Por ello, los nuevos investigadores serán personas que trabajen en las universidades italianas, alemanas o británicas; miembros de la Academia de Ciencias de París o protegidos de diversas cortes europeas (Viena, San Petersburgo...), ya que los soberanos se habían contagiado de la moda enciclopedista. Los científicos de este siglo, de educación ilustrada, mostrarían amplios intereses en distintos campos y romperían una lanza en favor del desarrollo integral y coherente de la Ciencia, de una Ciencia cuyas palabras claves fueron: orden, sistematización y aplicación.

Pero, ¿Qué pasó con la Mecánica de Newton y con su Teoría de la Gravitación Universal? Afortunadamente, pasó la criba a la que fue sometida durante los primeros años. El escepticismo de la comunidad científica se fue trocando paulatinamente en admiración por su buen funcionamiento experimental y por las precisas aportaciones de los nuevos investigadores.

Una de las experiencias más famosas y que han trascendido a lo largo de los años fue la realizada por **Lord Cavendish** (1731-1810) para determinar el valor de la constante de proporcionalidad G que aparece en la expresión matemática del Principio de Gravitación.

$$F = G(m+m_t)/R_t^2 \quad g = F/m = Gm_t/R_t^2$$

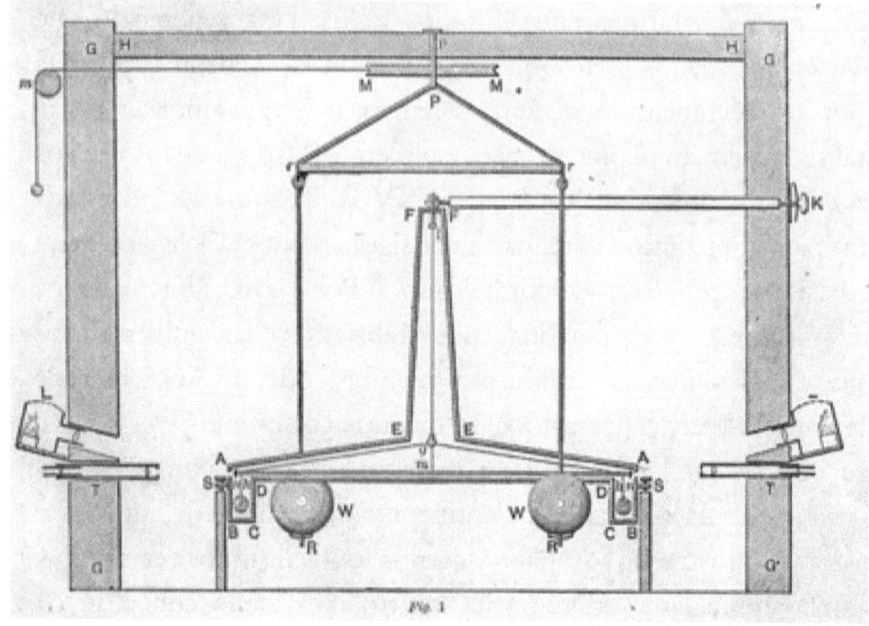

Figura 31. Esquema del aparato de lord Cavendish (1731-1810). A través de unos telescopios en los laterales se controlaba el minúsculo desplazamiento.

Newton ya había hecho un cálculo aproximado, tomando como valor para la densidad media de la Tierra aproximadamente cinco veces la densidad del agua. Así, estimó la masa de la Tierra del orden de $6·10^{24}$ kg, calculando G con un orden de magnitud de 10^{-10} m^3/kg^2. Su valor exacto y actual es de $0,667·10^{-10}$ m^3/kg^2.

La extremada pequeñez de esta constante hace que las fuerzas de atracción no se manifiesten en los objetos de la vida diaria, cuyas masas, de pequeña magnitud, no pueden provocar fuerzas tangibles físicamente y para las que resulta insuperable vencer las fuerzas de rozamiento que se oponen. Pensemos, por ejemplo, que dos masas de 1 kg separadas 10 cm se atraen con una fuerza de unos 10^{-8} N. El propio sabio era consciente del significado de estos valores al afirmar que la atracción entre objetos es infinitamente pequeña.

Pues bien, fue Cavendish el que abordó la difícil tarea de experimentar la gravitación en laboratorios y después de serias dificultades derivadas de la complicación intrínseca del experimento, lo consiguió. El aparato utilizado consistía en una barra muy ligera de 2 m con dos esferas pequeñas suspendida a través de un cable, de tal manera que permaneciese siempre horizontal. En los extremos de la barra, Cavendish colocó unas escalas de marfil, que permitían conocer en cada momento la posición de la barra.

Cuando el investigador colocaba dos grandes masas muy próximas a las pequeñas esferas (de tal manera que se generase un par de fuerzas), se producía una torsión en el cable y el consiguiente movimiento de aproximación entre las masas. En la práctica, el aparato era bastante más complicado. Dentro de una gran caja, se alojaban dos masas grandes y dos pequeñas, conectas las últimas a la barra. En el exterior, un panel de mandos permitía mover las masas y controlar la posición de la barra horizontal a través de unos telescopios. A partir de los minúsculos movimientos de atracción, cuando la distancia entre las masas era muy pequeña, el investigador dedujo la intensidad de las fuerzas gravitatorias en el sistema. Pero la labor no fue tan sencilla como pueda parecer, pues hubo de hacer frente a una serie de inconvenientes propios de la minuciosidad del experimento, como la evaluación de la posibilidad de interferencia de fenómenos extraños, como las corrientes de convección en el aire, así como comprobar que no estaba midiendo erróneamente fuerzas magnéticas. Para descartar tales hechos, necesitó un número enorme de experiencias, que se prolongaron durante mucho tiempo. El premio a este trabajo fue la determinación de **G** con una exactitud digna de los mayores elogios. Muchos investigadores realizaron experiencias similares, cambiando las sustancias, las posiciones relativas de las masas y otras muchas modificaciones; pero, hasta ahora, la Ley de la Gravitación Universal es intachable. No obstante, antes de este feliz hallazgo (a finales de siglo, concretamente en 1798), la Mecánica newtoniana vivió momentos delicados. Su difusión en el continente fue muy lenta y conflictiva, sufriendo ataques por los adeptos al cartesianismo. En la misma Inglaterra, su expansión tampoco fue un camino de rosas. Primero Newton y luego su sucesor en la cátedra de Cambridge: **Whiston** (1667-1752), tenían un auditorio más bien escaso, pues los Principia eran enormemente complicados. De hecho, la base de la enseñanza seguía siendo, a principios del siglo XVIII, el "Traité de la Phisique " de Rohaut (1620-1675), aunque cada vez con más notas y añadiduras de Newton. Un factor determinante en el desarrollo de estas teorías fue el férreo rechazo continental, que obligó el ataque de los newtonianos ingleses a los cartesianos, puesto de manifiesto en el prefacio a la segunda edición de los Principia, a cargo de Robert Cotes (1682-1716).

En 1780, ya había adeptos a Newton en Holanda, pero no en Francia. Fue Maupertuis[50] (1698-1759), quien lo dio a conocer en la Academia de Ciencias de París. El último paso era granjearse la confianza de la opinión pública. Esto se consiguió a través de una persona: Voltaire (1694-1778); y de un acontecimiento: la reaparición del cometa Halley en 1759. Maupertuis ilustra a Voltaire en el newtonismo y lo convence absolutamente, como se puede apreciar en sus "Lettres philosophiques" de 1734. Cuatro años más tarde, escribe "Elements de la philosophie de Newton",

---

[50] Este astrónomo y matemático francés llegó a decirles a los académicos con ironía que había hecho falta más de medio siglo para "domesticar" a las academias del continente para que aceptaran las ideas de Newton.

que es una obra divulgativa; y el prefacio de los "Principia" de Emile de Breteuil (1706-1749), marquesa de Châtelet, que fue publicada en 1756.

Volvamos al famoso cometa. La aparición de estos astros en el cielo estaba rodeada de un aura misteriosa, pues su comportamiento era imprevisible. El propio Newton pensaba que debían describir órbitas elípticas enormes. **Halley**, inspirándose en estas ideas y con la observación del comportamiento de antiguos cometas muy conocidos por los astrónomos, **predijo la reaparición del astro en 1758**[51]. La repercusión del hecho fue enorme, tanto desde el punto de vista físico como psicológico. El cielo se trocaba de misterioso en mecánico, de maléfico en lógico, de popular en hermosamente matemático. El trabajo de Newton comenzaba a dar los frutos apetecidos.

Por último, hemos de anotar que el desarrollo de los instrumentos para la observación de la posición y movimiento de los cuerpos celestes mejoró muchísimo la precisión, lo que propició que las comparaciones de la teoría con las observaciones experimentales aumentaran en gran medida en cuanto a su coincidencia.

En suma, el siglo XVIII está marcado por la **asimilación de la Mecánica de Newton**, el desarrollo de su operatividad matemática, la consolidación del método científico y el triunfo experimental de la teoría newtoniana, que se convertirá en guía de la Física hasta principios del siglo XX y cuya probada aplicabilidad a nuestro entorno hace que sea un instrumento de uso inevitable en nuestra época. Recordemos, por último, que su teoría no es en modo alguno refutable hoy en día, pues sirve para explicar la inmensa mayoría de los fenómenos físicos que nos rodean. Sus

---

[51] Lo observó en 1681-1682.

limitaciones solamente se manifiestan en casos muy extremos, como a grandes velocidades o en las partículas atómicas. Dediquemos también un pensamiento retrospectivo a Isaac Newton, pues se sobrepuso a las enormes vicisitudes que debió salvar y encontró una verdad científica inconmensurable. Su aportación en modo alguno es catalogable, pues se trata de la obra de un superhombre, un adelantado de su tiempo. ¿Qué tienen de especial estas personas? ¿Ingenio? ¿Suerte?...

Tal vez esta cita de una carta que el sabio envió a Robert Hook en 1675 sirvan de inspiración:

"Si he logrado ver más lejos, ha sido porque he subido a hombros de gigantes". [28]

Esta fue, sin duda, su manera de reconocer su deuda con quienes le habían precedido.

PARTE TERCERA

EL CAMINO HACIA LA RELATIVIDAD

Falta todavía un siglo para que el joven Einstein irrumpa con fuerza en los foros científicos y transforme la Física por completo. Me lo imagino paseando por la playa, enfrascado en sus pensamientos, esperando un barco que, antes de llegar a la desembocadura, habrá aún de recoger valiosas mercancías que el sabio agradecerá en gran medida. Nuestra nave llevará al joven científico las piezas del rompecabezas, para que este pueda empezar la nueva aventura de descubrir lo que se esconde en la inmensidad del océano.

3.1 Los cimientos de la Nueva Ciencia.

El siglo XIX se caracterizó por una ingente actividad científica que tendrá sus frutos en el descubrimiento de nuevos fenómenos, el estudio sistemático y pormenorizado de los mismos y la elaboración de las correspondientes teorías explicativas. Muchos de estos nuevos descubrimientos van a abrir amplias grietas en el edificio newtoniano. Aunque el avance es grande y variado, son cuatro los campos en los que centraremos nuestra atención, dada su influencia determinante en los pilares teóricos de la Ciencia del siglo XX: la Relatividad y la Mecánica Cuántica. Estos cuatro temas fundamentales a los que me refiero son la Óptica, el Electromagnetismo, las Teorías Atómicas y el desarrollo de unas nuevas Matemáticas eficaces y coherentes.

De los avances en la Óptica Geométrica y de la posición pronewtoniana de la comunidad científica ante la interpretación de la naturaleza de la luz ya hemos hablado. Y es precisamente en este tema en donde va a aparecer la primera fisura. La Teoría

Ondulatoria, que había sido condenada al ostracismo durante mucho tiempo, va a resurgir de sus cenizas y va a reemplazar a los corpúsculos clásicos. De esta forma, Huygens recibirá una merecida, aunque tardía, recompensa.

Los artífices principales de esta recuperación fueron **Young** (1773-1829) y **Fresnel** (1788-1827). El primero continuó con el estudio del comportamiento de la luz al pasar por orificios muy estrechos. Este fenómeno se conoce con el nombre de difracción y su resultado son las franjas de difracción o de interferencia. Grimaldi, siglos antes, había observado algo semejante. La expresión del físico francés Arago (1786-1853) de que la luz añadida a la luz puede, en ciertas circunstancias, producir oscuridad quedaba demostrada empíricamente en este momento.

En esencia, el fenómeno de la difracción y el de las interferencias son fácilmente reproducibles, practicando dos pequeños orificios en una superficie expuesta a un foco luminoso. Situando una pantalla a una distancia conveniente, observaremos un conjunto de franjas claras y oscuras que se suceden en perfecto orden y cuidada simetría. Young abordó la tarea de formular una ley cuantitativa para el fenómeno y en ella interviene, de forma explícita, la longitud de onda y por lo tanto la frecuencia[52]. Aunque era evidente la necesidad de considerar la luz como una onda para explicarlo, la comunidad científica aún no estaba preparada y arremetió contra Young con todos sus bríos.

---

[52] Los términos longitud de onda λ (distancia espacial que hay entre pulso y pulso) y frecuencia υ (número de oscilaciones completas por unidad de tiempo) se relacionan a través de la sencilla ecuación: $c=\upsilon\lambda$; donde c es la velocidad de la luz (300.000 km/s en el vacío).

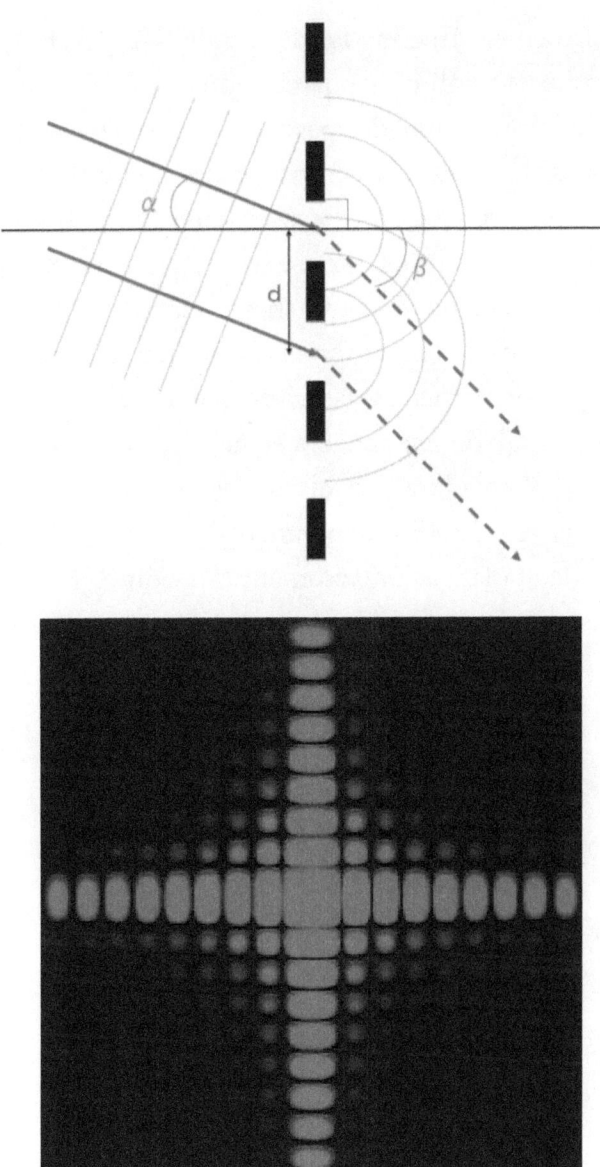

Figura 32. Representación esquemática del principio de difracción.

Figura 33. Ejemplo de un patrón de difracción.

Paralelamente, Etienne-Louis Malus (1775-1812) da a conocer sus trabajos sobre la polarización, fenómeno que ya se conocía por la observación del paso de la luz por un cristal de espato de Islandia[53]. El rayo, mientras atraviesa el cristal, se divide en dos por doble refracción y esta circunstancia no se repite cuando uno de los rayos resultantes se hace incidir en otro espato.

Malus, que era un ferviente newtoniano, intentó explicar corpuscularmente el fenómeno pensando que la luz incidente estaba formada por partículas asimétricas que se orientan, en su travesía por el cristal, de una manera semejante a como los imanes hacen ordenar las limaduras de hierro (sufren una polarización). Arago continúa el estudio experimental de la polarización[54], descubriendo la polarización cromática. ¿Cómo lo consigue? Utilizando cristales de cuarzo.

Figura34. Birrefringencia del espato de Islandia (cristal de calcita).

Pocos años después, Augustin Fresnel interpretará todos estos resultados y los incluirá en una memoria titulada "La

---

[53] Carbonato cálcico cristalizado.
[54] El nombre de luz polarizada se debe a que el vector campo eléctrico está en un único plano.

difraction de la lumière", que contaba con el apoyo de Arago, presentada en 1815 en la Academia de Ciencias de París. Fresnel afirmaba que la teoría vibratoria (ondulatoria) era mucho más conveniente que la corpuscular para explicar los fenómenos luminosos, estableciendo una analogía con la propagación del sonido, en especial su capacidad para "rodear los objetos". Hizo, en este sentido, estudios sistemáticos de la formación de sombras detrás de los objetos para estudiar el comportamiento de la luz en estos casos.

> "La teoría vibratoria se presta mejor a explorar la marcha de los fenómenos luminosos y como al adoptarla se presenta enseguida la analogía con el sonido, así como la corriente objeción de que las ondas envuelven y rodean los objetos, he querido estudiar las sombras". [29]

Después de repetir concienzudamente los experimentos de Young, obtiene conclusiones sistemáticas respecto a los fenómenos de difracción e interferencia, corroborando que en determinadas circunstancias dos trenes de ondas pueden interferir llegando incluso a anularse.

Respaldado en todo momento por Arago y entusiasmado por la claridad con que las Matemáticas corroboraban todas sus experiencias, obtuvo la fuerza suficiente para arremeter tímidamente contra Newton:

> "El sistema de la emisión o de Newton, sostenido por el gran nombre de su autor y casi diría que por la reputación que este

había conseguido con sus inmortales Principia, ha sido universalmente aceptado. La otra hipótesis parecía incluso completamente abandonada, hasta que el señor Young la recordó a la atención de los físicos mediante curiosos experimentos que ofrecían una llamativa confirmación y que parecen, al mismo tiempo, muy difíciles de conciliar con el sistema de la emisión". [30]

Pese a todos los éxitos, la opinión de la comunidad científica aún estaba muy lejos de aceptar una teoría ondulatoria para la luz, a pesar de que el propio Fresnel demostró la propagación rectilínea de la luz, basándose en el comportamiento de una porción de la onda[55]. Se echaba en falta una experiencia definitiva, que decantase a los científicos hacia una de las dos posturas. Y esa experiencia llegó: se trataba de comparar las velocidades de la luz en el aire y en el agua. La teoría corpuscular predecía una aceleración de esta velocidad y la teoría ondulatoria, una deceleración. Esta última aseveración fue corroborada experimentalmente por **Fizeau** (1819-1896):

"La conclusión de este trabajo consiste en declarar que el sistema de emisión es incompatible con la realidad de los hechos". [31]

---

[55] La propagación rectilínea de la luz era una de las principales objeciones a la teoría ondulatoria.

A pesar de los continuos éxitos de Fresnel y sus "ondas transversales"[56], la teoría corpuscular, aunque mermada, siguió teniendo adeptos, especialmente Biot (1774-1862).

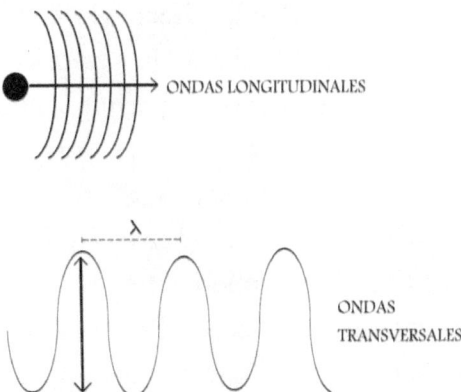

Figura 35. Ondas longitudinales (sonido) y ondas transversales (luz).

En el último cuarto de siglo, **James C. Maxwell** (1831-1879) elabora una teoría electromagnética de la luz que, como veremos, apuntillará de manera casi definitiva a los newtonianos.

Young, Fresnel y sus contemporáneos continuaban recurriendo al **éter** como soporte de la propagación, aunque esta sustancia hipotética continuaba siendo algo misterioso, por no tratarse de ningún tipo de materia conocido. Debía ser un fluido muy ligero, para no oponer ningún rozamiento al movimiento de los astros y, por otra parte, poseer algunas propiedades comunes con los sólidos elásticos, para que fuese posible a través de él la propagación de ondas transversales. Este tan socorrido éter fue

---

[56] Ondas en las que la vibración es perpendicular a la propagación. Solamente se pueden polarizar las ondas transversales (radiación) y no las longitudinales (sonido); en estas últimas la vibración es paralela a la propagación.

uno de los grandes problemas sin resolver del siglo XIX y Einstein terminará con él, al no incluirlo en sus teorías. Pero a pesar de esta dificultad, la teoría ondulatoria se impuso, respaldada por el aparato matemático construido por Lagrande (1736-1813), Cauchy (1789-1857), Poisson (1781-1840), Green (1793-1841) y Stoker (1819-1903). La posibilidad de calcular la velocidad de la luz sin necesidad de recurrir a observaciones permitió nuevos métodos para medir distancias en Astronomía. Por otra parte, el descubrimiento del espectro luminoso y de sus propiedades por Fraimhofer (1787-1826), Kirchhoff (1824-1887), Bunsen (1811-1899) y Doppler (1803-1853) permitió, entre otras cosas, la medida de todos los movimientos estelares. Gracias a todos ellos fue posible la obra de Maxwell, el diseñador del armazón teórico del electromagnetismo. Podemos considerar a este sabio como el primer gran unificador de la Física, pues, recogió todas las aportaciones realizadas desde la Óptica, la Electricidad y el Magnetismo para elaborar unas ecuaciones que dan una explicación sintética a los **fenómenos electromagnéticos**.

En palabras del propio Einstein se puede apreciar el enorme valor de la obra de Maxwell:

> "El tema más fascinante en mi época de estudiante era la teoría de Maxwell. Lo que le confería un aire revolucionario era la transición de fuerzas de acción a distancia a campos como magnitudes fundamentales. La incorporación de la óptica a la teoría del electromagnetismo, con su relación entre la velocidad de la luz y el sistema de unidades eléctrico y magnético absoluto, así como la relación entre el coeficiente de reflexión y la

conductividad metálica de un cuerpo... aquello fue como una revelación. [...] En este contexto no puedo reprimir la observación de que la pareja Faraday-Maxwell guarda notable semejanza interna con la pareja Galileo-Newton; el primero de cada par captó intuitivamente las relaciones, el segundo las formuló con exactitud y las aplicó cuantitativamente". [33]

Las primeras investigaciones en torno a los fenómenos eléctricos y magnéticos fueron realizadas por científicos como Michael **Faraday** (1791-1867), británico, André Marie **Ampère** (1775-1836), francés y Carl Friedrieh **Gauss** (1777-1855), alemán, entre otros; pero quien les dio forma cuantitativa y matemática a las explicaciones de aquéllos con una poderosa síntesis, que fue la admiración de sus contemporáneos y que nos sorprende aún hoy, fue el escocés James Clerk Maxwell, al que ya hemos citado y del que ahora reseñaremos sus aportaciones fundamentales a la Ciencia.

Figura 36. James Clerk Maxwell, autor de la Teoría Electromagnética.

Maxwell nació el mismo año en que Faraday hizo el descubrimiento de la inducción electromagnética en 1831. Descendiente de una antigua familia noble, Maxwell era un niño prodigio. En 1841 inició sus estudios en la Academia de Edimburgo, donde demostró su excepcional interés por la Geometría, disciplina sobre la que trató su primer trabajo científico, que le fue publicado cuando sólo tenía catorce años de edad. Dos años después ingresó a la Universidad de Edimburgo y posteriormente se trasladó al Trinity College de Cambridge donde se graduó en Matemáticas en 1854. Más tarde fue asignado a la cátedra de filosofía natural en Aberdeen, cargo que desempeñó hasta que el duque de Devonshire le ofreció la organización y la cátedra de Física en el laboratorio Cavendish de Cambridge. Tal labor lo absorbió por completo y lo condujo a la formulación de la teoría electromagnética de la luz y de las ecuaciones generales del campo electromagnético. En tal contexto, Maxwell estableció que la luz está constituida por ondulaciones transversales del mismo medio, lo cual provoca los fenómenos eléctricos y magnéticos. Sus más fecundos años los pasó en el silencioso retiro de su casa de campo. Allí maduró la monumental obra "Trealise on Electricity and Magnetism" (1873).

Su teoría, desde el punto de vista formal, es impenetrable para un profano, pero, pecando de simplicidad, podemos afirmar que se basa en la conjetura de que las corrientes eléctricas producen ondas electromagnéticas de naturaleza análoga a la luz, que se mueven a la velocidad de esta.

La esencia del electromagnetismo puede condensarse en **dos axiomas:**

Toda carga en movimiento genera un campo magnético.

Todo campo magnético variable es capaz de originar una corriente eléctrica.

El primero encuentra su realidad práctica en los electroimanes, e incluso podemos reproducirlo a modo de juego enrollando a un clavo un trozo de cable y conectando sus extremos a una pila. El segundo se materializa en los motores eléctricos y en infinidad de aplicaciones electrónicas.

Estos dos fenómenos tan complementarios se asentaron en la idea de la presencia de unidades de carga eléctrica de diferentes signos y de un ente diminuto que se desplazaría en los fenómenos eléctricos: el electrón[57], cuya existencia se sospechaba hacía tiempo y que casi se corroboraba en los fenómenos electrolíticos estudiados por Faraday hacia 1830, con los que calculó la relación *Carga =intensidad · tiempo* $(Q=I \cdot t)$ durante la electrólisis del sulfato de cobre. Más tarde se produjo el descubrimiento de los rayos catódicos[58] por Crookes (1832-1919) y Thompson (1856-1940).

El experimento consistía en un circuito en el que encontramos una batería y un tubo que contiene gas a baja presión. Cerrado el sistema, se observa la aparición de rayos que van del cátodo al ánodo, es decir, del electrodo negativo al positivo. El estudio de estos rayos, desviándolos por campos magnéticos y eléctricos, permitió deducir que estaban constituidos por partículas cargadas negativamente: electrones. Se establecía así otro maravilloso paralelismo entre la electricidad y la radiación; es evidente que, en determinadas condiciones, los fenómenos eléctricos podían generar radiación electromagnética. Estos hechos estimularon, sin duda, a Maxwell en la elaboración de su teoría unificadora, pero también daban parte de razón a los defensores de

---

[57] La existencia del electrón fue propuesta por G.J. Stoney (1826-1911) y demostrada por Thompson.
[58] Los rayos catódicos son corrientes de electrones que se observan en tubos de vacío.

la naturaleza corpuscular de la luz, pues estos rayos, al desviarse por campos magnéticos y eléctricos, evidentemente, tenían masa y carga, que fue determinada pronto por los físicos, de manera que, a fines de siglo, se estaba esbozando ya el principio de la dualidad onda-corpúsculo, según el cual toda partícula en movimiento lleva una onda asociada. Solamente se manifiesta para masas enormemente pequeñas, ya que para las masas grandes (las que tenemos en el mundo real), la frecuencia es tan pequeña que es indetectable. Pero aún faltaba un cuarto de siglo para que Louis de Broglie (1892-1987) diese forma matemática a este principio.

También las obras de **Heinrich Rudolf Hertz** (1857-1894) y **Hendrik Antoon Lorentz** (1853-1928) tuvieron una importancia crucial en los trabajos de Einstein.

Figura 37. H. R. Hertz.   Figura 38. H. A. Lorentz.

Hertz desarrolló la forma de producir y detectar las ondas electromagnéticas estudiando su propagación en el espacio, probando experimentalmente que pueden viajar por el aire y por el vacío a velocidades muy cercanas a las predichas por Maxwell de 300.000 km/s, cuyas ecuaciones reformuló. También descubrió el Efecto Fotoeléctrico, del que nos ocuparemos ampliamente más adelante, cuando observó que un cuerpo cargado pierde su carga de manera más rápida al ser iluminado por luz ultravioleta. Su contribución al desarrollo de la Ciencia en los años posteriores es impagable, ya que en su obra se apoyan las columnas de la Física Moderna.

De Lorentz hemos de resaltar que sus estudios sobre el electromagnetismo de los cuerpos en movimiento fueron esenciales para Einstein, ya que la Teoría de la Relatividad puede considerarse como una continuación de los descubrimientos de Lorentz, que llegó a los mismos resultados que Maxwell, partiendo de fuentes de inspiración distintas.

En el discurso ante la tumba de Lorentz, un Albert Einstein ya consagrado muestra todo el agradecimiento, la admiración y el cariño que sentía por el eminente investigador y político:

> "Estoy ante esta tumba, la tumba del hombre más grande y noble de nuestra época, como representante del mundo académico de habla alemana y, en particular, de la Academia Prusiana de Ciencias, pero, sobre todo, como discípulo y admirador fervoroso. Su genio marcó la ruta desde la obra de Maxwell a los descubrimientos de la Física contemporánea, a la que él aportó importantes elementos y métodos. [...] Su obra y su ejemplo seguirán vivos, como inspiración y como ejemplo durante generaciones". [34]

La principal aportación de Lorentz a la Relatividad se conoce con el nombre de **transformación de Lorentz** y su base práctica se encuentra en la explicación del **experimento de Michelson-Morney**, cuya idea fundamental consistía en lo siguiente: en su órbita alrededor del Sol, la Tierra se desplaza con relación al éter a una velocidad aproximada de 30 km/s. Se debería poder observar el movimiento del observador con respecto a él. La luz procedente de una fuente luminosa debería poseer una velocidad mayor cuando viaja en dirección paralela al movimiento de la tierra "a favor del viento" y menor cuando lo hace en contra o de manera transversal, al igual que nuestra velocidad aumenta si caminamos por el interior de un tren en la dirección de la marcha o disminuye si lo hacemos en contra.

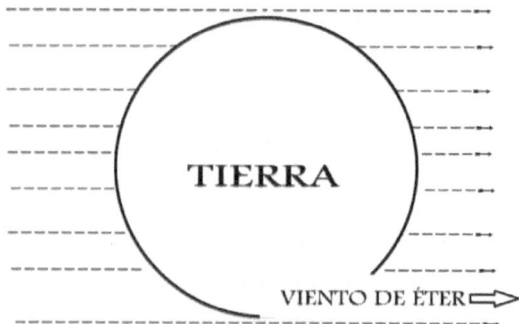

Figura 39. El controvertido viento de éter. Relativizando el movimiento podemos estudiarlo si en lugar de considerar a la tierra viajando a través del éter inmóvil suponemos inmóvil nuestro planeta recibiendo el viento de éter.

El resultado del experimento de Michelson-Morney, en cuyos pormenores nos adentraremos más adelante, fue tan sorprendente que se ha convertido en uno de los más famosos y míticos de la Física: **la velocidad de la luz era, en todo**

momento, constante e independiente del movimiento relativo del observador con respecto a ella. No se cumplía pues, el principio de suma de velocidades. Este hecho revestía una gravedad tremenda, pues chocaba frontalmente contra la existencia del éter.

Para el estudio de este movimiento, o de cualquier otro, son necesarias dos magnitudes: espacio y tiempo. Ambas se consideraron, desde antiguo, independientes una de otra. En nuestro entorno de tres dimensiones cualquier móvil describe una trayectoria que puede ser estudiada por la Geometría, cuyo elemento esencial es la línea recta. El punto de partida de todo el estudio matemático del movimiento es escoger un sistema de referencia *(O, x, y, z)* perfectamente conocido. Dos referenciales son posibles en Mecánica Clásica:

- Los ejes de Copérnico, cuyo punto de origen se encuentra en el centro de gravedad del Sistema Solar. Los tres ejes están dirigidos hacia las estrellas fijas.
- Los ejes de Galileo, que forman un sistema de ejes en movimiento de traslación rectilínea respecto a los de Copérnico. La transformación de uno *S'* a otro sistema *S* es sencilla. Si denominamos *(x, y, z)* a la posición de un punto *P* con respecto a los ejes de Copérnico y *(x',y',z')* a la posición con respecto a los de Galileo, es sencillo obtener:

$$x'=x-vt$$
$$y'=y$$
$$z'=z$$
$$t'=t$$

Donde **v** es la velocidad del sistema *S'* con relación a *S*. Con semejante transformación, la distancia entre dos puntos fijos en *S'* dada por la longitud *l'* es la misma que en *S*. Lo mismo le ocurre a la fórmula de Newton $F=ma$ y a cuantas cuestiones mecánicas podamos plantear. Si volvemos a la analogía con el tren podemos considerar a la Tierra como un sistema inercial de Copérnico y al tren en movimiento rectilíneo y uniforme como un referencial de Galileo. Si en un vagón del citado tren nos encerramos a cal y canto, sin visión del exterior, no sabríamos si estamos en reposo o movimiento rectilíneo y uniforme[59]. Es más, no podemos realizar ningún experimento mecánico que nos confirme nuestro estado, debido, precisamente, a esa constancia de todas las leyes de la Mecánica frente a la transformación de Galileo.

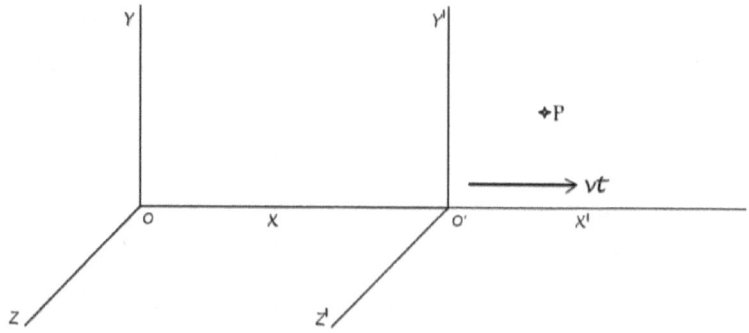

Figura 40. Ejes de Copérnico y de Galileo. La transformación de Galileo. Las coordenadas del punto son $P(x, y, z)$ respecto al sistema en reposo y $P'(x', y', z')$ respecto al sistema con movimiento relativo.

¿Cómo se explica entonces el experimento de Michelson-Morney? Para hacer posible que la luz presente una velocidad constante independiente del sistema de referencia, es necesario

---

[59] Muchas veces, cuando nos paramos con el coche al lado de otro vehículo al lado de otro automóvil y distraemos nuestra atención, nos llevamos un sobresalto al creer que el nuestro se mueve, cuando, en realidad, lo ha hecho el de al lado.

establecer nuevas fórmulas de transformación, que fueron halladas por Lorentz:

$$x' = \frac{x-vt}{\sqrt{1-\frac{v^2}{c^2}}} = \gamma(x-vt)$$

$$y' = y$$
$$x' = z$$

$$t' = \frac{t-\frac{vx}{c^2}}{\sqrt{1-\frac{v^2}{c^2}}} = \gamma\left(t-\frac{vx}{c^2}\right)$$

Donde c es la velocidad de la luz. Y $\gamma = \dfrac{1}{\sqrt{1-\frac{v^2}{c^2}}}$ es el llamado **factor de Lorentz**, $\gamma \geq 0$ ya que siempre $v \leq c$ por lo que $v^2/c^2 \leq 1$

Es sencillo observar que cuando la velocidad del móvil es muy inferior a la velocidad de la luz, situación en la que ocurren la mayoría de los acontecimientos que nos rodean, las ecuaciones de Lorentz se transforman en las de Galileo, es decir, en pura Mecánica Clásica. En efecto, si $v<<c$ entonces el cociente v^2/c^2 tiende a cero y lo mismo ocurre con xv/c^2.

Más adelante nos ocuparemos de la deducción e interpretación de estas ecuaciones, cuando expongamos la obra de Einstein; pero antes es necesario recoger en nuestro barco a otro gran científico: **Max Planck** y sus cuantos de luz. Planck influirá de manera decisiva en los acontecimientos científicos del siglo XX y sus ideas serán recogidas y ampliadas por Einstein y por otros sabios para construir la Física que hoy conocemos.

Figura 41. Max Planck

Max Karl Ernst Ludwig Planck (1858-1947) nació en Kiel. Sus primeros devaneos intelectuales se dirigieron hacia la música y la filología pero un profesor del Gimnasio Maximiliano, en Munich, le convenció de que sus aptitudes estaban mejor predispuestas hacia el mundo de la Ciencia.

Estudió en las universidades de Munich y Berlín y acabó aparcando su pasión por la música para dedicarse por entero a la Física. Dos profesores fueron cruciales en su camino: Hermann von **Helmholtz** (1821-1894) y Gustav Robert **Kirchhoff** (1824-1887), quienes realizaron investigaciones que utilizó Planck, en 1900, para proponer su Teoría de los Cuantos. Helmholtz fue el primero en formular matemáticamente el principio de conservación de la energía. Kirchhoff, que pasó a la Historia de la Ciencia por sus leyes relativas a las mallas eléctricas, fue un estrecho colaborador del químico alemán Robert **Bunsen** (1811-1899). Gracias a la colaboración entre los dos científicos se desarrollaron las primeras técnicas de análisis espectrográfico, basados en el análisis de la radiación emitida por un cuerpo excitado energéticamente.

En el año 1880, ocupa su primer cargo académico en la Universidad de Kiel y, cinco años más tarde, es nombrado profesor titular de una de las cátedras de Física y desde 1889 hasta 1928 ocupó el mismo cargo en la Universidad de Berlín. En 1900 Planck formuló que la energía es discontinua y se radia en unidades pequeñas denominadas **"cuantum o cuantos"**. Avanzando en el desarrollo de esta teoría, descubrió una constante de naturaleza universal que se conoce como la constante de Planck. La **ley de Planck** establece que la energía de cada cuanto es igual a la frecuencia de la radiación multiplicada por una constante universal h (6.63 10^{-34} Jxs) $E=h\nu$. Sus descubrimientos, sin embargo, no invalidaron la teoría de que la radiación se propagaba por ondas. Los físicos en la actualidad creen que la radiación electromagnética combina las propiedades de las ondas y de las partículas. Los descubrimientos de Planck, que fueron verificados posteriormente por otros científicos, promovieron el nacimiento de un campo totalmente nuevo de la Física, conocido como Mecánica Cuántica y proporcionaron los cimientos para la investigación en campos como el de la energía atómica.

Para entender mejor la esencia de la contribución de Planck a la Ciencia es necesario conocer los antecedentes en los que se soporta. Hacia 1850 los físicos habían descubierto que cada elemento químico conocido presentaba un comportamiento característico cuando absorbía o emitía radiación. Cuando se calentaba un elemento hasta la incandescencia emitía una luz formada por ondas de diversas longitudes. Y además siempre lo hacía de la misma manera. Esta "huella dactilar" podía obtenerse separando este conjunto a través de un prisma óptico de manera que se obtenía un conjunto de colores cuya situación y cualidades variaba de un elemento a otro. Kirchhoff y Bunsen, tal como hemos señalado anteriormente, desarrollaron un aparato que permitía esta obtener esta huella: el espectroscopio. Con él analizaron todos los elementos conocidos y además descubrieron dos nuevos elementos al comprobar que las rayas de color que obtenían no coincidían con ninguno de los estudiados. Años después otros investigadores realizaron los espectros de la luz solar y de otras estrellas y comparándolos con los espectros terrestres descubrieron el helio, gas desconocido por aquel entonces. Además los estudios espectrales permitieron llegar a una impresionante afirmación: la materia que constituye el Universo es exactamente igual en todas partes.

Figura 42. Espectro de emisión del hierro.

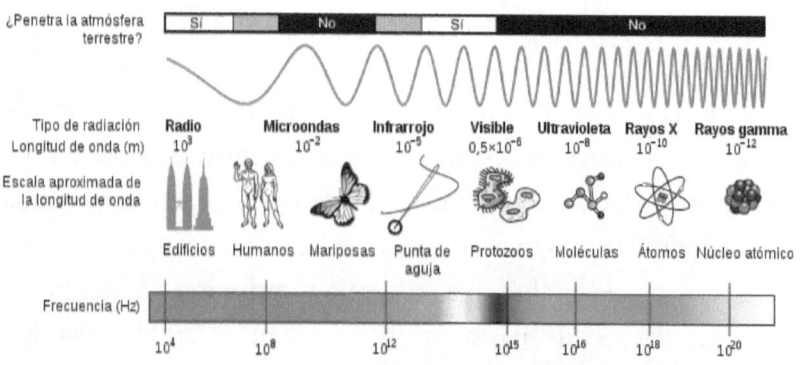

Figura 43. Rango completo del espectro electromagnético.

También en esta época los científicos sabían que el color de la luz que emite un cuerpo —la gama de sus frecuencias— está relacionado con el material del que está hecho el objeto y con su temperatura. Hablando en general, la luz azul, con longitudes de onda muy cortas, es la que prevalece en el espectro de los objetos que están a alta temperatura; las longitudes de onda rojas, o más largas, indican menor temperatura. Hay representadas también otras longitudes de onda, pero como regla general, cada temperatura se relaciona con una frecuencia dominante que proporciona al objeto resplandeciente un color característico.

Con el desarrollo de la espectroscopia nace la idea del **cuerpo negro,** que es un **sistema ideal** capaz de absorber toda la radiación que incide sobre él. La ecuación clásica del electromagnetismo, enunciada por **Rayleigh** (1842-1919) y **Jeans** (1877-1946), proponía que la energía emitida por un cuerpo es proporcional al cuadrado de la frecuencia de emisión. Tal como puede verse en la figura siguiente, suponía que a altas frecuencias (longitudes de onda cortas), la energía emitida debería ser mayor (línea de puntos de la figura). En estos momentos hace su aparición el físico Wilhelm **Wien** (1864-1928) con una idea para hacer real el cuerpo negro: un objeto, recordemos, capaz de absorber toda la luz que le llega y que al ser sometido a incandescencia debería emitir radiación en todas las frecuencias. Para ello construyó una caja provista de un pequeño agujero. La luz al entrar en su interior sería absorbida por las paredes y si se reflejaba las posibilidades de que saliese de nuevo por el orificio eran muy remotas, de manera que tras indeterminados choques terminaría también por ser absorbida. Cuando, por calentamiento, las paredes interiores se pusieran incandescentes emitirían la radiación descrita por Rayleigh. El análisis de esta radiación supuso un fracaso de la ecuación clásica. Siempre había una frecuencia, dependiente de la temperatura de calentamiento, en la que se producía un máximo en la intensidad de la radiación y a partir de ella, hacia mayores o menores frecuencias decrecía la intensidad. La ecuación clásica entraba en contradicción con las medidas experimentales al llegar a una determinada frecuencia (máximo de la curva de la figura), fenómeno que recibió el nombre de **catástrofe ultravioleta** o también catástrofe de Rayleigh-Jeans.

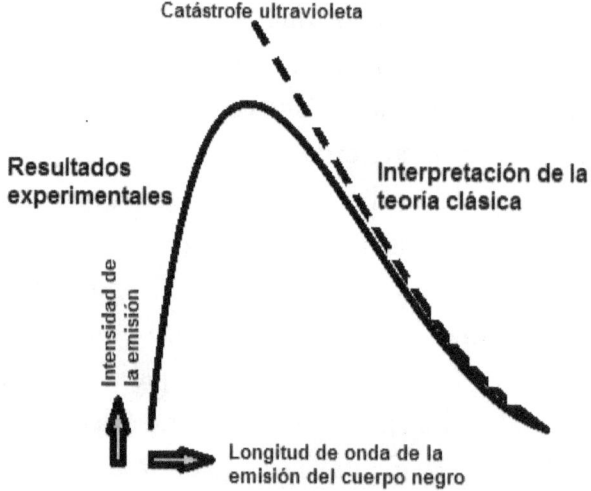

Figura 44. Gráfico de la emisión del cuerpo negro. La catástrofe ultravioleta es un error de la teoría electromagnética clásica.

Para solucionar esta incompatibilidad entre la teoría y la experiencia Planck utilizó, como ya hemos explicado, la hipótesis del cuanto de luz. Es decir, sugirió la necesidad de admitir la discontinuidad de una magnitud física, la energía, consagrada como continua. Estos paquetes de energía eran más grandes cuanto mayor era la frecuencia de la radiación: $E=h\nu$. Además Planck interpretó que al cuerpo negro le sería más fácil conseguir cuantos pequeños, es decir, los paquetes pequeños de energía le serían más accesibles, lo que favorecía a las radiaciones bajas en energía, es decir a las de frecuencia baja (longitud de onda larga), introduciendo así una idea completamente opuesta a Rayleigh. Es evidente pues que los paquetes altamente energéticos serían tanto más improbables cuanta más energía necesitasen para formarse. Trabajando con estas ideas elaboró una teoría cuántica de la radiación que explicaba satisfactoriamente los resultados experimentales y que publicó en el año 1900. Pero Planck no recogió con ello grandes alabanzas. Habría de esperar a que Albert Einstein utilizase su teoría para interpretar un fenómeno eléctrico hasta entonces carente de explicación, el ya nombrado **Efecto Fotoeléctrico**.

El propio Planck nunca avanzó una interpretación significativa de sus quantum y aquí quedó el asunto hasta 1905, cuando Einstein, basándose en el trabajo de Planck, publicó su teoría sobre el fenómeno conocido como Efecto Fotoeléctrico. Dados los cálculos de Planck, Einstein demostró que las partículas cargadas —que por aquel entonces se suponía que eran electrones— absorbían y emitían energías en cuantos finitos que eran proporcionales a la frecuencia de la luz o radiación. En 1930, los principios cuánticos formarían los fundamentos de la nueva Física. Aunque Planck sostuvo que la explicación era un modelo distinto al verdadero mecanismo de la radiación, Albert Einstein dijo que la cuantización de la energía era un avance en la teoría de la radiación. No obstante, Planck reconoció en 1905 la importancia de las ideas sobre la cuantificación de la radiación electromagnética expuestas por Einstein, con quien colaboró a lo largo de su carrera.

Planck sufrió muchas tragedias personales, por lo que su obra tiene, si cabe, aun más valor. En 1909, su primera esposa Marie Merck murió después de 22 años de unión matrimonial, dejándolo con dos hijos y dos niñas gemelas. Su hijo mayor Karl murió en el frente de combate en la Primera Guerra Mundial en 1916; su hija Margarite murió de parto en 1917 y su otra hija, Emma, también murió de parto en 1919. Durante la Segunda Guerra Mundial, su casa en Berlín fue destruida totalmente por las bombas en 1944 y su hijo más joven, Erwin, fue implicado en la tentativa contra la vida de Hitler que se efectuó el 20 de julio de 1944. Por consiguiente, Erwin murió de forma horrible en las manos del Gestapo en 1945. Todo este cúmulo de adversidades, aseguraba su discípulo Max von Laue, las soportó sin una queja. Al finalizar la guerra, Planck, su segunda esposa y el hijo de ésta, se trasladaron a Göttingen donde él murió a los 90 años, el 4 de octubre de 1947. Max Planck hizo descubrimientos brillantes en la Física que revolucionó la manera de pensar sobre los procesos atómicos y subatómicos. Su trabajo teórico fue respetado extensamente por sus colegas científicos.

Planck recibió muchos premios, especialmente, el Premio Nobel de Física, en 1918. Entre sus obras más importantes se encuentran "Introducción a la Física Teórica", obra monumental que consta de 5 volúmenes publicados entre 1932 y 1933 y "Filosofía de la Física", de 1936. Muchos años después, en un discurso leído en los Max Planck Memorial Services, en 1948, Einstein le tributa un homenaje que comenzaba así:

> "Un hombre al que se le ha otorgado dar al mundo una gran idea creadora, no tiene necesidad alguna de las alabanzas de la

posteridad. Su propio logro significa ya un premio superior". [35]

3.2 ALBERT EINSTEIN.

En nuestra nave se acumulan valiosos cargamentos de muy diferentes orígenes. Se encuentran incompletos, desordenados sobre la cubierta y los tripulantes los observan con perplejidad. Ninguno es capaz de guiar el barco. Todos parecen esperar la llegada de un nuevo Newton que transforme el desconcierto en claridad. Y allí está, tal como yo lo presentía, esperando tranquilo en la playa, meditabundo y cabizbajo, siempre enfrascado en sus pensamientos, siempre poseído de un extraño halo de extravagancia y originalidad. No reparemos en estereotipos y permitámosle embarcar. Pongamos la nave en sus manos; pero antes es preguntémosle por su vida. Tal vez eso nos ayude a entender mejor su obra.

3.2.1 Una vida azarosa.

La infancia de nuestro sabio transcurrió feliz y sosegada. Su familia pertenecía a la clase media, con moderados recursos pero sin la presión de la necesidad. En la fecha del nacimiento del niño —el 14 de marzo de 1879— residía en **Ulm**, una pequeña ciudad alemana (de provincias) a las orillas del Danubio y muy próxima a la frontera francesa, aunque, cuando Einstein contaba un año de vida, la familia trasladó su residencia a Munich. Su padre, **Hermann**; y su tío **Jakob** regían por aquel entonces una pequeña fábrica de electromecánica. De la parte económica se encargaba el padre y de la técnica su tío, que era un buen ingeniero. Einstein heredó de su padre el carácter tranquilo y un talante liberal del que toda la familia era partícipe. Aunque judío, Hermann Einstein no era practicante. Se sentía libre de los apretados corsés que imponía su religión. Era una persona humilde y alegre que prefería el placer de un paseo y el disfrute de una buena cerveza a los quebraderos de cabeza de un judío convencido. Esta visión liberal de la vida creará en el joven cierto escepticismo con respecto a la religión. En sus Notas Autobiográficas, que escribió a los sesenta y siete años, puede leerse:

> "De esta suerte —y pese a ser yo hijo de padres (judíos) absolutamente irreligiosos— Llegué a una honda religiosidad, que sin embargo halló abrupto fin a la edad de doce años. A través de la lectura de libros de divulgación científica me convencí enseguida de que mucho de lo que contaban los relatos de la Biblia no podía ser verdad. La consecuencia fue un librepensamiento realmente fanático, unido a la impresión de que el Estado miente deliberadamente a la juventud; una impresión demoledora. De esta experiencia nació la desconfianza hacia cualquier clase de autoridad, una actitud escéptica hacia las convicciones que latían en el ambiente social de turno…". [36]

De su tío recibió la herencia de la curiosidad científica. Será el encargado de despertar en el niño la afición por la Ciencia, en especial por las Matemáticas; y de responder a sus primeras dudas infantiles. De su madre, **Pauline Kock**, recibirá sus dotes artísticas y un gran amor por la música, además de su carácter serio y de candorosa timidez. **Su hermana Maya**, dos años menor, será su mejor compañera de juegos.

En sus primeros años, Albert era un niño poco sociable, introvertido y poco despierto. Tardó en hablar mucho más de lo corriente —a los 5 o 6 años aún presentaba graves problemas de pronunciación—. Su familia estaba alarmada de que pudiese tener algún problema serio.

Sus profesores y compañeros de la escuela católica de Munich[60] estaban en su mayoría de acuerdo en que no era un niño activo, participativo y despierto; más bien lo tenían por despistado y solitario; ya que rechazaba los juegos colectivos, especialmente los que consistían en actividades físicas.

A los diez años ingresó en la escuela secundaria; pero el panorama no cambiaría. Su mentalidad tolerante tropezaba con la excesiva rigidez disciplinaria de las escuelas de la Alemania Imperial. Además, la orientación de la enseñanza era eminentemente tradicional haciendo hincapié en disciplinas como el latín, el griego o la historia, que el niño consideraba auténticas torturas. Así pues, el estímulo por la naturaleza y las Matemáticas lo encontraría en su casa, de la mano de su tío. El chico resultaba ser un concienzudo observador y un preguntador insaciable que conseguía irritar a sus mayores hasta el punto de que le consideraban impertinente e irritante.

Su tío orientaría sus primeras lecturas sobre Álgebra y Geometría y le daría las primeras lecciones.

> "A la edad de doce años experimenté un
> segundo asombro de naturaleza muy distinta
> (el primero había sido el religioso): fue con

---

[60] Al no tener convicciones judías, sus padres le enviaron por comodidad a una escuela católica, pues la mayoría de los ciudadanos pertenecían a esta creencia.

un librito sobre Geometría Euclídea del plano, que cayó en mis manos al comienzo de un curso escolar. [...] El que los axiomas hubiera que aceptarlos sin demostración no me inquietaba; para mí era más que suficiente con poder construir demostraciones sobre esos postulados cuya validez no se me antojaba dudosa. Recuerdo, por ejemplo, que el Teorema de Pitágoras me lo enseñó uno de mis tíos antes de que el sagrado librito de Geometría cayera en mis manos". [37]

El adolescente mostraba tanto interés que pensó descubrir su vocación en las Matemáticas, aunque poco a poco su atracción hacia la explicación de los fenómenos naturales le haría olvidar esa precoz inspiración en aras de la Física, a través de la lectura de las obras de divulgación de aquel entonces, como la colección "Libros populares sobre Ciencias Naturales", de Aaron Bernstein, o el libro "Fuerza y Materia" de Büchner. Estas inclinaciones nos llevan a afirmar sin temor a equivocarnos que el joven Albert hacia los 14 o 15 años poseía conocimientos de Matemáticas y Física muy superiores a los de los niños de su edad; pues procedían de su propia evolución madurativa y eran adquiridos de modo grato y consciente; pero en el resto de las materias su preparación era insuficiente.

Uno de sus profesores de instituto, cansado de las impertinencias de su discípulo, le indicó que no le quería en sus clases. Einstein, sin cortarse lo más mínimo, le replicó:

> "Yo no tengo la culpa de que me manden, señor. Si por mí fuera, créame que tampoco vendría aquí a perder el tiempo...". [38]

El propio Einstein aceptaba sus dificultades con la Lengua y la Literatura y su inclinación hacia las materias científicas. Otra de las aficiones que descubrió el Einstein adolescente fue **la música**. Cuando a corta edad sus padres le obligaron a estudiar violín lo hacía con desagrado, pero hacia los 13 años descubrió la hermosura de las sonatas de Mozart y encontró un aliciente interior para mejorar su técnica: para él no se trataba de ejecutarlas como un autómata; debía prepararse para reproducirlas con toda su belleza.

Un compañero suyo de la estancia en Suiza relata:

> "Un día nos reunimos en el comedor de la casa de estudiantes, que estaba muy animado, para tocar sonatas de Mozart. Cuando su violín empezó a sonar, el aposento pareció ensancharse; por primera vez aparecía ante mí el auténtico Mozart[61]...". [39]

---

[61] Hans Byland, compañero de estudios en la escuela secundaria de Aaran, una pequeña ciudad suiza.

Figura 45. Albert Einstein en sus años de estudiante a la edad de 14 años.

Einstein tenía quince años cuando las familias de Hermann y Jakob comenzaban a pasar apuros económicos, pues su pequeña fábrica no iba bien. Por ello, decidieron marchar a Italia, cerca de Milán, donde probaron suerte con el mismo negocio. No obstante, como el joven debía terminar sus estudios secundarios, decidieron que se quedase interno en Munich. Comienza así un período de soledad para Albert, que se agrava con las malas relaciones con sus profesores. El joven no resistió la presión y abandonó el colegio sin llegar a realizar los exámenes finales y marchó a Italia, confiando en que su suerte cambiaría.

Podemos ir ya formando una visión de la personalidad de futuro genio: un chico observador, tozudo, reflexivo, un poco escéptico y, ante todo, perteneciente a ese arquetipo de carácter racional que necesita una explicación y una razón para todo y escapa de la mecánica que suele envolver al estudiante típico. Una manera de ser tan original e independiente sólo podía acarrearle al muchacho problemas.

Tras unos meses de descanso apartado de las obligaciones escolares y dedicado a visitar con un amigo, en plan turístico, las ciudades italianas y también a la lectura de libros científicos; su padre le apremió a encarrilar su futuro, acuciado seguramente por nuevos momentos de crisis en su empresa.

La posibilidad de volver a Munich para terminar sus estudios secundarios no era nada atractiva. El joven prometió a su padre estudiar durante el verano para adquirir los conocimientos mínimos que le facilitasen su entrada en la Universidad y así lo hizo, en la Escuela Internacional de Milán. Allí encontraría un nuevo sistema, liberal y tolerante que le devolvería la ilusión y le decidiría a continuar sus estudios en Suiza, solución viable gracias al altruismo de unos familiares de Génova —los Winteler— que se comprometieron a pasarle una pensión de cien francos al mes para su formación. No era mucho, pero sí suficiente para un muchacho austero y antimaterialista.

Animado por su excelente preparación matemática y provisto de una carta de recomendación conseguida de su profesor de Matemáticas en Munich donde se expresaba que la preparación del muchacho en esa disciplina era digna de un universitario, se presentó al examen de ingreso en la Escuela Politécnica de Zurich, pero fue suspendido por su mala preparación en otras materias. Superado el fracaso y siguiendo la recomendación del director de la Escuela acudió a un instituto durante un año para obtener el título secundario que le facilitase la entrada directa en el centro universitario.

Su estancia en esta ciudad le permitió entablar muchas amistades y encontrar su verdadera vocación: la Física. Tras un año de estudios consiguió el tan ansiado diploma y comenzó sus estudios en **la Escuela Politécnica**. Durante cuatro años, entre los 17 y los 21, favorecido por el talante liberal de la enseñanza universitaria, combinaba las clases con las actividades autodidactas. En sus Notas Autobiográficas, Einstein describe muy bien su actitud ante el estudio, su reconocimiento a los buenos profesores que tuvo y el interés por las obras de científicos consagrados, en especial por Hertz.

> "Allí tuve excelentes profesores (por ejemplo Hurwitz o Minkowski), de manera que realmente podría haber adquirido una profunda formación matemática. Yo, sin embargo, me pasaba la mayor parte del tiempo en el laboratorio de física, fascinado por el contacto directo con la experiencia. El resto del tiempo lo dedicaba principalmente a estudiara en casa las obras de Kirchhoff, Helmholz, Hertz, etc.. El que descuidara hasta cierto punto las matemáticas no respondía exclusivamente a que el interés por las ciencias naturales, fuese más fuerte que el que sentía por aquéllas, sino también a la siguiente circunstancia singular. Yo veía que la matemática estaba parcelada en numerosas especialidades, cada una de las cuales, por sí sola podía arrebatarnos el breve lapso de vida que se nos concede…". [40]

El amigo del que nos habla es **Marcel Grossmann**, que, junto con dos compañeros, **Mileva Maritsch** y **Friedrich Adler**, jugará un papel esencial en el desenvolvimiento de su vida en el futuro.

En el año 1900, cuando Einstein tenía 21 años, obtuvo el título de la escuela. La posibilidad de trabajo más inmediata era la de quedarse como ayudante de algún profesor, como lo hiciera su amigo Marcel, pero esto no fue posible por la oposición de algunos profesores, en especial de **Weber**, al cual le era muy antipático. Ante el negro panorama económico que se le presentaba; puesto que ya no recibía asignación de sus familiares, Einstein realizó trabajos esporádicos por encargo, clases particulares y escribió su primer artículo científico: "Consecuencia de los Fenómenos de Capilaridad", que fue publicado en la prestigiosa revista "Anales de Física" (1901). En ese mismo año obtuvo la nacionalidad suiza. Tras varios meses de intentos fallidos para obtener un trabajo estable, cuando más abatido estaba, recibió la inestimable ayuda de Grossmann que a través de su padre le consiguió un empleo en la **Oficina de Patentes de Berna**. Einstein recuerda aquel tiempo:

> "...Me vienen a la memoria nuestros días de estudiantes en el Politécnico. El era un estudiante modelo; yo desordenado y soñador. El se llevaba magníficamente con los profesores y lo entendía todo a la primera; yo era un joven reservado e insatisfecho, no demasiado bien visto. [...] Pero él siguió a mi lado; y gracias a él y a su padre conocí varios años después a **Haller**[62], el de la oficina de patentes". [41]

Instalado en Berna, se produjo la muerte de su padre. A raíz de esto se volcó en sus investigaciones, que liberaban su mente. Lo hacía en sus ratos libres y medio a escondidas. A medida que adquiría experiencia en el análisis de los inventos que llegaban a la

---

[62]Haller era el director de la oficina. Debió ver algo prometedor en el joven cuando le ofreció el trabajo a pesar de su escasa preparación técnica.

oficina, ganaba tiempo para desarrollar sus ideas. En 1903 se casó con Mileva, con la que había compartido muchas inquietudes en la época universitaria y que se había convertido en una excelente matemática. El matrimonio tendría dos hijos: Hans Albert (1904) y Edward (1909).

En ese mismo año comenzaría un fluir de pequeños trabajos científicos que irían "curtiendo" al sabio. El fruto de tantas horas de estudio y dedicación, de juicios críticos y de reflexiones se recogería abundantemente en 1905, un año esencial en la vida de Einstein. En una carta a un amigo de su época de profesor particular le señala que va a publicar varios escritos, alguno de ellos "revolucionario". De estos escritos fundamentales en el devenir científico nos ocuparemos más adelante. Ahora nos contentaremos con mencionarlos y de analizar las repercusiones inmediatas que tuvieron en la vida de Einstein.

El primero y "revolucionario" versaba sobre el Efecto Fotoeléctrico y fue enviado a la revista "Anales de Física" el 17 de marzo de 1905. Un mes después concluyó el segundo, "Una nueva determinación de los tamaños de las moléculas", que envió a la Universidad de Zurich para obtener el doctorado. Le fue rechazado por ser demasiado breve, pero Einstein lo envió de nuevo añadiendo muy pocas palabras y consiguió su objetivo. Pasado de nuevo un mes envió a la misma revista el tercer trabajo, sobre el movimiento browniano, que justificaba la existencia de los átomos. El último artículo "Sobre la electrodinámica de los cuerpos en movimiento" fue concluido a finales de junio de 1905, treinta páginas en las que se sientan los cimientos de la Relatividad. Así pues, en apenas cinco meses, el genio de este mítico personaje fue capaz de desarrollar un conjunto de ideas que por su contenido y alcance pueden recibir el calificativo de inconmensurables; ya que marcarían el devenir de la Ciencia y la marcha de la comunidad científica de toda una época.

Los trabajos señalados se fueron publicando entre 1906 y 1907 y fueron acogidos con gran expectación, suscitando un interés extraordinario. Su aureola de pensador original crecía desmesuradamente, por lo que el científico comenzó a ilusionarse con la posibilidad de llegar a ser profesor de Universidad. Pero para lograr tal objetivo se requería alguna experiencia docente y para ello era necesario pasar un período de prueba como profesor. Así lo hizo y tras pocos meses quedó vacante la plaza de profesor adjunto de Física Teórica de la Universidad de Zurich. Se presentaron dos opositores: Einstein y su querido amigo Adler. El tribunal se inclinaba por este último, que además de buen físico era de la casa; pero él, en un ejercicio de humildad y admiración por su compañero, renunció y posibilitó así que Einstein lograra la plaza cuando tenía treinta años; plaza que ocuparía poco tiempo para trasladarse para enseñar la misma materia a Praga. Max Planck, que lo apoyó para tal puesto porque estaba convertido de la genialidad de la Teoría de la Relatividad, señaló que si se demostraba la teoría que Einstein proponía sería el Copérnico del siglo XX.

Durante su estancia en Praga se vuelca de forma intensa en sus investigaciones sobre la generalización de la Teoría de la Relatividad y asiste a diversos congresos que le ayudan a difundir sus ideas entre la comunidad científica. Es ya un hombre de reconocido prestigio y muy admirado y querido. En este período el propio Einstein fecha los hallazgos fundamentales que le conducirán a formular su Teoría de la Relatividad General. Me refiero al "principio de equivalencia entre las fuerzas de inercia y las gravitatorias" y la influencia de la gravedad sobre la propagación de la luz.

Acude también al primer **congreso Solvay** en Bruselas[63]. Los personajes que allí estuvieron presentes merecen la mayor de las consideraciones y dan idea de la talla que había alcanzado nuestro protagonista. Allí estaban, entre otros Nerst, Perrin, Wien, Lorentz, Poincaré, Marie Curie, Planck, Sommersfield, De Broglie, Langevin y así hasta un total de veintiún eminentes científicos.

Figura 46. Congreso Solvay de 1911. 1 Walter Nernst 2 Robert Goldschmidt 3 Max Planck 4 Léon Brillouin 5 Heinrich

---

[63] Ernest Solvay. Industrial belga que financió una serie de conferencias científicas que llevan su nombre.

Rubens 6 Ernest Solvay 7 Arnold Sommerfeld 8 Hendrik Antoon Lorentz 9 Frederick Lindemann 10 Maurice de Broglie 11 Martin Knudsen 12 Emil Warburg 13 Jean-Baptiste Perrin 14 Friedrich Hasenöhrl 15 Georges Hostelet 16 Edouard Herzen 17 James Hopwood Jeans 18 Wilhelm Wien 19 Ernest Rutherford 20 Marie Curie 21 Henri Poincaré 22 Heike Kamerlingh Onnes 23 Albert Einstein 24 Paul Langevin.

Su éxito en el congreso le permitirá conseguir una cátedra en el Politécnico de Zurich, donde se trasladaría con su familia; pero por poco tiempo, porque recibió la oferta de entrar en la Real Academia de Ciencias de Prusia como director de un departamento de investigación que estaba en proyecto. Sería un catedrático eximido de obligaciones académicas. En 1914 se trasladó a Berlín para ocupar su puesto. En este año la "Teoría de la Relatividad General" estaba ya muy cerca, gracias a los progresos matemáticos que el sabio había hecho en Zurich en colaboración con su gran amigo Grossmann[64], que era ya un célebre matemático experto conocedor del cálculo tensorial, sin el cual no hubiera sido posible, como veremos más adelante, el desarrollo de la teoría.

Su esposa no pudo adaptarse a su nueva vida y, tras el estallido de la I Guerra Mundial, regresó con sus hijos a Suiza. Era el principio de la ruptura del matrimonio. Parece que ante las adversas circunstancias, separación de su familia y guerra, Einstein

---

[64] Algunos estudiosos de la obra de Einstein afirman que Mileva pudo tener mucho que ver en los desarrollos matemáticos que el sabio necesitó para elaborar sus teorías.

no tendría buenas condiciones para investigar, pero paradójicamente se acercaba otro período fructífero de ideas, sólo comparable al del año 1905. Quizás se debió a que el científico, ante tantos problemas y angustias que le rodeaban, se refugió en su trabajo y se aisló, en la medida de lo posible, del exterior, o quizás fuera la impotencia con la que su alma de pacifista convencido lo que lo condujo a ampararse en el trabajo. Lo que sí está claro es que Einstein no participó en el "colaboracionismo", en muchos casos fanático, del que se contagiaron la gran mayoría de los científicos germanos. La prueba patente de este hecho es que no firmó un deplorable manifiesto alabanza al militarismo alemán al que se adhirieron muchos científicos[65]. Nuestro sabio, cuando hubo de intervenir, no dudó en ponerse al lado de la paz. Así, fue uno de los pocos valientes que firmaron un manifiesto pacifista que, en cierta medida era la antítesis del anterior, lo cual le ocasionaría múltiples problemas[66].

En 1915 llega por fin, tras numerosos avatares intelectuales y tras la superación de enormes limitaciones matemáticas a la confección definitiva de la que podemos clasificar como obra cumbre **"Fundamentos de la Teoría de la Relatividad General"**, en la que se expone una nueva visión mecánica del Universo, que absorbe a la teoría de Newton, al tiempo que soluciona las incongruencias o desviaciones que se producían en la comprobación experimental de esta.

En 1917, Einstein cayó enfermo y hubo de trasladarse a la casa de un tío suyo. La hija de este, su prima Elsa, viuda y con dos hijos, lo cuidó durante varios meses. Ya repuesto se quedó a vivir

---

[65] 93 intelectuales lo firmaron.
[66] Desgraciadamente, no pudo evitar el participar en alguna actividad desafortunada, como el diseño de un ala para un avión de guerra alemán. No se conocen los motivos, pero es lógico pensar que no lo hizo de buen grado. Vaya en su favor que el avión nunca llegó a volar.

en la casa. Esta situación, en cierto modo comprometedora y promotora de rumores, no gustó a Mileva, que inició los trámites de un divorcio que conseguiría en 1919.

Los años de la posguerra, no cabe duda, hacen madurar en nuestro científico un espíritu crítico ante la guerra y ante la desgracia humana en general, que poco a poco iría aflorando y manifestándose. La popularidad le exigía un compromiso social al cual Einstein no renunciaría. Alemania estaba destrozada y era preciso buscar culpables del fracaso del sueño imperialista. Los sentimientos de venganza afloraron por doquier en el país, descargando sus iras contra los judíos. Nacionalismo y antisemitismo correrán parejos durante los años siguientes e irán tomando formas cada vez más extremistas y desgarradoras. A pesar del caos social, Einstein sigue dedicado por entero a su trabajo, en un período en el que llega a dirigir más de 12 tesis doctorales. El 2 de junio de 1919 se casa con su prima **Elsa** y poco después recibe a su madre, muy enferma, que se traslada a Berlín a pasar con Albert sus últimos días.

En el plano científico estaba a punto de producirse un acontecimiento que engrosará las páginas más gloriosas de la Historia de la Física. Hacía tiempo que circulaban rumores de una posible comprobación de la Teoría de la Relatividad por parte de astrónomos ingleses. Pretendía probarse que un rayo luminoso que pasara cerca de una gran masa como el Sol presentaría una cierta desviación. La comprobación de tal fenómeno era muy difícil, pues nuestro astro, con su gran luminosidad debida a su cercanía, enmascara a las demás estrellas. La solución pasaba por hacer las mediciones durante un eclipse y así se hizo. El 6 de noviembre de 1919, **la Royal Society y la Royal Astronomical Society** de Londres, en una reunión conjunta hacían público el éxito de la investigación. Todos los medios de comunicación de Europa y de

América se hacen eco de la noticia. La figura de Einstein se convierte en un talismán, en un hombre que se gana el favor de las multitudes, que es admirado, querido y respetado en todas partes. Y todos quieren los beneficios de tanta popularidad. En un artículo que escribe e The Times en 1919 señala con ironía:

> "Hoy me consideran en Alemania como un sabio alemán y en Inglaterra como un judío suizo. Si me quisieran representar como una *bete noire* sería, por el contrario, un judío suizo para los alemanes y un sabio alemán para los ingleses". [42]

Figura 47. Einstein en 1921.

En 1921 le fue concedido **el premio Nobel de Física**. La base científica de tal premio fue su interpretación del Efecto Fotoeléctrico descubierto por Hertz y no, como se pudiera pensar, su Teoría de la Relatividad, que por aquel entonces y a pesar de las pruebas, todavía suscitaba enormes polémicas y discusiones. Durante los primeros años de la década de los veinte, nuestro científico desarrolla una abrumadora labor difusora de sus ideas: cursos, conferencias, charlas combinadas con multitud de viajes: Estados Unidos, Inglaterra, Japón, España, Palestina, Francia... En todos ellos, salvo la nota anecdótica de minorías fanáticas, fue recibido con honores de héroe y agasajado en grado sumo.

En estos años el Einstein pacifista adopta posturas comprometidas ante los acontecimientos sociales, cosa de la que hasta entonces había intentado huir. Así, creyendo en su aureola pública y dando un voto de confianza a la nueva Alemania republicana, pidió de nuevo la ciudadanía de ese país.

Podemos hacernos ya una idea de la imagen que de Einstein podía tener cualquier joven nacionalista alemán: judío y defensor de los judíos, pacifista, antimilitarista, tolerante, científico loco y vulnerador de los intereses de Alemania. Por estas razones, durante esta época, comenzó a recibir de forma continua insultos, amenazas y reproches, no sólo de los enfervorizados nacionalistas, sino de sus propios colegas, contagiados de tanta locura, aunque es de justicia reconocer que algunos, los menos, le defendieron valientemente, aún a costa de su propio prestigio y seguridad. Tal es el caso de Nerst, Planck y otros. No obstante, con tantas amenazas de muerte, la prudencia le aconsejó abandonar sus actividades públicas durante una temporada, en espera de que se calmaran los ánimos. A pesar de esta situación tan extrema, los años siguientes, de 1924 a 1930, son de bastante tranquilidad en su vida y, tras superar en 1923 una seria dolencia de corazón, vuelve a su acostumbrada actividad en Berlín, ciudad de la que apenas se movería exceptuando pequeños viajes, como el que hizo en 1925 a Latinoamérica. Durante estos años, nuestro sabio combinó su actividad investigadora sobre la Teoría del Campo Unificado con su amor por la música y su vida familiar. El primer trabajo sobre la **Teoría del Campo Unificado** saldría a la luz en 1929 y causaría una gran expectación, aunque los grandes físicos del momento, Dirac, de Broglie, Pauli, Rutherford, no la aceptaban plenamente, ya que no tenía en cuenta los fenómenos que hacían patentes la Física Cuántica y la Mecánica Estadística, disciplinas de vanguardia por aquel entonces. Durante los años de tranquilidad, Einstein restauró su imagen en muchos círculos intelectuales y era considerado, reconocido y respetado por la gran mayoría, incluso por las propias autoridades alemanas.

Los inviernos de 1930 y 1931 los pasa en Estados Unidos, pero siempre regresa a su retiro; su alma europea parece que no quiera desprenderse del viejo continente, pero los acontecimientos que se sucederán terminarán por convencerlo de que su sitio ya no está en Alemania y le obligarán a dar un paso crucial para su futuro, la marcha definitiva hacia América. Los acontecimientos políticos se encadenarán vertiginosamente en la desconcertada Alemania. La crisis económica de 1929 sacudirá sus cimientos y llevará en volandas al poder al nacionalsocialismo. Hitler sube como la espuma. En enero de 1933 es canciller y dos meses después se convierte en dictador. El fanatismo vuelve a hacer mella en buena parte de los científicos alemanes que arremeten de nuevo contra el sabio. Einstein y su familia se encuentran en Estados Unidos. Albert comprendió que ya no podría volver a Alemania. A su regreso a Europa, se instaló temporalmente en un pequeño pueblecito de Bélgica, país en el que encontró la protección de los reyes, con los que le unía una fuerte amistad nacida años atrás. Sin embargo, su situación no era cómoda, pues había de andar continuamente escoltado por guardaespaldas. Al pueblecito, Coq-sur-Mer, llegan ofertas de todo el mundo para hacerse con sus valiosos servicios, en especial de Princeton, en Estados Unidos, donde estaba en proyecto la puesta en marcha de un Instituto de Estudios Superiores. Varias serán las razones que impulsarán a Einstein a aceptar, tras muchas meditaciones, su nuevo destino americano. De entre ellas podemos destacar las siguientes: la posibilidad de continuar en un clima inmejorable sus investigaciones, la seguridad que significaría para su familia vivir en América, el trato desfavorable que sufría por parte de los nazis (quemaron sus obras y confiscaron su cuenta bancaria y su casa) y la humillante situación de los judíos, que eran ya abiertamente perseguidos, torturados y privados de libertad. Por todo ello; tras varias apariciones y declaraciones públicas en Bélgica y Alemania, en las que arremetía contra la barbarie nazi, marchó definitivamente para los Estados Unidos, acompañado de su mujer, su secretaria y su inseparable colaborador **Walter Mayer**. El 17 de octubre de 1933 llegaba a **Princeton**. Pocos meses antes había presentado su renuncia en la Academia Prusiana.

Una anécdota muy curiosa y a la vez muy significativa es la protagonizada por Langevin cuando se entera del exilio definitivo de Einstein en Princeton. Langevin exclamó:

> "Semejante acontecimiento solamente se podría comparar con el traslado del Vaticano de Roma al Nuevo Mundo. El pontífice de la Física cambia de sede y los Estados Unidos se constituyen así en el centro de las Ciencias". [43]

Instalado cómodamente en Princeton, la personalidad del sabio choca con el modo de vida americano. La adaptación a las nuevas costumbres de un hombre ya maduro será lenta y difícil. Así nos cuenta las primeras impresiones de su nueva vida:

> "Princeton es un lugar pequeño y maravilloso, una localidad original y ceremoniosa, llena de mezquinos semidioses en zancos. Ignorando algunos convencionalismos sociales, he podido crearme una atmósfera que me permite estudiar sin molestias ni distracciones". [44]

Las escasas apariciones públicas marcan la tónica de su vida en Princeton. Sin embargo, en la vieja Europa continúan desarrollándose acontecimientos científicos de crucial importancia para el futuro de la humanidad, que obligan de nuevo al sabio a tomar decisiones comprometidas y no siempre comprendidas por los demás. Su fórmula ya mítica $E=mc^2$ comienza a corroborar resultados y a predecir acontecimientos de una manera extraordinaria. He de referirme aquí por primera vez al comportamiento del sabio ante el problema de la construcción de las primeras bombas atómicas, del cual creo que salió brillantemente, salvaguardando ante todo **su inquebrantable pacifismo**, pero de este tema hablaremos más profundamente en próximas secciones.

Durante este tiempo, Einstein continuaba su aislamiento en Princeton, rodeado de los suyos[67], trabajando sobre las investigaciones que le ocuparían hasta la muerte. Lo que intentaba

---

[67] Su hijo Hans Albert y Maya hacía tiempo que se reunieran con él, tras la muerte de su esposa Elsa en 1936.

era aplicar la Teoría de la Relatividad General, que tan bien había funcionado con el Sistema Solar, al espacio en su totalidad. Como vemos, un objetivo descomunal: nada menos que la interpretación del comportamiento del Universo. Lógicamente, la consecución de semejante meta estaba plagada de dificultades, que aún hoy absorben la vida de muchos científicos. Lo que es seguro, volviendo al tema del desastre atómico, es que Einstein no tuvo participación directa en la construcción de la bomba. No podemos decir lo mismo de otros científicos, como es el caso de Compton, Fermi, Lawrence u Oppenheimer, que pertenecieron al Comité sobre el uso de las nuevas armas puesto en marcha por el nuevo presidente Truman.

Mientras se desarrollaban los trágicos acontecimientos reseñados, Einstein, ajeno a todo, descansaba en su pequeña casita de campo, acompañado siempre de su hermana Maya. Cuando su leal secretaria Helene Dukas le comunicó la noticia del estallido de la bomba en Hiroshima, quedó tremendamente impresionado y plasmó su amargura con estas palabras: "¡Oh weh!" —¡Qué lástima!—; y a buen seguro que por su mente apareció un infundado sentimiento de culpabilidad al pensar en las recomendaciones que había hecho al presidente Roosevelt (carta que mencionaremos más adelante) para que los americanos no quedaran atrás en la carrera armamentística, en sus acciones dirigidas a recaudar dinero para la guerra[68], en los años dedicados por entero a la Ciencia... y todo ello le llevó a decir que si pudiera nacer de nuevo: "Hubiera preferido ser fontanero".

Soledad, enfermedad, fracaso intelectual, motivado por un fuerte espíritu de autocrítica y la natural marcha de seres queridos y

---

[68] El manuscrito de la famosa Teoría de la Relatividad, reescrito por Einstein para su posterior venta, pues no conservaba el original, se vendió por 6 millones de dólares; y el de otro aún no publicado, en 5 millones y medio de dólares, todos ellos dedicados a la financiación de la guerra.

familiares[69] hicieron sentir a Einstein el temor y la desesperanza de que cada individuo tiene que padecer cuando se acerca el gran momento. Sin embargo, estos instantes difíciles no restaron vitalidad a nuestro sabio. Cuando el presidente Truman da vía libre para la fabricación de la bomba H, a consecuencia de la guerra fría y de la carrera atómica con la URSS, Einstein no duda en participar en las protestas.

En 1950 hace su última contribución a la Física Teórica con una nueva teoría sobre el Campo Unificado, cuyo estudio ocupó la mayor parte de su vida. Sin embargo, la repercusión, tanto teórica como práctica de sus últimas ideas no fue ni mucho menos reseñable. Sus escritos fueron en muchas ocasiones "ramas" de su "gran idea" de juventud y la teoría unificadora de las fuerzas de la naturaleza no le convencería ni a él mismo. Ahora bien, debemos decir a su favor que el intentó caminos que otros no tuvieron el valor de seguir, aunque fueran errados. El fallo de Einstein consistió en que perdió el rumbo de la comunidad científica al no seguir el arrasador empuje de la Mecánica Cuántica. Recordemos la célebre frase con la que argumentaba en su contra:"Dios no juega a los dados".

Sin embargo, este pequeño borrón, no empaña su inmensa contribución a la Ciencia. Muchos científicos han aportado una sola idea y se han consagrado. Él mereció tal honor desde campos diversos y con múltiples aportaciones de singular importancia y de trascendental repercusión en la Ciencia Moderna.

Ya al final de su vida, recordará con emoción, sin duda, esta carta dirigida por el embajador de Israel:

---

[69] Mueren Mileva, Maya, Langevin y otros. Además, su hijo Edward ingresa en un psiquiátrico.

"Querido profesor Einstein: el portador de esta carta es el señor David Goitein, de Jerusalén, actualmente ministro en nuestra embajada de Washington. Le planteará la pregunta que el primer ministro Ben Gurion me ha pedido que le transmita: si aceptaría usted el cargo de presidente de Israel en caso de que se lo ofreciese el Parlamento. La aceptación implicaría la necesidad de trasladarse a Israel y de adquirir su ciudadanía". [45]

La contestación del anciano fue clara:
"Me ha emocionado profundamente la oferta de nuestro Estado de Israel y me entristece y me avergüenza a la vez decir que no puedo aceptarla. Durante toda la vida me he dedicado a problemas objetivos y carezco de las aptitudes naturales y de la experiencia necesaria para tratar como es debido con la gente y ejercer funciones oficiales. Sólo por estas razones sería ya incapaz de cumplir los deberes de tan alta magistratura, aunque la elevada edad no provocase, como provoca, la constante disminución de mi energía". [46]

Con estas palabras demostró, una vez más, su humildad y su sinceridad y, lejos de ser una aceptación de las limitaciones humanas, demuestra el convencimiento profundo del verdadero sentido de su vida: Einstein es un científico, no ha nacido para otra cosa.

Llegó el triste momento de la muerte. De una muerte que se le antojaba cercana desde hacía años; desde que en 1948 el doctor Rudolf Nissen le operara de sus problemas coronarios. Su aorta, endurecida y dilatada, presagiaba el fin en cualquier momento. Sus hábitos ordenados y tranquilos en Princeton le prorrogaron la existencia varios años, pero el 11 de abril de 1955, de repente, se sintió mal: su aorta estaba a punto de perforarse y la hemorragia interna era inevitable. Una operación quirúrgica era inevitable, pero él no quiso someterse a la misma, consciente de que su hora había llegado. Tras varios días de lenta agonía, primero en su casa y luego en el hospital, muere el 18 de abril. La autopsia demostró que una operación no hubiese prolongado su vida. La vida de un hombre sin clichés ni convencionalismos, sin complicación ni hipocresía se plasmaba en una muerte sin pompa ni ceremonia, sin discurso, sin ni tan siquiera una tumba.

Figura 48. La muerte del sabio supuso el nacimiento del mito.

3.2.2 Los tres trabajos.

Todos tenemos unas fechas cruciales en nuestra vida, momentos clave que han marcado a fuego lo que hoy somos. El día de la boda, el nacimiento de un hijo, un éxito profesional... Seguro que nuestro sabio recordó para siempre el año 1905. Podemos considerarlo como el año de la "idea genial", como el periodo iluminado gracias al cual se sustentaría el ansia por descubrir a lo largo de toda su vida; y no es para menos, ya que en el corto espacio de unos meses tres ideas tomaron forma definitiva. Cada una de ellas fue un descubrimiento que consagraría a cualquier investigador: la interpretación del Efecto Fotoeléctrico, la corroboración de la existencia del átomo a partir del movimiento browniano (movimiento desordenado de pequeñas partículas que se hallan en suspensión en un líquido o un gas) y la Teoría de la Relatividad Especial.

Seguramente más de uno se ha llevado un buen susto cuando, al acercarse a la puerta de un comercio, esta se ha abierto de repente. Esa sensación, primero de perplejidad y luego de dominio, maravilla a los niños. Pues bien, el funcionamiento de esta puerta, o la de un ascensor, se basa en el llamado Efecto Fotoeléctrico. Cuando intento explicárselo a un niño le digo que unos rayos invisibles cruzan la puerta y que el paso de nuestro cuerpo es como una tijera que los corta durante unos momentos interrumpiendo su trabajo, que es el mantener la puerta cerrada. Él me sonríe y continua "haciendo magia" con sus manos. Es cierto que este artilugio no deja de ser algo insustancial, llamativo, eso sí, pero exento de importancia, artificioso en la mayoría de los casos. Sin embargo el Efecto Fotoeléctrico ha encontrado otras aplicaciones de mayor interés, como la de la "impresión del sonido", que permitió el nacimiento del cine sonoro, el funcionamiento de la televisión y el de otros instrumentos que forman parte de nuestra vida cotidiana. Pues bien, **la explicación teórica del Efecto Fotoeléctrico** fue encontrada por Einstein.

El origen más remoto de este fenómeno lo podemos encontrar en otro de parecido nombre: el Efecto Termoiónico, descubierto por Thomas A. **Edison** (1847-1931). En sus experiencias con la lámpara eléctrica probó a introducir dentro de la misma, frente al filamento, una placa metálica. Si en estas condiciones se conectaba la placa con el polo positivo de un generador se observaba paso de corriente por los cables, pero si la conexión se hacía en el polo negativo no se observaba tal cosa. La explicación que se da a este comportamiento es la siguiente: el filamento incandescente de la lámpara libera electrones que lo dejan cargado positivamente. Estos electrones fugados son de nuevo atraídos por el filamento, formando a su alrededor una nube de cargas negativas llamada carga especial. Estos electrones son atraídos por la placa metálica cuando está conectada al polo positivo, por eso se detecta el paso de una pequeña corriente a través del cable. Por lo tanto, el Efecto Termoiónico, es un proceso de emisión de electrones provocado al calentar un filamento.

En 1887 Heinrich **Hertz,** al que ya hemos citado en varias ocasiones, encontró otra manera de arrancar electrones de un metal. Consistía en hacer incidir un haz de rayos luminosos de suficiente energía sobre una superficie metálica. Por conseguirse la emisión electrónica por medio de radiación electromagnética se denominó a este fenómeno Efecto Fotoeléctrico. En 1905 se sabía poco más de este misterioso comportamiento, salvo que algunos tipos de luz lo producían y otros no, hasta que nuestro genio fue capaz de darle una explicación satisfactoria. Para enfrentarse a tal explicación utilizó la hipótesis de Planck sobre la cuantización de la energía emitida por el cuerpo negro y realizó una revolucionaria suposición: era la propia radiación la que estaba cuantizada en forma de pequeños paquetes (fotones), cuya energía era múltiplo de la constante de Planck. Esta nueva hipótesis se oponía a la realidad comúnmente aceptada en los foros científicos de la época. Incluso para el propio Max Planck la radiación era un fenómeno ondulatorio.

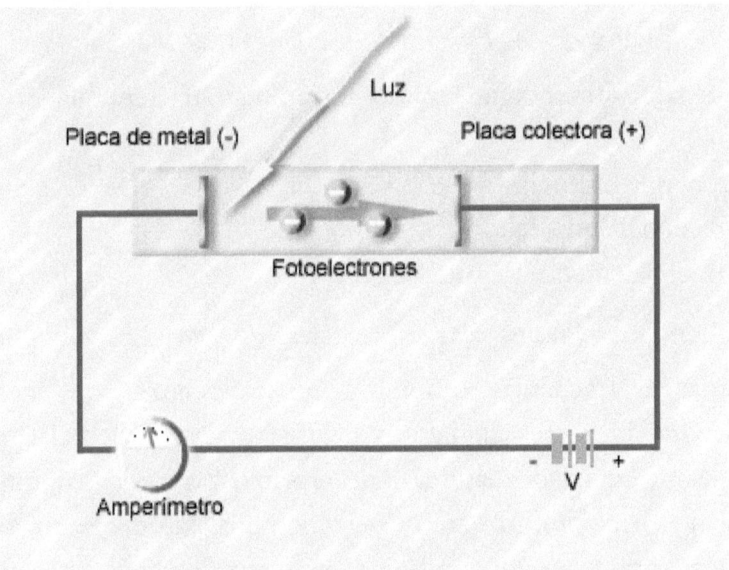

Figura 49. Esquema del Efecto Fotoeléctrico. La emisión de un electrón desde la placa metálica requiere la absorción de un fotón.

Si la energía luminosa está cuantizada y el tamaño del cuanto depende de la frecuencia, podemos conocer en todo momento la energía de los fotones, a través de la fórmula de Planck $E = h\nu$. Si experimentamos con distintas fuentes luminosas en un rango de frecuencias veremos que existe una frecuencia mínima (frecuencia umbral) por debajo de la cual, por más intensidad de luz que suministremos, no conseguiremos arrancar ni un solo electrón, pues la radiación no es capaz de vencer la fuerza con que el metal sujeta sus electrones. Por encima de esa frecuencia, la energía sobrante se invertirá en acelerar los electrones, es decir, se convertirá en energía cinética, fácil de medir. En resumen:

$$h\nu = E_0 + E_c = h\nu_0 + E_c \quad si \; \nu > \nu_0$$

donde $h\nu$ energía luminosa suministrada (energía de los fotones).

E_0 energía umbral.

ν_0 frecuencia umbral.

E_c energía cinética de un electrón.

Con los valores experimentales de ν y E_c se puede determinar la frecuencia umbral y construir tablas de energía umbral para diferentes elementos del sistema periódico. El gran paso hacia la realidad cuántica, que el sabio no pudo asumir, lo había dado él mismo. No sólo era evidente la naturaleza cuántica de la luz, sino que los umbrales parecían indicar también la naturaleza cuántica de la materia, que Neils **Böhr** (1885-1964) confirmaría pocos años después.

Transcurrió poco tiempo para que Millikan (1868-1953), midiendo la frecuencia de la radiación incidente y la energía cinética de los electrones, calculase el valor de **h**, en perfecto acuerdo con el valor dado por Planck. La interpretación era un éxito para Einstein y para la Física de principios del siglo XX, tan necesitada de confirmaciones.

Según palabras del físico y divulgador norteamericano Heinz Rudolf Pagels (1939-1988) recogidas en su libro "el Código del Universo":

"Las ideas teóricas de Planck y Einstein, que eran avances de la Teoría Cuántica, fueron la respuesta a ciertos experimentos que abrieron un campo totalmente nuevo de los fenómenos naturales. Hacia finales del siglo XIX, un gran número de las nuevas propiedades de la materia fueron descubiertas; por primera vez, los científicos tomaron contacto con los procesos atómicos. Roentgen descubrió los rayos X en 1895; Henry Becquerel descubrió la radioactividad en 1896 y en 1898 los esposos Curie aislaron el radio. En 1897, J. J. Thomson descubrió el electrón, una nueva partícula elemental. Un descubrimiento intrigante fue la emisión atómica de líneas espectrales, bajo determinadas circunstancias. Si una sustancia se calienta o si se hace pasar una corriente eléctrica a través de un gas de átomos, la sustancia o el gas emiten energía. Si se analiza el espectro de luz con un prisma que divida la luz en varios colores, en el espectro aparecen solamente unas líneas de colores determinadas. […] Cada elemento tiene una única y definida gama de líneas coloreadas que constituyen su espectro. […] La confirmación definitiva del fotón ocurrió en 1923-1924. Asumiendo que la luz consistía en partículas reales que tenían una energía definida y una cantidad de movimiento, como balas pequeñas, Compton[70], uno de los primeros físicos atómicos americanos y Debye, un físico holandés, independientemente hicieron predicciones teóricas de la dispersión de los fotones. La oposición al concepto del fotón cayó rápidamente después de esto". [47]

Otro de los trabajos que el joven Einstein había prometido a su amigo Habicht fue el del **movimiento browniano**. Bannesh Hoffmann, uno de los mejores biógrafos de Albert Einstein, señala la posibilidad de que la inspiración de este artículo naciera de la afición de nuestro sabio a fumar en pipa. Su hermana Maya escribe en sus memorias:

"Le encantaba observar las maravillosas formas que adquirían las nubes de humo y estudiar los movimientos de las partículas individuales de humo, así como la relación que había entre ellas". [48]

Einstein había trabajado sobre los movimientos de las moléculas en relación a su tamaño en su Tesis Doctoral. Estaba

---

[70] Artur Holly Compton (1892-1962) estudió el llamado efecto Compton; fenómeno físico que consiste en la disminución de la frecuencia de un fotón de rayos X al colisionar contra un electrón perdiendo parte de su energía. La frecuencia del fotón dispersado depende únicamente de la dirección de dispersión. La fórmula encontrada por Compton para esta variación de la frecuencia fue encontrada aplicando las ideas de Planck para la radiación del cuerpo negro y las de Einstein para la explicación del Efecto Fotoeléctrico. Recibió por ello el premio Nobel en 1927. Peter Debye (1884-1966) lo recibió en 1936.

convencido, como la mayoría de los científicos de su época, de que la energía interna de las cosas es una energía debida al movimiento de las moléculas. Estas, en un estado caótico de agitación, se mueven a unas velocidades muy grandes y lo hacen así porque su masa es muy pequeña; chocan e intercambian cantidad de movimiento y energía entre ellas. Nuestro científico pensó que si en lugar de partículas tan diminutas se introdujeran en un líquido cuerpos de mayor tamaño, como motas de polvo o granos de polen, debido a su mayor masa, se moverían a velocidades más pequeñas; y sus movimientos, también caóticos (brownianos), podrían ser observables al microscopio. Basándose en cálculos estadísticos y en procesos de difusión de diversas magnitudes consiguió formular una expresión matemática en la que aparecía una variable que podía ser medida experimentalmente: la migración molecular de las partículas en función de las velocidades de difusión y de otras variables propias de la teoría cinética de los gases. La ecuación funcionaba. El éxito de estos planteamientos implicaba dos cosas importantes: La primera, que la idea de que la energía interna de los cuerpos procede, en su mayor parte, de la agitación de las partículas era correcta. La segunda, que los átomos existían. Eran diminutos, pero con una masa y un volumen definidos; eran, pues, elementos materiales por fin al alcance de la observación indirecta. Minúsculos ladrillos de la realidad.

Este trabajo demuestra, de nuevo, la capacidad de adaptación del sabio a cualquier problema que se le presentara; poseedor, en fin, de ese privilegio del que goza el genio para captar la parte esencial de las cosas y construir con ella una teoría evitando los inconvenientes que crea todo lo superfluo. Y es que, ir al grano no es tan sencillo en Ciencia. En la mayoría de los casos los fenómenos se presentan como algo complicado que está lejos de un modelo matemático o físico que reúna al unísono las cualidades de coherencia y sencillez. Sin embargo lo que hoy sabemos se sustenta en modelos de este tipo; modelos en los que la simetría juega casi siempre un importante papel. La labor de un científico consiste en la descripción de estos modelos. La mayoría de los libros de ciencias son exposiciones de ellos, recreaciones de su buen funcionamiento o crítica de sus imperfecciones. Las sencillas ideas que sustentan un modelo insultan continuamente nuestro ego porque, a pesar de estar tan cerca de nosotros, no somos capaces de verlas. Solo mentes preclaras establecen las conexiones adecuadas y construyen la Ciencia. Los demás no pasamos de ser meros narradores de hechos, realizamos descripciones del paisaje, transmitimos las ideas del cuadro al observador; pero no formamos parte de él. Albert Einstein sí. La idea de los paquetes de luz le permitió construir el modelo matemático del Efecto Fotoeléctrico. el humo de una pipa le llevó a confirmar la existencia del átomo y ahora, de la observación del movimiento y del planteamiento de las eternas preguntas ¿dónde estoy?, ¿a dónde voy?, ¿cómo me muevo?, nace la Teoría de la Relatividad Especial, considerada por muchos como el emblema de la Ciencia Moderna.

¿Qué contenía aquel artículo titulado **"Sobre la Electrodinámica de los Cuerpos en Movimiento?**. Evidentemente era un artículo muy técnico. Muy pocos lo comprendieron en los primeros momentos. Sería pretencioso tratar de ilustrarlo; además, estoy convencido de que no lo conseguiría. Por eso barajaremos una opción mejor. Vayamos al fundamento mismo de la Relatividad. Analicemos qué sensaciones producen sus consecuencias, qué sorpresas guardan los abigarrados folios de ecuaciones. Adentrémonos en su significado y, para ello, hagamos primero un breve recorrido por los descubrimientos que desencadenaron el hallazgo de la teoría para luego reflexionar sobre su contenido.

Para comenzar a caminar por la Relatividad Especial es necesario que revisemos nuestra actitud ante algunos conceptos a los que la evidencia ha vulgarizado de tal manera que nos va a resultar molesto e incluso contradictorio modificar. Tales son los conceptos de espacio, tiempo y simultaneidad.

La Física de Newton —que es la de casi toda la de la historia de la Ciencia— a la cual se ajustan los fenómenos cotidianos, necesita cuatro variables para la descripción de estos. Imaginemos que en un determinado lugar se producen dos explosiones separadas por un intervalo de tiempo. Enseguida localizaríamos la longitud, latitud y altitud a las que se produce el suceso, indicando, así mismo el tiempo en que tuvieron lugar. Las tres dimensiones espaciales parecen muy diferentes de la temporal; son intuitivamente relativas: si un observador llama a la policía localizará el lugar de una manera (en un sistema de coordenadas); cuando la Central informe al coche patrulla lo hará de otro modo. Sin embargo, la transformación de un código a otro puede realizarse de manera sencilla. Con el tiempo no sucede esto. Parece como si existiera un tiempo universal y absoluto al que referir el suceso, de manera que, de la existencia de esta escala temporal única todos fijan las explosiones de igual modo. Esto es así, sin ninguna duda; pero sólo para los fenómenos que antes hemos calificado de cotidianos. Einstein va a introducir cambios sustanciales en una concepción tan coherente como parece esta.

El origen del problema se remonta a las discusiones sobre la naturaleza y velocidad de la luz y al tan socorrido éter que utilizaban los decimonónicos. Recordemos que en el siglo XIX se creía que un viento de éter soplaba en el Universo. La Tierra se movía inmersa en este viento. Si la luz viajaba soportada por el éter tendría velocidades diferentes si iba a favor, en contra o perpendicularmente a ese misterioso viento. Esta situación, aceptada por la mayoría de los científicos de entonces, necesitaba de algún experimento que corroborara la hipótesis del sutil éter. El **experimento de Michelson-Morney** de 1887, diseñado entre otras cosas para satisfacer esa necesidad y al cual ya nos hemos referido brevemente, sacudirá la Física desde sus cimientos. Vamos a ocuparnos de él con detalle para intentar situarnos en escena. En el interferómetro de Michelson se lanzaban al mismo tiempo dos rayos luminosos perpendiculares entre sí y se reflejaban mediante unos espejos de forma que volviesen por el mismo camino que el de ida.

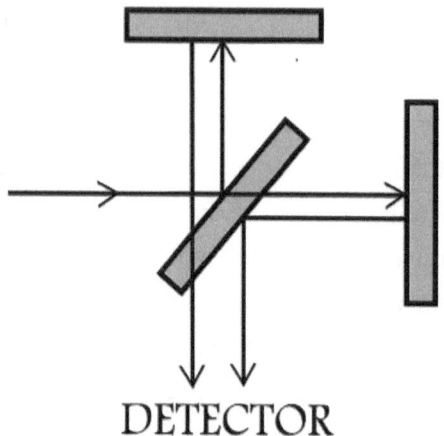

DETECTOR

Figura 50. Esquema del experimento de Michelson-Morney. La luz recorre el mismo camino al incidir en los espejos y reflejarse hacia el detector. No se producen interferencias. No existe el viento de éter obrando a favor o en contra de la propagación.

El objetivo del experimento era demostrar la existencia de una diferencia de tiempos que habría entre un rayo que efectuase un trayecto de ida y vuelta en la dirección del viento de éter y un rayo con un recorrido de igual longitud en una dirección transversal al citado viento.

Para comprender mejor este planteamiento vamos a olvidarnos por unos momentos de los intangibles rayos de luz y a desarrollar un ejemplo práctico que nos ayudará a entender mejor el efecto que se esperaba encontrar. Supongamos que dos aviones hacen un recorrido de ida y vuelta entre dos ciudades separadas L = 400 km. El primer avión, con viento en calma, hace el recorrido completo en **t_1 = 1 h**, llevando pues, una velocidad media de 800 km/h. El segundo avión (a la misma velocidad media) realiza el recorrido de ida con un viento en contra de 200 km/h y el de vuelta con viento a favor de la misma velocidad. Veamos el tiempo que tarda en realizar el recorrido de ida y vuelta:

$$t_2 = \frac{L}{v_1} + \frac{L}{v_2} = \frac{400}{800+200} + \frac{400}{800-200} = 1{,}0667h = 1h\,4\min$$

Si generalizamos el problema, llamando **L** a la distancia, **v** a la velocidad del avión y **u** a la velocidad del viento, el tiempo que tarda el avión que realiza el trayecto con el viento en calma es:

$$t_1 = 2L/v$$

y el correspondiente al avión con viento a favor y en contra es:

$$t_2 = \frac{L}{v+u} + \frac{L}{v-u} = \frac{2Lv}{v^2-u^2} = \frac{2L}{v\left(1-\frac{u^2}{v^2}\right)}$$

Comparando las expresiones de ambos tiempos, puesto que el denominador en **t_2** es siempre menor que la unidad, se ve claramente que el segundo avión tarda más en hacer el recorrido, tal como calculamos anteriormente.

Del mismo modo, si un tercer avión realizase el recorrido con viento transversal, aplicando el teorema de Pitágoras llegaríamos a la siguiente expresión:

$$t_3 = \frac{2Lv}{\sqrt{v^2 - u^2}} = \frac{2L}{v\sqrt{1 - \dfrac{v^2}{u^2}}}$$

Haciendo los cálculos numéricos para nuestro avión en recorrido transversal tenemos:

$$t_3 = \frac{2L}{v\sqrt{1 - \dfrac{v^2}{u^2}}} = \frac{2 \cdot 400}{800\sqrt{1 - \dfrac{200^2}{800^2}}} = 1{,}0328\,h = 1h\,2\min$$

Resultado intermedio entre el tiempo con el viento en calma y el tiempo con el viento a favor y en contra. Resultado completamente lógico.

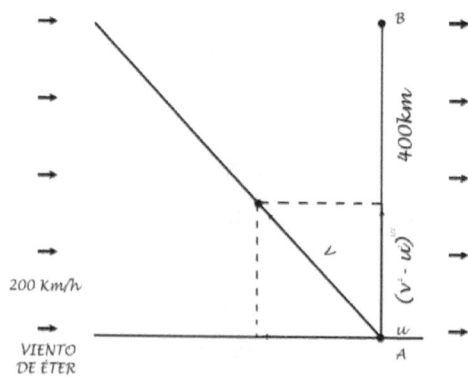

Figura 51. Esquema del recorrido del avión que se desplaza transversalmente al viento de éter.

La relación entre **t₂** (recorrido con viento a favor y en contra —rayo de luz en la dirección del viento de éter—) y **t₃** (recorrido con viento perpendicular —rayo de luz transversal al viento de éter—) es, dividiendo sus expresiones respectivas de:

$$\frac{t_2}{t_3} = \sqrt{1 - \frac{v^2}{u^2}}$$

En nuestro ejemplo numérico, teniendo en cuenta que

$$\sqrt{1 - \frac{v^2}{u^2}} = 0{,}968$$

vemos que

$$t_3 = t_2 \cdot 0{,}968 = 1{,}0667 \cdot 0{,}9682 = 1{,}0328 \text{ h}$$

Hasta aquí todo parece coherente. Sin embargo cuando se trata de la luz esta coherencia se transforma en una completa frustración. Estas fórmulas y los retrasos que describen tendrían que ser válidas para los rayos de luz; pero este comportamiento no se apreció. **No había retraso en los rayos** (no se detectaban interferncias). La sorpresa fue mayúscula. El experimento de Michelson-Morney daba siempre el mismo resultado en todos los casos y conducía irremediablemente a admitir la **constancia de la velocidad de la luz.**

¿Cómo era posible explicar esta paradoja?

La contestación que se planteó en su momento recibe el nombre de **contracción de FitzGerald-Lorentz**[71], que consiste en suponer que cuando un cuerpo se mueve a una velocidad v cercana a la de la luz se produce un acortamiento de sus dimensiones en la dirección del movimiento. Este acortamiento es proporcional a[72]

---

[71] **George Francis FitzGerald** (1851- 1901) estableció esta conjetura en 1889 basándose en la forma como las fuerzas electromagnéticas se veían afectadas por el movimiento. Tres años después Hendrik Lorentz llegó por separado a la misma conclusión.

[72] Esta expresión tiene una gran importancia en la Relatividad Especial. A su inverso es γ o factor de Lorentz al cual ya nos hemos referido.

$$\sqrt{1-\frac{v^2}{c^2}}$$

compensando así la esperada diferencia de tiempos. Así, un círculo a gran velocidad, se transformaría en una elipse achatada en la dirección del movimiento. Esta hipótesis de la modificación de las dimensiones de los objetos se relaciona inmediatamente con la modificación del espacio: para que en el experimento la luz tenga la misma velocidad en todos los casos y tarde el mismo tiempo es necesario admitir, aunque nos cueste, que si va en la dirección del viento de éter tiene que recorrer menos espacio. El éter empieza a ser un argumento muy molesto. Este tema del acortamiento de las longitudes de los objetos en la dirección del movimiento cuando estos se mueven a muy altas velocidades acabará tomando forma de la mano de Einstein, el cual, al asumir como principio de sus teorías la constancia de la velocidad de la luz, enterrará para siempre de misterioso éter y convertirá a la luz en un límite físico infranqueable: nada puede ser más rápido que la luz.

Además Einstein va a afirmar *que la velocidad de la luz es constante e independiente del movimiento de la fuente con respecto al observador.* Esta frase tan sencilla y tan rotunda constituye el Segundo Principio de la Relatividad Especial; un axioma que nuestro sabio defenderá a capa y espada, aún en contra de la más aplastante "lógica sensorial".

El hecho de considerar la luz como un conjunto de partículas es el principal responsable de nuestra confusión, pues tenemos asumida la propiedad de la suma de velocidades para los móviles. Pero si consideramos que la luz es una onda electromagnética tal vez asimilemos de mejor grado que, una vez que la onda luminosa se ha puesto en marcha, su velocidad a través del medio en el que viaja es independiente de la fuente y, por tanto, aún en el caso de que viajara a través del imaginario e inútil éter (que resultará ser el vacío), su velocidad sería irremediablemente constante y de valor **c**.

Veamos ahora cómo **este principio rompe el concepto de simultaneidad** que tenemos tan asumido; ya que Einstein va a supeditar la simultaneidad de sucesos descritos desde sistemas en movimiento relativo a la capacidad de estos de intercambiar señales que les permitan realizar la sincronización de tiempos.

Imaginemos que dos enormes naves espaciales que se **mueven con movimiento rectilíneo y uniforme** por el espacio en direcciones contrarias a velocidades comparables a la de la radiación, por ejemplo a $v = 50.000 \ km/s$ cada una.

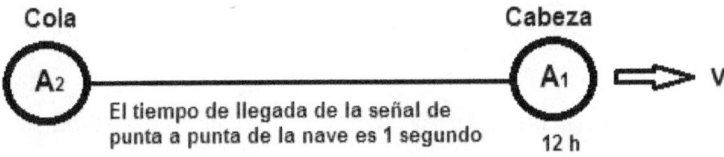

Figura 52. Una de nuestras enormes naves.

Por sus grandes dimensiones las naves necesitan un jefe de cabeza y un jefe de cola. Ambos intentan sincronizar sus relojes para realizar una determinada maniobra: el jefe A_1 coloca su reloj en las doce en punto y, como la distancia cabeza-cola es tan grande, emite una señal luminosa que tarda en llegar a A_2 un segundo.

Conociendo tal circunstancia el jefe de cola, al recibir la señal, pone su reloj en las doce y un segundo con la certeza de que ha sincronizado y emite una señal de confirmación a A_1. Mientras esto sucede las naves A y B se cruzan y los tripulantes de la segunda nave muestran su desconcierto. Ellos no están de acuerdo con tal sincronía. Para darnos cuenta de ello observemos la siguiente figura:

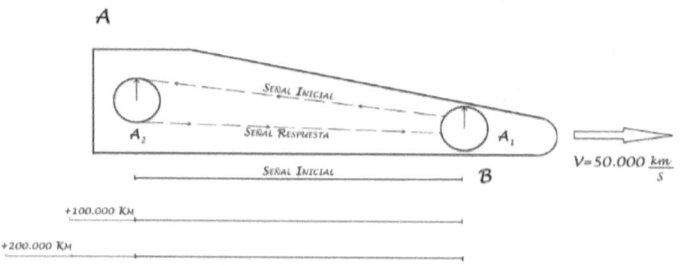

Figura 53. Esquema de la emisión de señales en las naves.

Cuando los tripulantes de B miden el fenómeno de la emisión del rayo informador por parte de A_1 las naves están cruzándose. Cuando son conscientes de que A_2 se dio por enterado se encuentran a 100.000 km. Cuando A_1 recibe la confirmación están a 200.000 km. Es decir, la luz que perciben los tripulantes de B "ha tenido que ir detrás de su nave" para informarlos y el rayo informador y el rayo respuesta han recorrido espacios diferentes produciendo un desfase en la sincronización que es detectado por los instrumentos de B. Para los tripulantes de la nave B A_1 y A_2 han sincronizado mal. Convencidos de sus mediciones informan a la primera nave del error; pero sus jefes, después de varias comprobaciones, no encuentran tal fallo.

A fin de cotejar el buen funcionamiento de los equipos piden a los jefes de B que se sincronicen entre ellos. Entonces B_1 prepara su reloj a las 12 y emite el rayo informativo que B_2 recibe al cabo de un segundo, colocando su reloj a las doce y un segundo y enviando la confirmación. Ahora es el personal de la nave A el que se muestra indignado: no hay tal sincronía. Todo parece una broma. Los instrumentos de A confirman que A_1 y A_2 están sincronizados. Los de B hacen lo propio con B_1 y B_2, pero A detecta un retraso de B_2 con respecto a B_1 y algo idéntico ocurre en la otra nave.

Seamos una especie de jueces siderales a los que se requiere para solucionar este pleito. Para ello nos desplazamos a la nave B en calidad de observadores y, después de supervisar el proceso, estamos de acuerdo con sus jefes. Cuando nos desplazamos a la nave A para comunicar la decisión sus tripulantes nos convencen de que ellos están en lo cierto. ¿Cual será el veredicto de esta disputa? La solución a este enigma la aportó Einstein, haciendo gala una vez más de la virtud de la sencillez. Las conclusiones de este aparatoso problema son cruciales para el desarrollo de la nueva Física. Vamos a recrearnos en ellas unos momentos:

No existe la simultaneidad absoluta. Dos fenómenos que ocurran en el mismo instante en A_1 y A_2 no serán simultáneos para B, sino que se encontrarán separados en el tiempo.

El concepto de simultaneidad es inherente a la relación entre los movimientos, a las velocidades y por extensión, al espacio. Por lo tanto tiempo y espacio ya no son tan ajenos el uno del otro, sino que entre ellos aparece una relación. **Nace así el concepto de espacio-tiempo**, en oposición al espacio y tiempo newtonianos. Podemos definir el espacio-tiempo como la entidad geométrica donde tienen lugar todos los eventos físicos del Universo. Las coordenadas espaciales no se antojan, pues, tan diferentes a la dimensión temporal.

Haciendo un balance de estas reflexiones posemos sentenciar que cualquier fenómeno puede ser descrito a través de las tres coordenadas espaciales y de un tiempo que denominaremos **"tiempo propio"**, que depende del movimiento relativo de nuestro sistema de referencia respecto de otros sistemas que, a su vez, tienen su particular "tiempo propio" en relación al nuestro.

Recopilemos brevemente lo que hemos expuesto hasta el momento:

La velocidad de la luz es una constante universal.

Los intervalos temporales son distintos para observadores situados en sistemas de referencia distintos.

Existe un tiempo propio en el sistema de referencia en el que nos encontremos y asociado con él habrá un espacio propio, una longitud propia en ese sistema.

Imaginémonos ahora de nuevo en las naves espaciales y analicemos con detalle cómo describirían los capitanes de cada una de ellas el comportamiento de un fenómeno cualquiera; por ejemplo el del rayo de luz informante. Para el capitán A, que ve el fenómeno en su propia nave, el rayo cruza una distancia L en un tiempo t. Para el capitán de B la distancia entre A_1 y A_2 no es L, sino L' y el tiempo t', tal como ya habíamos deducido. Ni el tiempo ni el espacio son iguales y esto trae consecuencias importantes ya que el mismo fenómeno es descrito de forma totalmente distinta según quien lo observe.

Para encontrar solución matemática a todo lo que se ha expuesto necesitamos a Lorentz. Él encontró las ecuaciones que relacionan las mediciones espacio-temporales en sistemas en movimiento relativo. Intentaré mostrar cómo lo hizo gracias con la inestimable colaboración del físico **Bertrand Russell** (1872-1970) y los tripulantes de las naves espaciales que tanto nos están ayudando:

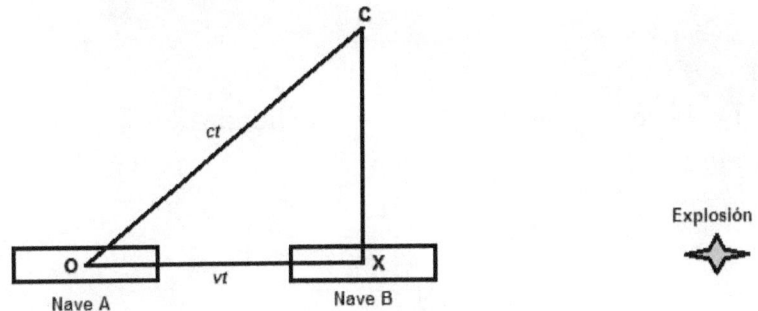

Figura 54. Deducción de la interdependencia espacio-temporal.

Una de nuestras naves, la A, **se detiene** a repostar en el punto O. La nave B la adelanta y al cabo de un tiempo t ha recorrido la distancia OX. En ese tiempo la luz recorre la distancia OC; pero para los tripulantes de la nave B la sensación es que la luz, en ese tiempo t, ha recorrido la distancia CX. La razón OC/OX es un indicador de la diferencia entre ambas medidas del recorrido de la luz para A y B en el mismo tiempo y depende de la velocidad relativa de B con respecto a A. Para la misma velocidad relativa **la razón OC/XC** es una constante a la que llamaremos γ. Por otro lado:

$$OC^2 = OX^2 + XC^2$$
$$OX = vt$$
$$OC = ct$$

Dividiendo por OC^2 la primera expresión:
$$1 = XC^2/OC^2 + OX^2/OC^2$$
Sustituyendo los valores de γ, OX y OC:
$$1 = \frac{1}{\gamma^2} + \frac{v^2}{c^2}$$

Despejando γ llegamos a:

$$\gamma = \frac{c}{\sqrt{c^2 - v^2}}$$

Dividiendo numerador y denominador entre c obtenemos:

$$\gamma = \frac{1}{\sqrt{1 - \frac{v^2}{c^2}}}$$

Esta es una expresión que ya conocemos. He aquí un hallazgo importantísimo al que llegó Lorentz después de muchos razonamientos geométricos. El factor de Lorentz **γ** es fundamental para continuar nuestra exposición ya que es la medida directa de la discrepancia de las mediciones realizadas por A y B sobre un mismo fenómeno y, por lo tanto, es la clave para establecer la correspondencias espaciales y temporales que nos permitirán conocer los espacios y tiempos propios del citado fenómeno con respecto a un sistema de referencia, conocidos los espacios y tiempos propios en otro sistema.

En nuestro ejemplo imaginemos que se produce una explosión (rayo de luz) en E. Para la nave A, que se encuentra estacionada en O, sucede en *(x,t)* y para la nave B, que viaja con velocidad relativa *v*, ocurre en *(x',t')*. La nave A puede fijar el fenómeno, refiriéndolo a la nave B en **x-vt**. Tal como hemos descrito antes, la alteración en la medida de ambas viene dada por γ, de manera que:

$$x'/(x-vt) = \gamma \quad \text{por lo que} \quad x' = \gamma(x-vt)$$

Como **t=x/c** y **t'=x'/c** si dividimos la expresión anterior en sus dos miembros y despejamos **t'**:

$$t' = \gamma(t-vx/c^2)$$

El proceso descrito puede aplicarse de modo similar a las coordenadas *y, z*, obteniendo, en resumen, las siguientes expresiones:

$$x' = \gamma\ (x\text{-}vt)$$
$$y' = \gamma\ (y\text{-}vt)$$
$$z' = \gamma\ (z\text{-}vt)$$
$$t' = \gamma\ (t\text{-}vx/c^2)$$

Estas son las fórmulas conocidas como **transformación de Lorentz**, a las cuales ya nos habíamos referido muy superficialmente, que en nuestro caso, puesto que la única componente no nula de la velocidad *v* de B respecto a A está en la dirección x toman la forma:

$$x' = \gamma\ (x\text{-}vt)$$
$$y' = y$$
$$x' = z$$
$$t' = \gamma\ (t\text{-}vx/c^2)$$

Un simple cambio en el punto de vista, considerando ahora que quien se mueve es A respecto de B con una velocidad *–v* nos permite escribir:

$$x = \gamma\ (x'+vt')$$
$$y = y'$$
$$x = z'$$
$$t = \gamma\ (t'+vx'/c^2)$$

Cuando la velocidad del sistema de referencia de la nave B con respecto a la A, o viceversa, es pequeña, la relación $v^2/c^2 \approx 0$, con lo que $\gamma = 1$ y las fórmulas se reducen a las de Galileo, tal como ya habíamos demostrado; pero si v es muy elevada, por ejemplo, cuando se trata del movimiento de electrones en campos de alta energía, las discrepancias son evidentes. A medida que v se acerca a **c** entonces γ adquiere importancia haciendo que las ecuaciones relativistas se aparten de la cinemática newtoniana. Es ahí donde demuestran su generalidad y su potencial.

Veamos un ejemplo numérico. Si v fuera **0,6c = 180.000 km/s** entonces:

$$\gamma = \frac{1}{\sqrt{1 - \frac{v^2}{c^2}}} = 1,25$$

Para asimilar los razonamientos realizados y para tener una constatación fehaciente de la relatividad de los conceptos de simultaneidad, tanto espacial como temporal he escogido un problema concreto de los muchos que se plantean en el libro "Relatividad Especial" de A. P French[73].

"Pensemos en dos sistemas de referencia S y S'. El segundo se mueve a una velocidad $v=0,6c$ con respecto al primero. Ajustamos los relojes de tal forma que $t=t'=0$ para $x=x'=0$. Un suceso tiene lugar en S para $t_1=2\cdot 10^{-7}s$ en un punto situado $x_1 = 10\ m$ en respecto del origen del sistema S. ¿En qué instante tiene lugar ese suceso en S'. Si un segundo suceso tiene lugar en $x_2= 50\ m$ con un tiempo medido en S de $t_2=3\cdot 10^{-7}s$.

---

[73] French, A.P. *Relatividad Especial*. Ed. Reverté. Barcelona, 1996, pág. 106.

¿Cuál será el intervalo espacial en S? ¿Cuál es el intervalo de tiempos entre los sucesos medido en S?" ($c = 3 \times 10^8$ m/s)

Los datos medidos en el sistema S son:

$x_1 = 10m$ $t_1 = 2 \cdot 10^{-7}s$ $x_2 = 50m$ $t_2 = 3 \cdot 10^{-7}s$

Utilizando las transformaciones de Lorentz para $\gamma = 1,25$ obtenemos para el suceso (x_1, t_1) en S, sus coordenadas espacio temporales en S' serán (x_1', t_1'):

$x_1' = \gamma (x_1 - vt) = 1,25(10 - 0,6c2 \cdot 10^{-7}) = -32,5$ m

$t_1' = \gamma (t_1 - vx_1/c^2) = 1,25(2 \cdot 10^{-7} - 0,6c10/c^2) = 22,5 \cdot 10^{-8}$ s

Del mismo modo, para el suceso (x_2, t_2) en S se obtendrán en $S'(x_2', t_2')$:

$x_2' = \gamma (x_2 - vt) = 1,25(50 - 0,6c3 \cdot 10^{-7}) = -5$ m

$t_2' = \gamma (t_2 - vx_2/c^2) = 1,25(3 1 \cdot 0^{-7} - 0,6c50/c^2) = 25 \cdot 10^{-8}$ s

Así pues el intervalo especial en el sistema de referencia S es:

$$\Delta x = x_2 - x_1 = 50 - 10 = \mathbf{40\ m}$$

El intervalo espacial en S' será:

$$\Delta x' = x_2' - x_1' = -5 - (-32,5) = \mathbf{27,5\ m}$$

De modo similar, el intervalo temporal en el sistema de referencia S es:

$$\Delta t = t_2 - t_1 = 3 \cdot 10^{-7} - 2 \cdot 10^{-7} = \mathbf{10^{-7}\ s}$$

El intervalo temporal en S' será:

$$\Delta t' = t_2' - t_1' = 25 \cdot 10^{-8} - 22,5 \cdot 10^{-8} = \mathbf{2,5 \cdot 10^{-8}\ s}$$

Las conclusiones, argumentadas con cálculos numéricos concretos, que se derivan del desarrollo anterior son contradictorias a las que nuestros sentidos nos sugieren; pero completamente ciertas para la Física. *Dos sucesos que ocurren en un espacio y en un tiempo en un sistema S tienen otros valores para ese espacio y ese tiempo en el sistema S'.* Puede concluirse pues que los valores del espacio y del tiempo son relativos y dependen del sistema de referencia en el que se midan. De aquí puede derivarse fácilmente que dos sucesos simultáneos en un sistema no tienen por qué serlo en otro.

De todas las ecuaciones descritas, la más impresionante es la que se refiere al tiempo, cuya información es desconcertante: **el tiempo deja de ser algo independiente del espacio** y su transcurso va a depender de la velocidad a la que viajamos. Esto es algo incomprensible para nuestras mentes clásicas e intangible en la experiencia humana. Sin embargo, es matemática y realmente posible para velocidades próximas a la de la luz.

Ya metidos a analistas galácticos podemos continuar comprobando cómo los viajeros de las naves descubren la **contracción las longitudes**: una paradoja aparente que intentaré explicar de manera sencilla. Para eso vamos medir la longitud de un objeto (por ejemplo una barra) en reposo respecto al sistema S (dentro de la nave A). Lo mediremos desde un extremo x_1 al otro x_2. Haremos estas medidas de manera simultánea en el tiempo t; es decir, estamos describiendo en S los sucesos *(x_1,t)* y *(x_2,t)* cuya diferencia espacial nos dará L, la longitud propia del objeto en el sistema S.

$$L = x_2 - x_1$$

Del mismo modo, en el sistema S' (nave B) pretendemos medir esa longitud desde el extremo x_1' al x_2'.

$$L' = x_2' - x_1'$$

Hemos de ser coherentes y tendremos que realizar la medida en el mismo instante t'. Usando las transformaciones de Lorentz obtenemos:

$$x_2 = \gamma\,(x_2'+vt')$$
$$x_1 = \gamma\,(x_1'+vt')$$

Restando ambas expresiones:
$$x_2 - x_1 = \gamma\,(x_2' - x_1')$$

$$L' = L/\gamma$$

Por tanto $L' < L$. Numéricamente para $v = 0,6c$ y $\gamma = 1,25$ tenemos que si un cuerpo tiene una longitud propia en un sistema de referencia en reposo $L = 250\ m$ sus dimensiones instantáneas en el sistema S' vienen dadas por
$$L' = 250/1,25 = 200\ m$$

Se pone así de manifiesto **la contracción de Lorentz**[74], cuya esencia puede resumirse en la siguiente afirmación: *una distancia medida en un sistema de referencia que no sea el sistema en reposo del cuerpo siempre es menor que la distancia propia medida en ese sistema.*

O dicho de otro modo, un objeto en movimiento aparenta sufrir una contracción de sus dimensiones en la dirección del movimiento. Esto es debido a que el suceso simultaneo de la doble medida que se da en el sistema S respecto del que el objeto se encuentra en reposo no es simultaneo en el sistema S'. Dicho de otro modo: el criterio de simultaneidad es diferente y por lo tanto la medida de la longitud también. Una vez más la simetría interviene en nuestra comprensión de los sucesos.

Imaginemos la situación simétrica: en la que la barra se encuentre dentro de la nave B y está en reposo respecto a ella y por lo tanto respecto al sistema S'; cuando los tripulantes de la nave A, que se mueve a $-v$ la midan experimentarán la misma sensación de contracción.

---

[74] En total sintonía con la contracción de Fitzgerald a la que recurrimos anteriormente para explicar el resultado del experimento de Michelson-Morney.

Este razonamiento se plasma en la siguiente figura:

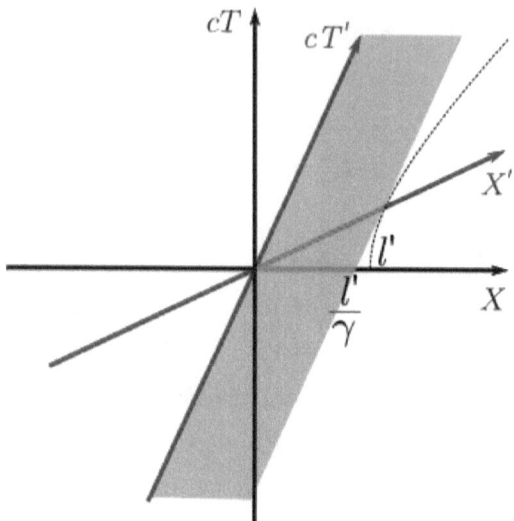

Figura 55. Longitud propia de la barra L' moviéndose con su sistema S' y su correspondiente contracción en el sistema S. El observador que se encuentra en el sistema respecto del cual la barra está en reposo siempre la verá más grande que otro observador que se encuentre en un sistema diferente en movimiento respecto del primero.

Entremos ahora en otra paradoja aparente de la Relatividad Especial: la de la **dilatación del tiempo.** El razonamiento es similar al de la contracción de las dimensiones. Se trata ahora de considerar un único reloj en reposo en un sistema S (dentro de la nave A) que mide dos sucesos en un mismo punto del espacio x_0 separados temporalmente y, por lo tanto, determinados por las coordenadas *(x_0, t_1)* y *(x_0, t_2)*. Utilizando la transformación de

Lorentz tenemos los tiempos medidos para el sistema S' (dentro de la nave B) que se mueve a una velocidad v respecto a S:

$t_2' = \gamma\ (t_2 - vx_0/c^2)$
$t_1' = \gamma\ (t_1 - vx_0/c^2)$

Restando ambas expresiones llegamos a:

$$\Delta t' = \gamma\ \Delta t$$

Podríamos derivar a partir de la expresión anterior que: *Un intervalo de tiempo medido en un sistema que se mueve con respecto a otro es siempre mayor que el tiempo propio medido en el sistema en reposo.*

Deberíamos reflexionar de nuevo sobre lo que ocurre. Puesto que la nave B se mueve, la señal luminosa que informa de que el primer suceso acontece debe "correr tras la nave" y para conseguir informar de que ha ocurrido un segundo suceso debe recorrer más espacio, puesto que la nave se aleja; como consecuencia de ello se producen las discrepancias espacio-temporales entre observadores en sistemas de referencia distintos. Esta es la razón por la que cuando los viajeros del sistema S' (nave B), que ven alejarse a toda velocidad el reloj en S (nave A), aparenta marchar más despacio, o lo que es lo mismo, atrasa con respecto a los relojes S'. Pero si nos pusiéramos con el reloj dentro de la nave B podríamos decir sin temor a equivocarnos que es ella la que está en reposo y lo que se mueve es el exterior, como consecuencia el tiempo propio que nosotros medimos para los fenómenos que ocurran dentro de la nave nos resultará del todo natural y exento de las peculiaridades que acabamos de observar.

La aplicación de la simetría al proceso resulta más dificultosa que en el caso de la barra. La siguiente figura puede que nos aclare la situación.

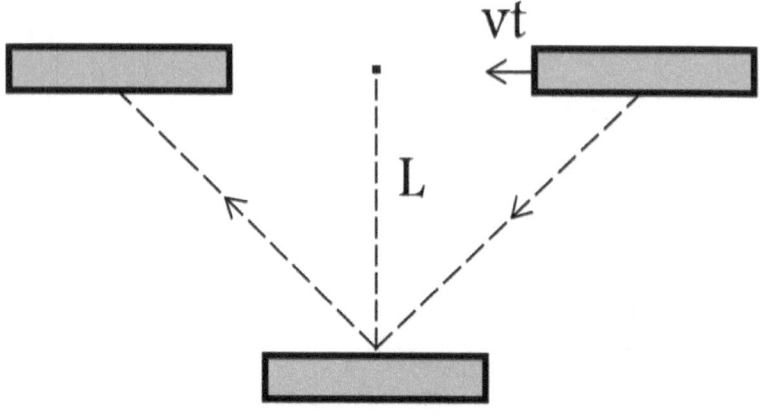

Figura 56. La dilatación del tiempo en relojes en movimiento.

Supongamos que nuestro reloj único está situado en el sistema S' (la nave B). Si los observadores del sistema S (nave A en reposo) quieren averiguar el tiempo que tarda un rayo de luz en hacer un recorrido de ida y vuelta en la nave B de punta a punta necesitan colocar dos relojes sincronizados; uno en el punto de partida 1 y otro en el punto de llegada 2 de los viajeros, mientras el rayo de luz hace su recorrido por la nave B. Para los observadores de la nave A el rayo sigue una diagonal y por tanto hace un recorrido mayor. Los cálculos a partir de la figura son muy sencillos. Aplicando el teorema de Pitágoras el doble camino oblicuo recorrido por el rayo es:

$$2e = 2\sqrt{L^2 + \left(\frac{v\Delta t}{2}\right)^2}$$

Puesto que la velocidad de la luz es constante la esa distancia $2e = c\Delta t$ por lo que

$$c\Delta t = 2\sqrt{L^2 + \left(\frac{v\Delta t}{2}\right)^2}$$

$$\Delta t = \frac{2L}{\sqrt{c^2 - v^2}}$$

Pero el intervalo de tiempo propio medido en la nave B es solamente $\Delta t' = 2L/c$ por lo que:

$$\Delta t = \frac{\Delta t'}{\sqrt{1 - \frac{v^2}{c^2}}} = \gamma \Delta t'$$

La conclusión obtenida para los rayos de luz puede trasladarse de manera sencilla al tic-tac de los relojes. Desde la nave A la separación temporal entre dos pulsos en el reloj de B será mayor que en sus relojes: la dilatación del tiempo en un reloj en movimiento es un hecho. ¿Cuál es la diferencia respecto del planteamiento que hicimos antes? De la misma manera que trasladamos la barra a la nave en nuestro proceso simétrico hemos hecho lo mismo con el reloj único que antes habíamos situado en S y ahora situamos en S'. La simetría de esta situación se plasma matemáticamente en la inversión del factor de Lorentz.

Ha llegado por fin el momento en el que podemos acercarnos a entender el verdadero significado de la Relatividad. Podríamos preguntarnos cosas como las siguientes: Cuando dos cuerpos se mueven uno con respecto del otro ¿cual es el que verdaderamente se mueve?, ¿cual es el que se encoge?, ¿en cual de los dos transcurre el tiempo más despacio? Pues bien, por fin tenemos la solución a esas preguntas. La Relatividad Especial las contesta diciendo: **todo depende de en qué cuerpo nos situemos.** Para cada uno será el otro el que sufra los efectos del movimiento (contracción espacial y dilatación temporal), lo cual aparentemente es una paradoja que podemos desbaratar de inmediato con la manida frase de **"todo es relativo"**. O dicho de otro modo: los viajeros de la nave A perciben que un cuerpo que viaja en la nave B que se mueve a gran velocidad con respecto a A sufren una contracción espacial y los intervalos de tiempo de los relojes una dilatación temporal. A los viajeros de la nave B les ocurre exactamente lo mismo. Ellos se consideran en reposo viendo pasar a toda velocidad a la nave A, contraídos en ella los objetos y dilatados los tiempos.

Quisiera poder resumir todo el desarrollo anterior que nos ha llevado a confundir de manera ya irremisible a nuestros sentidos e incluso a nuestro sentido común: *para un suceso determinado existen un espacio y un tiempo propios medidos en el sistema de referencia del propio suceso.*

En unas pocas páginas, basándonos siempre en que todo depende del sistema desde el que hagamos las observaciones, hemos explicado varias paradojas aparentes de la Teoría Especial de la Relatividad: la contracción de las dimensiones de los objetos en movimiento, la dilatación del tiempo en los relojes que se mueven, el concepto de simultaneidad. Deberíamos darnos por satisfechos. Sin embargo no quisiera abandonar estas discusiones sin mencionar la célebre "paradoja del viajero de Langevin", popularmente denominada **paradoja de los gemelos.**

Existe una amplia bibliografía que permite resolver esta paradoja abordándola desde la Relatividad Especial o desde la Relatividad General. El problema fue objeto de discusiones y controversias en la comunidad científica durante la primera mitad del siglo XX. El propio Einstein tardó años en resolverla. Existen planteamientos cualitativos y cuantitativos para dar la solución; algunos verdaderamente complejos. Aquí vamos a apoyarnos en los razonamientos propuestos por A.P. French. Vamos a hacer una pequeña adaptación de los mismos a un caso concreto. Supongamos dos hermanos gemelos a los que llamaremos Carlos y Luis, que viven en la Tierra o sistema S (en reposo). Carlos se queda en el planeta, pero Luis monta en una nave y viaja hacia una estrella situada a $L = 4$ *años-luz*[75] $= 4kc$ *km* de la Tierra. Entre la ida y la vuelta (8 años-luz = 8kc km). Su velocidad es muy alta: $v = 0,8c$ *km/s* y por lo tanto el factor de Lorentz

$$\gamma = \frac{1}{\sqrt{1 - \frac{v^2}{c^2}}} = 1,667$$

Realizamos para el viaje completo de ida y vuelta las siguientes suposiciones: Luis despega y alcanza la velocidad constante v en un tiempo despreciable y lo mismo ocurrirá cuando, a su regreso, aterrice. El viajero invierte súbitamente el sentido de la marcha. Aceptando estas dos condiciones evitamos encontrarnos con el escollo de la aceleración.

Con estas premisas Carlos, el gemelo terrestre, hace los cálculos del tiempo Δt que transcurre en su reloj propio en reposo de la tierra y los que predice para su hermano viajero $\Delta t'$.

$\Delta t = e/v = 2L/v = 8kc/0,8c = 10k$ *segundos* = **10 años**

De acuerdo con la transformación de Lorentz, la contracción espacial sería:

$2L' = 2L/\gamma = 8/1,667 =$ **4,8 años- luz**

---

[75] *1 año-luz* es la distancia que la luz recorre en un año. Como la velocidad de la luz es $c= 300.000$ *km/s*; si en un segundo recorre *300.000 km*, en un año recorrerá $300.000 \cdot (60 \cdot 60 \cdot 24 \cdot 365) = 9,4608 \cdot 10^{12} km$; o dicho de otro modo $c \cdot 31.536.000$ *km*. Si llamamos $k=31.536.000$ *segundos/año* podremos decir que la luz recorre en un año la distancia de **kc** km.

Por lo tanto el tiempo que Carlos cree que medirá su hermano es:

$\Delta t' = e'/v = 2L'/v = 4,8kc/0,8c = 6k\ segundos =$ **6 años**

Así pues, teniendo en cuenta la contracción de dimensiones y la dilatación del tiempo para un objeto que se mueve a gran velocidad, podemos concluir que el tiempo propio para Carlos, el terrestre, fue de 10 años, mientras que el tiempo que Carlos estima que ha pasado para su hermano viajero, fue de 6 años; por lo que cuando Carlos y Luis se reencuentren debería acontecer que fuera sea cuatro años más joven que Carlos.

La paradoja surge al ponernos en la posición de Luis. Desde su punto de vista es la Tierra con su hermano Carlos dentro la que hace el viaje de ida y vuelta; y por lo tanto de acuerdo con los cálculos de Luis será su hermano terrestre el que sufra la dilatación temporal y deberá ser más joven en el reencuentro. Hemos llegado a una situación absurda.

¿Cómo se resuelve esta paradoja?

Se resolvería si se pudiera precisar quién envejece más aprisa realmente y cuál es el fallo que hay en la suposición de que según el gemelo de la tierra su hermano envejece más lentamente.

Tomémonos nuestro tiempo, nunca mejor dicho, y volvamos a analizar el problema. A simple vista todo va bien y la argumentación parece coherente; desconcertante, pero coherente y surgida de una aplicación literal de los conceptos de contracción del espacio y dilatación del tiempo.

La situación paradójica a la que hemos llegado se solucionaría de manera simple si argumentamos considerando dos sistemas inerciales entre los que hay una simetría perfecta, es decir, uno se aleja de otro con movimiento rectilíneo y uniforme o viceversa; en cuyo caso los dos hermanos nunca volverían a encontrarse y nunca podrían enfrentar sus relojes para iniciar la discusión Sin embargo hay algo que falla en la esencia del planteamiento. Nosotros lo que queremos es que los gemelos se reencuentren y nos den una respuesta sobre quién es más joven o más viejo.

Las situaciones en las que se encuentran Carlos y Luis no son simétricas. Carlos ha permanecido todo el tiempo en su sistema de referencia S (en reposo, en la Tierra); pero Luis no permanece todo el tiempo en el mismo sistema S'. **El hecho de cambiar de dirección para dar la vuelta y regresar es decisivo**, pues implica un cambio de sistema de referencia y rompe la simetría que permitía comparar las situaciones. Luis ha cambiado de un sistema inercial a otro y Carlos no se ha movido del suyo. No puede, por lo tanto llegar a conclusiones simétricas a las de su hermano. Resultará, teniendo en cuenta ese cambio, que cuando Luis mida sus tiempos llegará a la conclusión de que para él el tiempo ha pasado más despacio; es decir, que su hermano es más viejo que él. Por lo tanto cuando ambos se encuentren Carlos será realmente más viejo que Luis. Ambos estarán de acuerdo y no habrá paradoja: el envejecimiento asimétrico es real.

Es lógico pensar, llegados a este punto, que el error puede haber sido el evitar hablar de aceleraciones. Pensemos un poco en ello. Si las consideramos nos daremos cuenta que se ponen de manifiesto en tres momentos: cuando Luis despega de la Tierra, cuando llega a la estrella y frena para invertir el movimiento acelerando de nuevo y cuando frena para aterrizar. Podemos volver a argumentar sin dudarlo que el sistema de referencia de Luis está cambiando; o mejor, Luis está realizando varios cambios de sistema de referencia lo cual hace que la simetría de nuestro problema se rompa volviendo a encontrarnos con la misma conclusión cualitativa a la que llegamos antes.

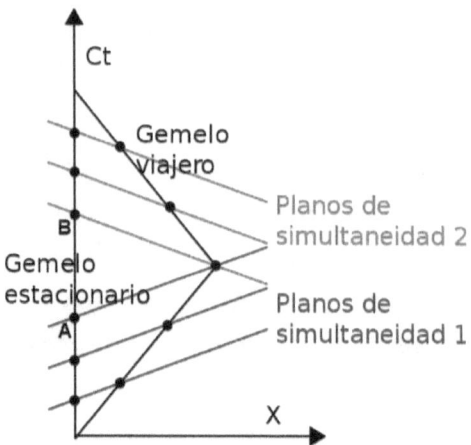

Figura 57. Solución gráfica de la paradoja de los gemelos. En este diagrama espacio-temporal la línea quebrada ascendente representa a Luis en su viaje de ida y vuelta a la Tierra, la cual se desplaza, con Carlos, a lo largo del eje vertical. que muestra al gemelo alejarse (primer tramo línea negra) y regresar a la Tierra. Como se ve, los planos de simultaneidad cambian de dirección cuando el gemelo viajero da la vuelta, de manera que la distancia entre A y B representa la diferencia de envejecimiento entre ambos hermanos.

Quisiera en este momento señalar que este planteamiento de los gemelos es únicamente un problema mental y el soñar con convertirnos en Luis es un caso de ciencia ficción, pues nunca podremos viajar a esas supervelocidades; sin embargo, las partículas subatómicas sí las alcanzan y por lo tanto sufren dilataciones temporales y contracciones espaciales que pueden ser determinadas experimentalmente; es decir, nuestra construcción mental se convierte en un problema con demostración plausible. Más adelante analizaremos experimentos que se han realizado para medir el retraso de relojes atómicos en movimiento o la contracción del espacio que sufren partículas subatómicas que se mueven a altas velocidades.

Volvamos ahora de nuevo a la transformación de Lorentz porque todavía ofrece más sorpresas. Einstein, teniéndolas en cuenta, construye la Cinemática y la Dinámicas relativistas. Y lo hace después de realizar un profundo análisis de las nociones clásicas de tiempo y espacio absolutos.

La solución del sabio tomó forma en dos principios, que son los cimientos de la llamada Teoría de la Relatividad Especial.

1. *Las leyes de los fenómenos físicos y, particularmente las del electromagnetismo, son las mismas en todos los referenciales de Galileo.*

2. *Para todos los referenciales de Galileo, la velocidad de la luz es la misma en todas las direcciones.*

El Primer Principio equivale a decir que la transformación de Lorentz es la que tiene sentido físico, ya que justifica el experimento de Michelson, haciendo posible que la luz presente una velocidad constante independiente del sistema de referencia, cosa que no puede hacer la de Galileo.

El Segundo Principio implica la modificación de la ley de composición de velocidades.

Ya hemos ilustrado abundantemente el primero; veamos a dónde nos conduce el segundo. Para ellos volvamos a nuestros sistemas S y S', el segundo moviéndose a una velocidad v respecto al primero (siempre suponemos este movimiento en el eje x para simplificar los cálculos).

Supongamos un móvil que se desplaza en a una velocidad u_x en S. ¿Cuál será su velocidad en S'?

La Mecánica Clásica nos daría la siguiente solución:

$$u_x' = u_x - v$$

En la Mecánica Relativista de Einstein, esta expresión se convierte en:

$$u_x' = \frac{u_x - v}{1 - \dfrac{u_x v}{c^2}}$$

Expresiones similares se obtienen para u_y, u_z.

Este resultado contiene significados muy interesantes. Si la velocidad del móvil es pequeña comparada con la velocidad de la luz *(u_x<<c)* y la velocidad relativa del sistema S' también es pequeña *(v<<c)*, que es lo que ocurre en los fenómenos de nuestra vida cotidiana, entonces el cociente $u_x v/c^2$ es despreciable, nos conduce a la solución clásica, lo que implica decir que la Mecánica Clásica está englobada en la Mecánica Relativista. Por otra parte, si $u_x = c$, es decir, si consideramos como móvil la propia luz, obtenemos $u_x' = c$ cualquiera que sea la velocidad relativa v de *S'* con respecto a *S*; o sea, **la constancia de la velocidad de la luz respecto de la velocidad de la fuente.**

Resulta difícil entender cómo el propio Lorentz no se dio cuenta de estas relaciones; no obstante así fue. Estaban, quizás, reservadas para la intuición del Albert Einstein. Pero la potencia de los instrumentos que Lorentz puso en sus manos llegaría mucho más lejos: la interdependencia espacio-temporal será muy fructífera para las pocas mentes que en los comienzos del siglo XX lograron librarse de los corsés newtonianos. Si continuáramos aplicando las transformaciones de Lorentz construiríamos las ecuaciones de la Mecánica Relativista para la cantidad de movimiento[76] y la energía,

---

[76] En la Mecánica Clásica se define como el producto de la masa de un móvil por su velocidad.

así como los principios de conservación del movimiento de un cuerpo en distintos sistemas de referencia.

Existe en la Relatividad Especial una estrecha relación entre la masa y la energía. Los principios de conservación de la masa y de la energía eran conocidos desde hacía tiempo. Einstein unificará estos dos principios en uno: **el principio de conservación de la materia-energía**, que se condensa en la expresión[77] $E=mc^2$ y cuya traducción es la posibilidad de que la materia se pueda transformar, en determinadas condiciones, en energía; y viceversa.

Aunque esta mítica ecuación puede deducirse por un desarrollo matemático formal, Einstein también lo hizo a través un experimento mental que se conoce con el nombre de "Caja de Einstein" y que es el que vamos a exponer a continuación.

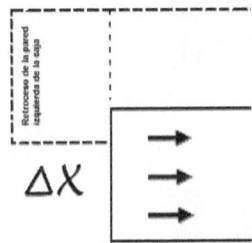

Figura 58. El experimento ficticio de la Caja de Einstein parte de la idea de que al emitir rayos de luz desde la pared de una caja esta debe retroceder con un impulso igual y de sentido contrario al que tienen los rayos.

Einstein imaginó un recipiente de masa M y longitud L como un sistema aislado en reposo. Desde una de las paredes se

---

[77] Tal como se plantea este icono de la Ciencia, la expresión podría incitarnos al error pensando que toda la masa de un cuerpo puede transformarse en energía. Deberíamos escribir $E=\Delta mc^2$; es decir, solamente una pequeña cantidad de materia se transforma en energía.

emite un rayo de luz de energía **E.** Experimentalmente se conoce la relación entre la energía de un fotón y su cantidad de movimiento[78]:

$$E = cp \text{ y por lo tanto } p = E/c.$$

Para que se cumpla el principio de conservación de la cantidad de movimiento[79] la caja debe responder con una cantidad de movimiento que contrarreste al anterior **−E/c,** experimentando un retroceso a una velocidad **v.** Puesto que su cantidad de movimiento es **Mv** tendremos:

$$v = -E/Mc$$

Después de recorrer la longitud **L** de la caja en un tiempo **Δt = L/c** el rayo de luz se estrellará contra la otra pared comunicando a la caja un impulso de igual magnitud y sentido contrario al primero y consiguiendo que la caja vuelva a quedar en reposo. En el tiempo que el rayo invirtió en cruzar la caja esta se desplazó un espacio que llamaremos Δx. Por lo tanto:

$$\Delta x = v \Delta t = -Ev/Mc = -EL/Mc^2$$

Considerando que el sistema está aislado, para "evitar" que el centro de masas de la caja se desplace es necesario suponer que el rayo de luz ha "transportado" una cantidad de masa ficticia **m** de uno a otro extremo. En consecuencia:

$$mL + M\Delta x = 0$$

Combinando las dos últimas ecuaciones se puede despejar la energía concluyendo que su valor es **E = mc²**. Esta ecuación viene a indicar con toda claridad que existe una equivalencia entre masa y energía o, lo que es lo mismo, que masa y energía son magnitudes íntimamente relacionadas ya que expresa la inercia fundamental que posee la energía. Estos hechos no se ponen de

---

[78] French, A.P. *Relatividad Especial.* Ed. Reverté. Barcelona, 1996, pág. 18.
[79] En un sistema cerrado la suma de las cantidades de movimiento de los cuerpos que interactúan es constante.

manifiesto en el mundo cotidiano, pero son esenciales en Física Atómica. Hemos de pensar en una central nuclear, donde se destruye materia para generar energía. Desgraciadamente la primera gran muestra palpable de todo esto fue la bomba atómica que destruyó Hiroshima el 6 de agosto de 1945.

Lo más hermoso de la Teoría de la Relatividad, una vez asimilados todos los conceptos que nos han traído hasta aquí, es su papel unificador dentro de la Física. Se trata de un instrumento potentísimo; pero al mismo tiempo muy versátil, que puede funcionar a distintos niveles. Por ejemplo, puede justificar de la misma manera que la Mecánica Clásica los fenómenos cotidianos, es decir, esta Mecánica se puede obtener de la simplificación de la Mecánica Relativista y a la vez, justifica y predice los procesos físicos que escapan fuera de nuestro alcance: partículas en movimiento, fenómenos atómicos y radiactivos, etc. Sin embargo, pese a todas estas reflexiones podemos considerar a Einstein como un físico eminentemente clásico, ya que todas las magnitudes con las que trabaja: tiempo, espacio, masa y energía dejan intacta la noción de continuidad de las magnitudes físicas. Su visión diferente de las cosas se muestra a través de las siguientes palabras:

> "Que la Teoría Especial de la Relatividad es sólo el primer paso de una evolución necesaria no se me hizo completamente claro hasta que intenté representar la gravitación en el marco de esta teoría". [49]

Recuerdo que hace años pregunté a un profesor sobre la Teoría de la Relatividad, abrumado por la fama de Einstein. Este hombre, después de meditar unos instantes, me relató un pequeño cuento, posiblemente sacado de alguno de los muchos libros de divulgación sobre el tema:

> "Imagínate —me dijo— unos extraños seres que vivieran y sintieran en una sola dimensión, que fueran los habitantes de una recta. ¿Cómo verían un círculo, figura que existe en una dimensión desconocida para ellos? Para los científicos de esta raza, el círculo vendría dado por dos puntos separados por una cierta distancia: los dos puntos de corte con la recta. Su realidad serían dos puntos; la verdad sería un círculo. Y si imaginamos otra especie de seres que viviesen y sintiesen en dos dimensiones, ¿cómo comprenderían una esfera? Su realidad sería el círculo que deja al ser cortada por su hábitat plano. Imaginemos, por último, la especie humana, que habita en un mundo tridimensional al que ajusta sus observaciones...Las cosas no siempre son lo que parecen. Ese es el gran mérito de Einstein: saber ver las cosas con la inteligencia y no con las pautas que dictan los sentidos".

El joven Einstein abrió una puerta más en el intelecto haciendo ver la posibilidad de salvar esta limitación espacial, creando el mundo espacio-temporal de cuatro dimensiones que es necesario para explicar fenómenos que sobresalen de lo cotidiano, enmarcándose en el microcosmos de los átomos o en el macrocosmos de las estrellas. Albert Einstein, sin duda, se movió por los extremos de la Ciencia y los amplió hasta límites difícilmente superables.

3.2.3 Hacia la Relatividad General.

Entender la Relatividad General de Einstein no es fácil. Existe una anécdota curiosa al respecto que merece ser mencionada. Cuando Silberstein[80] preguntó a Eddington[81] tras el eclipse de 1919 en el que se acababa de confirmar la predicción de Einstein de que la luz se curvaba por la gravedad:

> "Profesor, usted debe ser una de las tres personas en el mundo que entiendan la Relatividad ¿verdad?". —Eddington se quedó dudando y Silberstein insistió—: "Vamos, profesor, no sea modesto". [50]

Eddington respondió:

> "Al contrario, intento pensar quién es la tercera…". [51]

La esencia de la Relatividad Especial puede expresarse de forma esquemática diciendo: *la velocidad de la luz es constante, sea cual fuere el estado de movimiento en el que se halle el observador y todo fenómeno de la naturaleza se realiza exactamente según las mismas leyes, tanto en un sistema como en otro que se mueva de manera rectilínea y uniforme con respecto al primero.*

---

[80] Ludwik Silberstein (1872-1948), físico polaco discípulo de Einstein que contribuyó de manera decisiva en la comprensión e interpretación de la obra del sabio.
[81] Arthur Stanley Eddington (1882-1944), astrofísico británico que probó experimentalmente la validez de la Teoría de la Relatividad General.

No es aquí el lugar, ni podemos, exponer los enormes esfuerzos que Einstein tuvo que hacer en el campo matemático para poder dar el salto de la Relatividad Especial a la Relatividad General. La condición de movimiento uniforme impone una restricción enorme, podríamos decir que ata de pies y manos las ideas que el sabio expuso en su artículo de 1905, puesto que la mayoría de los fenómenos de la naturaleza no cumplen este requisito, ya que la aceleración casi siempre hace acto de presencia; por ejemplo, en los movimientos circulares aparece de forma intrínseca, debida al cambio en la dirección del vector velocidad. Esto ocurre en el movimiento de los electrones en torno al núcleo o en el movimiento de planetas y satélites. Todo esto nos lleva a pensar que estos fenómenos no pasarían por el tamiz de la Relatividad.

Para superar estas dificultades Einstein contó con dos aportaciones fundamentales que partieron de las Matemáticas. La primera fue la de su antiguo profesor en Berna, **Minkowski,** que, entusiasmado desde los primeros momentos con la obra de su discípulo, se preocupó durante varios años de desarrollar las implicaciones matemáticas que se derivan del principio de la Relatividad. Él fue uno de los pocos que comprendió el verdadero significado del espacio-tiempo y el que dio forma al **concepto de intervalo** que tanto servirá al sabio en su camino hacia la idea del espacio-tiempo tetradimensional. Para comprender mejor este concepto regresemos de nuevo a nuestra aventura espacial suponiendo que nuestras naves A y B son testigos de dos sucesos. Recordemos que ambas están en movimiento relativo rectilíneo y uniforme. Por lo tanto A considerará que los dos acontecimientos están separados una distancia x y un tiempo t y B los observa separados por x' y t'. Los capitanes de ambas naves comparan los valores y discrepan en ambos. Ahora bien, a uno de los oficiales más destacados de A se le ocurre lo siguiente: mide la distancia espacial entre los dos sucesos x; y mide la distancia temporal entre los mismos t, transformando esta medida del tiempo en una medida de longitud, considerando el espacio que recorrería la luz en ese tiempo ct, calcula $x^2 - (ct)^2$. Informa del resultado a la nave B y pide a sus tripulantes que hagan los mismos cálculos con sus coordenadas. Así los de la segunda nave calculan $x'^2 - (ct')^2$. La conclusión es sorprendente: ambos valores coinciden y algo que parecía un inocente juego se transforma en un arma matemática muy potente. Aparece una magnitud (intervalo) que puede ser medida por cualquier observador y que tiene el mismo valor, independientemente del movimiento relativo.

Minkowski reflexionó durante mucho tiempo sobre esta curiosa particularidad y estableció una comparación geométrica sencilla: supongamos que tenemos dos sistemas de referencia en el mismo origen O, pero que son distintos. Uno sitúa un punto del plano (x,y) y el otro en $(x'y')$, para ambos $x^2 + y^2$ y $x'^2 + y'^2$ coinciden, siendo la distancia OP.

Minkowski relacionó estas sencillas expresiones con la obtenida antes $x^2 - (ct)^2$. A través de la unidad imaginaria $i = \sqrt{-1}$ transformó esta segunda expresión en las primeras:

$$(distancia\ espacial)^2 + (distancia\ temporal\ i)^2$$

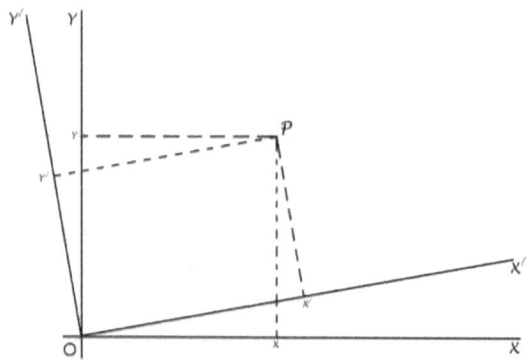

Figura 59. Sistemas de referencia para la situación del punto P.

Creo que gracias a esta similitud, el propio descubridor se convenció a sí mismo del significado del espacio-tiempo. Concluyó que *el tiempo es una cuarta dimensión que, cuando se expresa en unidades de longitud, se combina en condiciones de igualdad con las otras tres dimensiones espaciales*. Además, la comparación de ambas conclusiones parece consolar a nuestra mente tridimensional por haber logrado una representación inteligible del espacio-tiempo de la que estábamos tan necesitados, ya que desde el punto de vista real tal representación es imposible.

Einstein supo agradecer las aportaciones de su maestro y en uno de sus libros ofrece una reflexión sobre las sensaciones que le produce el espacio-tiempo de cuatro dimensiones:

> "El no matemático se siente sobrecogido por un escalofrío místico al oír la palabra "cuadridimensional", una sensación no disímil de la provocada por el fantasma de

una comedia. Y, sin embargo, no hay enunciado más banal que el que afirma que nuestro mundo cotidiano es un continuo espacio-temporal cuadridimensional". [52]

Otra aportación esencial para Einstein la recibirá de la obra de **Gauss** (1777-1855) y **Riemann** sobre la Geometría no Euclídea. Para comprenderla les pediré que me acompañen al diminuto mundo de los seres del plano de los que antes he hablado. Sus matemáticos y los nuestros comparan sus conocimientos de Geometría. Para ello señalan en el plano, ámbito de conocimiento común, tres puntos y deducen las relaciones entre ellos, llegando a una serie de conclusiones coincidentes como estas:

- La distancia más corta entre dos puntos es la línea recta.
- La suma de los ángulos del triángulo dado por la unión de los tres puntos es 180.
- Si el triángulo es rectángulo se cumple el Teorema de Pitágoras.

Los matemáticos de ambos mundos están de acuerdo. Sus Geometrías son iguales. Ello se debe a que la Geometría que conocen los seres del plano es euclídea[82]. Contentos con el consenso los dos grupos de estudiosos comparan sus conocimientos con una nueva raza de seres que no viven en un plano, sino en una superficie curva, por ejemplo la de una esfera.

---

[82] El espacio euclídeo es infinito, puesto que una recta puede prolongarse en él indefinidamente; y homogéneo, puesto que las figuras geométricas no son modificadas por desplazamientos (rotaciones, traslaciones, etc.). En la Geometría Euclídea se conservan las longitudes, la medida de los ángulos y la dimensión y forma de las figuras.

Los matemáticos de este mundo dibujan los tres puntos y el triángulo..., pero su idea de un triángulo es más bien diferente: el triangulo se abomba y sus lados se curvan.

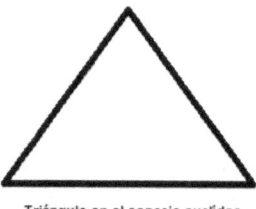
Triángulo en el espacio euclídeo

Triángulo en el espacio no euclídeo

Figura 60. En una superficie como la esférica no se cumplen las leyes de la geometría euclídea. Por ejemplo, la distancia más corta entre dos puntos de la superficie no es la línea recta, sino una línea curva llamada geodésica.

Las conclusiones a las que llegan son también muy distintas:
- Para ellos no tiene sentido hablar de línea recta, pues esta no existe en su Geometría. Los lados del triángulo son curvas, porciones de tres circunferencias secantes. La distancia más corta entre dos puntos es una curva.
- Los ángulos de su triángulo no suman 180, sino un poco más; y la suma depende del lugar de la superficie en el que lo dibujen y de su tamaño.
- No entienden el Teorema de Pitágoras ni otros teoremas euclídeos.

Así pues, las diferencias son totales. La Geometría de estos seres no es euclídea. Sus relaciones geométricas difieren de las de los seres del plano.

Gauss desarrollo la Geometría no Euclídea de las superficies curvas y más tarde Riemann trasladaría sus conclusiones al espacio tridimensional, construyendo una Geometría Espacial no Euclídea que será utilizada por Albert Einstein.

En el espacio que nos rodea y que acoge los fenómenos cotidianos la Geometría Euclídea funciona perfectamente. Por ejemplo, la distancia entre dos puntos puede calcularse de forma simple aplicando dos veces el Teoremas de Pitágoras. $R^2 = x^2 + y^2 + z^2$

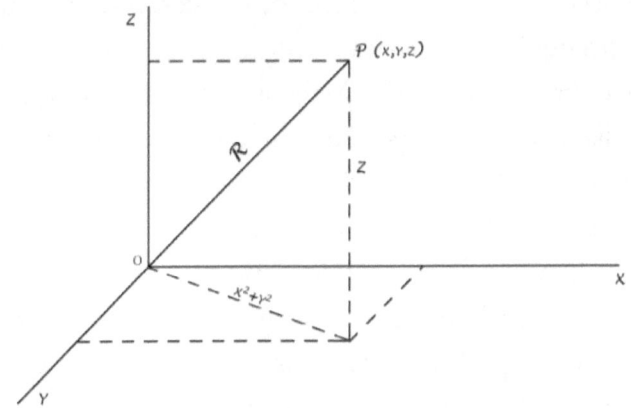

Figura 61. Distancia entre dos puntos en la Geometría Euclídea (ejes cartesianos).

Pero Einstein va a tratar el tema de la gravitación a nivel general y por lo tanto el espacio en el que trabajará es tan inmensamente grande que, según el propio Riemann, no hay razón para pensar que este deba cumplir las condiciones euclídeas. ¿Por qué no podría comportarse como lo hacía la superficie de la esfera? Nace así un nuevo concepto de Geometría aplicado al mundo real donde la distancia entre dos puntos ya no es la línea recta, sino la **geodésica**, línea curva y dependiente de los objetos situados entre los puntos. Se nos presenta entonces la imagen de un espacio curvo en el que la materia va a ser la responsable de los plegamientos.

La transformación de nuestra mentalidad clásica alcanza su momento culminante: hemos negado el principio de la suma de velocidades (recordemos el experimento de Michelson); nos hemos introducido en un espacio-tiempo tetradimensional; hemos diseñado una nueva magnitud, el intervalo, medible desde cualquier sistema de referencia; y terminamos hablando de la curvatura del espacio. Después de conceptos tan revolucionarios, la primera reacción de nuestra mente es el rechazo; el intento de retomar la tan ansiada tranquilidad clásica, reconfortada por el buen funcionamiento "mundano" de su Mecánica. No puedo sino sentir cierta melancolía de tener que asirme a estos nuevos conceptos que desconciertan la cuidada disposición de los conocimientos que he ido adquiriendo y colocando en las estanterías newtonianas. Argumentos no han faltado para atacar estas nuevas ideas; pero no se sostienen porque las evidencias experimentales le dan la razón a Einstein. Mas el no poder representar la Ciencia que el sabio construye en su teoría y asumirla a través de los sentidos es una especie de tortura.

Después de estas reflexiones, adentrémonos de nuevo el pensamiento de Albert Einstein, abriendo camino con un símil ideado por él mismo:

> "Supongamos que en cierto lugar del Universo hállase un físico metido en un cajón cerrado, y este físico observa que todos los cuerpos abandonados a sí mismos adquieren una determinada aceleración, que es, por ejemplo, caer todos en el suelo de la caja con una aceleración constante. Nuestro

físico encajonado podría explicarse este fenómeno de dos mareras: primero admitiendo que el cajón yace inmóvil en un astro o cuerpo celeste, y refiriendo la caída de los cuerpos en él al influjo de la gravitación en ese astro; segundo, admitiendo que el cajón se mueve hacia "arriba" con una aceleración constante y, en ese caso la caída de los cuerpos se explicaría por su inercia. Ambas explicaciones son igualmente posibles, y nuestro físico no posee medio alguno para decidir entre ellas". [53]

Masa inerte igual a masa gravitatoria, o lo que es lo mismo fuerza de inercia equivalente a fuerza gravitatoria. Este es el llamado **Principio de Equivalencia** y fue considerado desde el primer momento por el propio Einstein como una idea clave que le abriría las puertas de la Relatividad General.

Vamos a recrearnos unos instantes en la deducción de este principio y en sus repercusiones. Para ello volveremos a nuestras naves espaciales. Tomemos unas pequeñas lanzaderas y salgamos de exploración. La lanzadera A se encuentra estacionada sobre la superficie de la Tierra, mientras que la B se aleja del planeta con **movimiento rectilíneo acelerado**. Para favorecer y simplificar la argumentación le daremos a esa aceleración el valor de 9,8 m/s^2, igual al valor de la gravedad terrestre. En ambas lanzaderas los técnicos han diseñado una serie de experimentos a fin de comparar los resultados. El primero consiste en colgar un peso de un muelle y observar lo que acontece. En la nave posada en Tierra el muelle se estira por la acción de la gravedad sobre el objeto colgado. En la nave viajera el estiramiento es el mismo debido a la aceleración porque la inercia del objeto se resiste a tal aceleración. Otra de las pruebas consiste en soltar un cuerpo desde el techo de las naves. Los de la Tierra comprueban que cae con movimiento acelerado debido a la atracción gravitacional, mientras que los del espacio observan como el suelo de la lanzadera es el que se acerca al cuerpo que, al soltarse del techo ha perdido su calidad de acelerado. En otro experimento lanzan objetos desde las paredes laterales comprobando que sus trayectorias se curvan. El comportamiento de los cuerpos en los tres experimentos que hemos descrito es el mismo en las dos lanzaderas[83]. Ante tanta similitud los científicos piensan en realizar pruebas más serias. Lanzan un rayo de luz de forma perpendicular al movimiento de la lanzadera B. Se observa que se produce una curvatura del rayo que al partir de una de las paredes se vio liberado de la aceleración a la que estaba sometida la fuente y ahora viaja libremente a través de la nave acelerada. En este punto es donde el genio de Einstein alcanza toda su dimensión; da un salto cualitativo y supone que no sólo los fenómenos mecánicos son idénticos, sino que todos los fenómenos físicos han de presentar esta condición. La conclusión es inmediata: *la luz se curva al entrar en un campo gravitatorio*[84].

---

[83]La conclusión es clara: cualquier experimento de Mecánica tiene los mismos resultados en una nave que en la otra. La distinción entre ambos sistemas se hace imposible
[84] Einstein no podrá utilizar inmediatamente esta idea; pero lo hará más adelante.

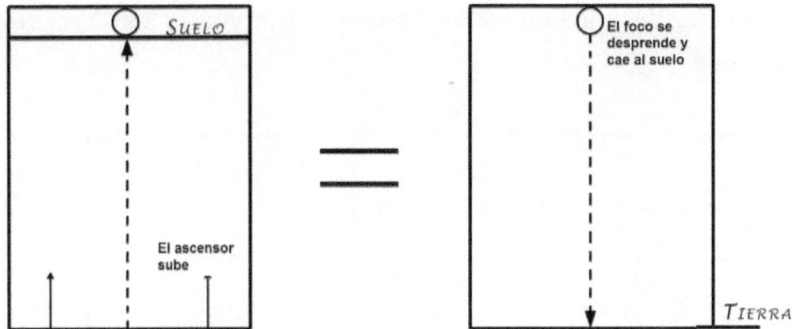

Figura 62. Uno de los experimentos ideados por Einstein.

Entremos ahora en otras cuestiones. Regresemos de nuevo a las gigantescas naves nodriza: la A estacionada en la Tierra y la B en el espacio, alejándose con **movimiento acelerado**. Los capitanes, después de los enormes esfuerzos para sincronizar sus relojes, realizan una comprobación de rutina. Los tripulantes de la nave B comprueban con desasosiego cómo el reloj B_2 atrasa cada vez más respecto a B_1. La explicación es la siguiente: cuando B_1 lanza el rayo informativo hacia B_2 la luz va en contra del movimiento acelerado de la nave y llega antes de lo previsto a B_2, igual que llega antes al suelo la bombilla de un ascensor que sube, cuando se desprende en el momento de arrancar. Por lo tanto B_1 considera que no hay sincronía en los relojes y que B_2 se retrasa; y además, el efecto de retraso es continuo porque el movimiento es acelerado y el rayo tendrá que hacer cada vez menos recorrido. La situación se invierte vista desde B_2; ya que el rayo, al partir en la dirección del movimiento, tiene que recorrer cada vez más espacio ante un B_1 que se le escapa aceleradamente. Es comprensible que B_2 crea que B_1 adelanta cada vez más. Lo mismo debería ocurrir en la nave A por el Principio de Equivalencia de modo similar a lo ocurrido con los demás experimentos.

Profundicemos en este fenómeno observando las siguientes figuras:

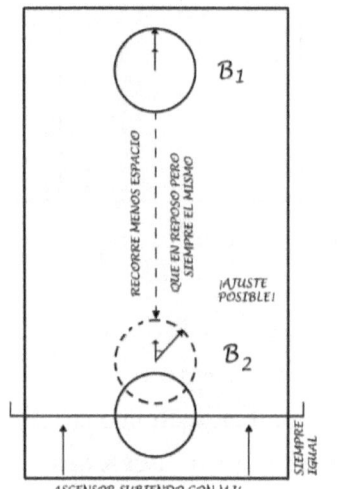 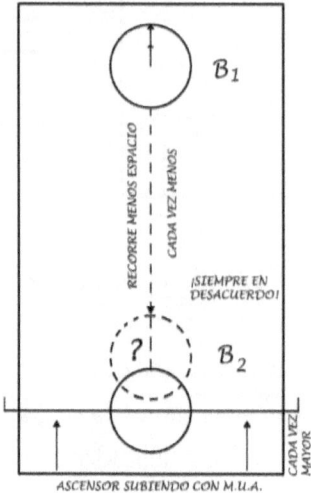

Figura 63. Comportamiento de los relojes en la nave B. En la imagen de la izquierda la nave se mueve con mru y por lo tanto el ajuste de relojes es posible. En la imagen de la derecha el movimiento es acelerado y el desajuste entre los relojes aumenta cada vez más.

Veamos qué conclusiones pudo extraer el sabio de tan enrevesados juegos intelectuales:

- En primer lugar, es obvio que no está de acuerdo con la existencia de fuerzas de acción a distancia instantáneas, como la mayoría de sus coetáneos, pues no hay nada más rápido de la luz.
- Si los rayos luminosos se curvan en un campo gravitatorio entonces la velocidad de la luz no es

constante dentro de dicho campo; puesto que cambia de dirección, por lo tanto la magnitud de la curvatura en cada punto puede ser una medida de la intensidad del campo en ese punto, es decir, una especie de potencial gravitatorio.

- El tiempo se deforma dentro del campo gravitatorio de manera imprevisible. Pero el tiempo está íntimamente relacionado con el espacio, lo ha demostrado la Relatividad Especial, por lo tanto una deformación del tiempo lleva consigo una deformación de las dimensiones espaciales.

Tras tanta argumentación, Einstein se convence definitivamente de un hecho: Las tan manidas coordenadas espaciales y temporales de las que la Física depende de manera irremediable son simples instrumentos de catalogación de fenómenos; los sistemas de coordenadas son todos relativos, arbitrarios y superfluos; lo verdaderamente importante no está en los valores que adopte un acontecimiento cualquiera, sino que el objetivo de la Física es encontrar una ley que describa el fenómeno a través de unas ecuaciones físicas que sean independientes del sistema de referencia, adquiriendo así la Física dimensiones de generalidad y universalidad. A este principio lo denominó el propio sabio **Principio de Covarianza General**.

Para lograr este objetivo Einstein necesitaba nuevas Matemáticas; instrumentos teóricos que le permitiesen trabajar dejando de lado las rígidas coordenadas newtonianas. Una vez más, la suerte se alió con él ya que su gran amigo Marcel Grossmann se había convertido por aquel entonces en un matemático destacado y su especialidad coincidía con las necesidades de nuestro investigador. Grossmann dominaba un potente instrumento matemático denominado Cálculo Tensorial. Para comprender la aplicación física de este cálculo veamos un ejemplo: imaginemos a dos personas hablando por unos radioteléfonos. Cada una indica su posición a la otra en términos de latitud y longitud. Cada uno de ellos, con esa información, puede calcular la distancia que los separa en la curva superficie de la Tierra. El algoritmo de cálculo es el llamado tensor métrico superficial.

Einstein aplicó este método de tensores al espacio-tiempo de cuatro dimensiones y, después de grandes esfuerzos y algunas decepciones, llegó a formular el tensor métrico tetradimensional y desde ese momento se dio cuenta que ese tensor simbolizaba la verdadera esencia de la gravitación. El concepto de fuerza de atracción dejaba de tener sentido; la gravitación era pura Geometría, Matemática en bruto.

Hasta aquí todo han sido postulados, argumentaciones y justificaciones. Pero ha llegado el momento de hacerse la siguiente pregunta: **¿Existe una fórmula de Einstein para la Gravitación?** La cuestión es perfectamente lógica y no tiene nada de maliciosa. Newton la tenía y funcionaba a la perfección a nivel práctico en nuestro mundo de diario. La respuesta es sí. Existe una fórmula einsteniana de la Gravitación. Su formulación matemática es compleja, pues se basa en los argumentos que se han detallado lo más didácticamente posible en las líneas precedentes. Sin embargo no quisiera renunciar a escribirla, al menos de manera simbólica y, para ello recurriré a la obra del insigne físico y divulgador **Robert Geroch** que, prescindiendo del aspecto matemático formal propone la siguiente expresión para tal ecuación: [54]

$$\begin{Bmatrix} \text{Curvatura de} \\ \text{la geometría del} \\ \text{espacio-tiempo} \end{Bmatrix} = G \begin{Bmatrix} \text{Densidad másica} \\ \text{de la materia en el} \\ \text{espacio-tiempo} \end{Bmatrix}$$

Nos acercamos a un momento cumbre, a un triunfo estético de la Ciencia: la Física y la Matemática se funden gracias a la brillantez de un hombre que lo dio todo para conseguirlo. *La presencia de una gran masa en el espacio provoca una distorsión en sus alrededores en lo que se refiere al espacio y al tiempo, de manera que cualquier cuerpo que se mueva seguirá el camino más corto:* **la geodésica**. La presencia de una gran masa determina la forma del espacio-tiempo que la rodea. Al moverse hace que el espacio-tiempo vaya modificando su estructura, adaptándose a cada posición de la masa, haciendo que la ecuación anterior, en la que **G** sigue siendo la constante de la fórmula newtoniana, se cumpla para cada instante espacio-temporal.

Robert Geroch propone una analogía que hará mucho más comprensible la explicación anterior. Se imagina una tela flexible sobre las que se colocan bolas de acero. Al moverse las bolas por la tela esta se va doblando y la magnitud de la curvatura depende del tamaño y del peso de la bola. Al moverse esta también cambia la configuración espacial del espacio que la rodea.

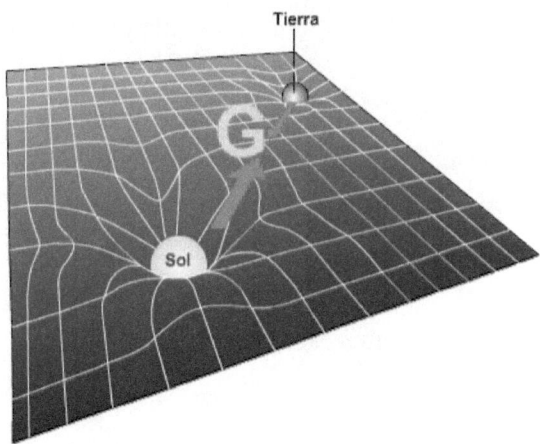

Figura 64. Curvatura del espacio según la teoría de la Relatividad General.

Sería inútil intentar representar gráficamente el espacio-tiempo; es imposible. Pero, en cierto modo lo necesitamos; nos tranquiliza visualizar una figura que lo describa; aunque sea imperfecta. Una representación nos ayudaría a soportar de mejor grado algo que se nos niega a los sentidos. Quizás la más lograda sea la interpretación de **Banesh Hoffmann**: El Sol, con su gran masa modifica, o mejor, genera el espacio que le rodea. Este espacio es un espacio curvo, que se pliega más cuanto mayor es la cercanía del astro, de manera que cuando un planeta se mueva estará atrapado en una geodésica de ese espacio y no podrá hacerlo en línea recta, pues en el espacio curvo la geodésica es la que describe el camino más corto: la órbita.

El problema, según el propio Hoffmann, es que:

"El diagrama no reproduce ni el tiempo ni la curvatura del tiempo. Y aunque, en cierto sentido, es matemáticamente correcto, en otro es totalmente falso. El principal factor que influye en el movimiento planetario no es la curvatura del espacio, sino una curvatura en el tiempo que, de hecho, puede estar relacionada con la velocidad cambiante de la luz en el campo gravitatorio". [55]

Banesh Hoffmann intenta mostrar la dimensión temporal ensamblada a las dimensiones espaciales:

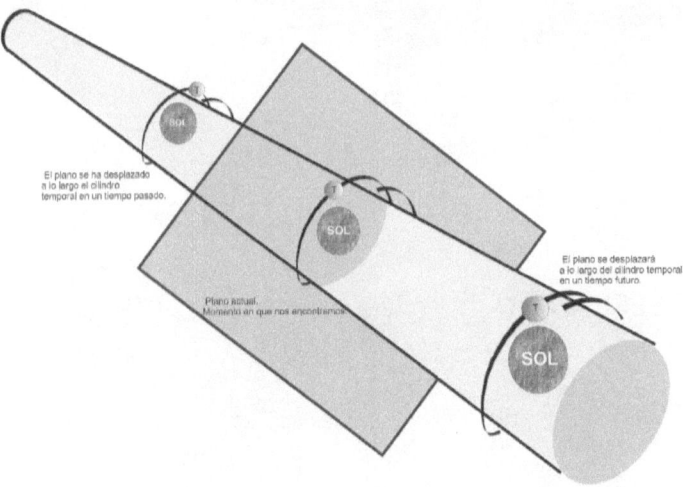

Figura 65. El espacio-tiempo einsteiniano visto por Banesh Hoffmann.

El cilindro representa la dimensión temporal, del transcurso del tiempo y el plano representa el momento presente. A medida que transcurre el tiempo el plano se desplaza verticalmente a lo largo del cilindro y la posición del planeta va siendo descrita, del pasado al futuro por una hélice, que representa la órbita espacio-temporal del planeta. Si durante un tiempo determinado consiguiéramos sujetar inmóvil el plano, simplemente suponiendo que el tiempo es independiente del espacio tendríamos una órbita de la Física Clásica.

Otro intento de representación geométrica del espacio-tiempo es el conocido cono de luz de Minkowski que Stephen Hawking extendió al gran público en su libro "Historia del Tiempo".

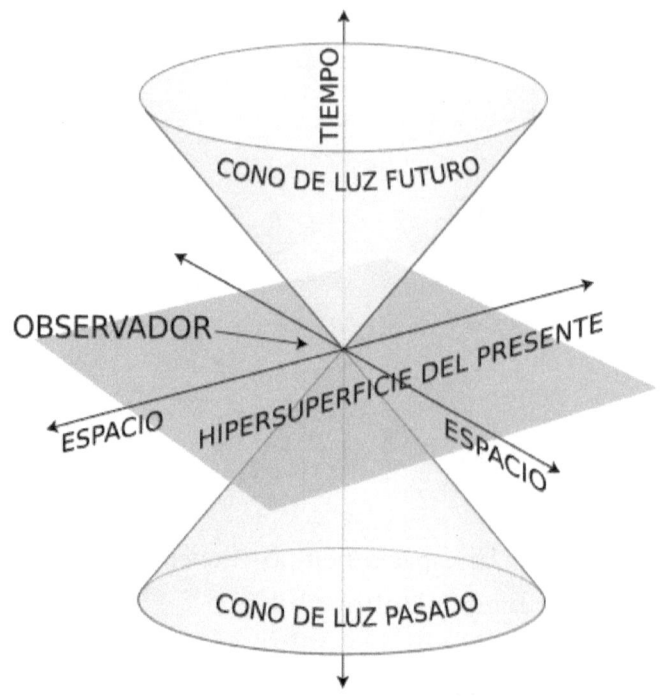

Figura 66. El cono de luz.

En la figura se representan dos dimensiones espaciales en el plano horizontal y la dimensión temporal en el vertical. Si nos situamos en el origen. Los sucesos de nuestro presente se sitúan en el plano que nos contiene. Los sucesos acontecidos en nuestro pasado se incluyen en el cono de luz inferior y los de nuestro futuro en el superior. Los sucesos que están fuera del cono de luz no nos afectan y por lo tanto se dice de ellos que están situados en zonas del espacio-tiempo que no tienen relación de causalidad con nosotros. ¿Qué significa esta enigmática conclusión? Pongamos un ejemplo. Supongamos que la estrella Alfa Centauro, la más cercana a nuestro Sistema Solar, a 4,4 años-luz de la Tierra, se produjo una explosión que la destruyó hace dos años. Ya que no hay nada más rápido que la luz y que la luz que nos llega en el presente salió de la estrella hace 4,4 años es imposible saber lo que pasó hace dos años; desvinculándose de nosotros todos los acontecimientos que sucedan en la estrella en el tiempo que la luz tarda en recorrer ese trayecto. Existe, pues, un intervalo espacial que no nos afecta porque no puede influir en nuestro presente.

Hemos discutido mucho sobre los movimientos planetarios en el deformado e inmenso espacio-tiempo y todavía no hemos resuelto algo tan simple y mundano como la mítica pregunta de Newton:

¿Por qué caen las manzanas a la Tierra? Recordemos la respuesta clásica de Newton se basaba en su Ley de Gravitación Universal: una manzana cae a la Tierra porque es atraída por el planeta con una fuerza directamente proporcional al producto de sus masas (la de la Tierra y la de la manzana) e inversamente proporcional al cuadrado de la distancia (el radio terrestre).

En la respuesta de Einstein no es necesario acudir al concepto de fuerza. La manzana simplemente **se limita a seguir la línea geodésica espacio-temporal que le corresponde**. Tal como explica el Físico y divulgador estadounidense Michio Kaku en su libro "El Universo de Einstein":

> "Dicha fuerza es una ilusión, un efecto de la geometría del espacio-tiempo. La Tierra deforma el espacio-tiempo de nuestro entorno, de manera que el propio espacio nos empuja hacia el suelo". [56]

Heinz Rudolf Pagels interpreta estas mismas ideas "El Código del Universo" de una forma muy clarificadora:

"Pero Einstein vio que la gravedad era un concepto superfluo: no hay ninguna "fuerza gravitacional". Lo que realmente ocurre es que la masa de un planeta —o cualquier masa— curva el espacio cercano a ella, alterando su geometría. La luz siempre se mueve en línea recta, pero en una línea recta como la definida en un espacio curvado. Einstein prescindió del concepto de gravedad a favor de la geometría de la geometría del espacio curvado. En efecto, descubrió que la gravedad es geometría. Esta es la conclusión central de la Teoría General de la Relatividad. [...]. La gravedad es la curvatura del espacio". [57]

Respuestas similares pueden argumentarse para preguntas como, por ejemplo, ¿por qué la Luna da vueltas alrededor de la Tierra, o la Tierra alrededor del Sol? Newton nos mostraría que el movimiento en la órbita es el causante de que la Luna no caiga hacia la Tierra. Mientras se mantenga en movimiento curvo con su correspondiente fuerza centrípeta no caerá. Si el movimiento cesara se precipitaría sobre nosotros. Einstein nos volverá a responder que en ambos casos la Luna y la Tierra no hacen más que seguir la geodésica espacio-temporal curvada por la perturbación producida por la presencia de una gran masa que afecta a la estructura del espacio-tiempo.

Satisfecha nuestra lógica inquietud de representar la realidad pongamos el adorno final a esta sección extrayendo la esencia de la Teoría de la Relatividad General:

- *El intervalo entre dos fenómenos puede expresarse independientemente de los sistemas de coordenadas a través de un tensor métrico general.*
- *Todo cuerpo avanza por una geodésica espacio temporal si sobre él no actúa ninguna fuerza*[85].
- *Un rayo de luz se desplaza en una geodésica en la cual el intervalo entre dos de sus partes cualesquiera es cero. O de otra forma: la luz, en su viaje, marca las geodésicas espaciotemporales, que son los indicadores relativistas.*

A estos tres principios podríamos añadir una nota explicativa sobre por qué en nuestro mundo se cumplen, afortunadamente, los principios de la Mecánica Clásica; o mejor, que tal Mecánica es un caso particular de la Mecánica Relativista. La Relatividad General es útil cuando se trabaja en un espacio tiempo no euclídeo, es decir en una zona donde las perturbaciones gravitacionales lo distorsionan grandemente. Pero la mayor parte del Universo está vacío, ausente de tales deformaciones. Y lo más importante, para pequeñas distancias, las de nuestras experiencias diarias, la influencia de la gravitación es constante y puede ser obviada, pudiendo trabajar con los principios de la Relatividad Especial, que a pequeñas velocidades se transforman en pura y sencilla Mecánica de Newton.

Llegados a este punto, después de pasar de puntillas por la Relatividad General, quisiera mencionar las palabras de Robert Geroch, recogidas en la conclusión de su libro "La Relatividad General (de la A a la B)":

"La Teoría de la Relatividad General es hoy día de muy poca utilidad en la construcción

---

[85] Ya hemos señalado que la fuerza gravitacional no existe para Einstein.

de un aeroplano o la resolución de la crisis energética; y es muy posible que siempre sea así. Entonces, ¿Para qué vale? La naturaleza humana tiene, como poco, dos facetas: sus necesidades físicas y su vida intelectual. Parte de esta última consiste en la adquisición de una comprensión tan profunda como sea posible del mundo físico en el cual vivimos. Esta actividad se ha desarrollado durante siglos y seguramente continuará desarrollándose. Admitamos pues, que la búsqueda del conocimiento como fin en sí mismo es una actividad humana viable. En esta área es en la que se encuentra hoy en día la Relatividad General. Aunque nadie puede asegurar que siga siendo siempre así: es muy posible que, en algún tiempo futuro, se puedan obtener beneficios gracias a la aplicación de la teoría. [...] La teoría me parece interesante porque gracias a ella siento que comprendo mejor la naturaleza". [58]

3.2.4 Las pruebas de la Relatividad.

Todo lo que hemos narrado hasta estos momentos es muy hermoso. Einstein debió sentirse como un niño hábil construyendo un castillo de naipes, pero ahora necesitamos pruebas; pruebas que sostengan ese castillo para que no se derrumbe y desaparezca, fugaz como tantas y tantas teorías que no han encontrado constatación experimental.

Demostrar el cumplimiento de una teoría tan huidiza a las percepciones sensoriales y paradójicamente contrapuesta a lo que estas nos dicen no es, en modo alguno, fácil. Los hechos concretos que la sustenten han de exponerse con toda claridad y no ser susceptibles a las dudas que puedan plantearnos los sentidos.

Desde la aparición de la Teoría Especial en 1905 y de la Teoría General diez años después se han realizado miles de pruebas para su verificación. Pretendo recoger aquí las comprobaciones más significativas de ambas teorías. Todas ellas se basan en la demostración de alguno de los siguientes aspectos:

- **La variación de las órbitas de los planetas**. Es sabido, desde muy antiguo en el caso de Mercurio, que las órbitas no son perfectamente cerradas, sino que su perihelio[86] experimenta un avance pequeño a lo largo de los siglos.

- **Dilatación del tiempo y contracción del espacio**. Estos dos son conceptos derivados de las transformaciones de Lorentz y su justificación puede obtenerse tanto desde la Teoría Especial como de la General; teniendo siempre presente el Principio de Equivalencia, pilar básico de la Gravitación Relativista que, como ya hemos descrito, establece la equivalencia entre un sistema que se mueve por el espacio sometido a una aceleración con uno que se encuentre dentro de un campo gravitatorio.

- **Curvatura del espacio-tiempo**. Tal como predice la Teoría General son los objetos los que crean el espacio. La existencia de un objeto de gran masa hace que sus inmediaciones se vean afectadas por su presencia y se produce una curvatura del espacio; por lo tanto, la luz, la

---

[86] El punto más cercano al Sol de la órbita de un planeta se denomina perihelio y el punto más lejano, afelio.

radiación o cualquier nave viajera imaginaria seguirán la geodésica perfilada por ese cuerpo masivo, que no será recta.

- **El corrimiento hacia el rojo** (efecto Doppler) de astros que se alejan de la Tierra a grandes velocidades emitiendo luz. El análisis de esta radiación nos permite conocer su posición aproximada y la velocidad de alejamiento utilizando la Teoría de la Relatividad.

De las experiencias derivadas de estos planteamientos hablaremos a partir de ahora. Y, por su puesto, comenzaremos por el principio, un principio nacido de los vaticinios del propio sabio; ya que Einstein predijo gracias a su Teoría General de la Relatividad varios acontecimientos que han sido comprobados desde entonces en multitud de ocasiones. Tales predicciones eran:

- El corrimiento del perihelio de Mercurio,
- La desviación de la luz al pasar cerca de una gran masa.
- El corrimiento hacia el rojo.
- El atraso de los relojes en un campo gravitacional.

Estas predicciones dieron lugar a las primeras pruebas, conocidas como clásicas. Las dos primeras encontraron pronta comprobación pocos años después de la publicación de la Teoría General; la tercera no se concretó hasta 1960; la cuarta en 1971.

3.2.4.1 El avance del perihelio de Mercurio.

Una de las pruebas más contundentes del cumplimiento de la Teoría de la Relatividad es que describe de manera asombrosa el comportamiento de la órbita del planeta Mercurio. Este planeta, como los demás, gira en torno al Sol en una órbita elíptica. Los astrónomos renacentistas sabían que una vez que el planeta da una vuelta completa el perihelio no coincide con el punto anterior, sino que hay una pequeña discrepancia del orden de segundos de arco. Este hecho perturbador no se sostenía con las teorías de Newton y trajo en jaque a los estudiosos durante mucho tiempo.

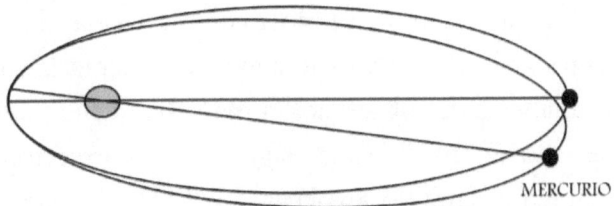

Figura 67. Gráfico de la desviación del perihelio de Mercurio.

La Teoría Gravitacional de Newton pronostica que un planeta alrededor del Sol se mueve en una elipse perfectamente cerrada. La distancia de un planeta al Sol varía entre un máximo en el perihelio y un mínimo en el afelio. La teoría predice que la distancia entre estos dos puntos es la mitad del período de traslación del planeta. Siguiendo este canon, el planeta se movería siempre en la misma curva cerrada sin la menor desviación. Pero, como hemos visto, había constancia en el caso de Mercurio de que esto no era así. Existe una perturbación, debida a la presencia de los demás planetas que hace que el perihelio de Mercurio se mueva un poco vuelta tras vuelta y, por lo tanto, la trayectoria no se ajustara exactamente a una elipse.

¿Por qué no ocurría lo mismo con los demás planetas? Realmente sí ocurría, pero era mucho más leve y más difícil de comprobar; en la época de Newton prácticamente imposible. Sencillamente porque el efecto es más fácil de observar cuanto más rápido se mueve el planeta y cuanto más achatada sea la elipse que recorre; ya que para ser observable se necesitan varios años, es decir, varias vueltas para que el corrimiento se acumule y sea medible. Ambas virtudes se reunían en el planeta Mercurio: el más rápido y el más excéntrico. Pues bien, la teoría de Einstein es capaz de explicar esta desviación del perihelio de Mercurio.

Evidentemente, a lo largo del siglo XIX se habían desarrollado cálculos que, basándose en la teoría de Newton intentaban razonar la desviación teniendo en cuenta la influencia de los demás planetas. La observación marcaba que el perihelio de Mercurio se movía 575" cada siglo. Las correcciones más ventajosas habían permitido explicar 532". Había pues 43" de desviación por siglo que no era posible justificar. Una menudencia; pero una menudencia trascendental si alguna teoría era capaz de justificarla. Por eso, a finales de 1915, año de la publicación de la Teoría de la Relatividad General, Einstein escribe a un amigo:

> "Imagínate mi alegría ante la viabilidad de la Covarianza General y al comprobar que las ecuaciones daban el movimiento correcto del perihelio de Mercurio. Durante varios días estuve fuera de mí, como en estado de éxtasis". [59]

Según la Relatividad General, el perihelio de Mercurio experimentaría el mismo **adelanto de 43"** aunque no existieran los demás planetas, ya que la explicación de que esto ocurra se basa en que el planeta se mueve por una órbita en un espacio-tiempo curvo. Esa curvatura espacio-temporal es más importante en el caso de Mercurio ya que orbita muy cerca del Sol. Esta desviación no se sustenta en un defecto de cálculo en la aplicación de la teoría de Newton, cosa a todas luces justificable; sino en un fundamento es mucho más formal que se apoya en el concepto de espacio-tiempo derivados de la teoría de Einstein. Es en este hecho donde radica la esencia de la contribución del sabio.

Aplicando el mismo tratamiento relativista se explicaron también las discrepancias de los demás planetas; menores, por supuesto, pero también existentes. Así, para Venus se encontró una variación de 8,6" por siglo y para la Tierra de 3,9".[87]

Pero hacer tambalearse una teoría tan sólida y coherente como la de Newton por unas desviaciones tan ridículas parecía poco menos que un absurdo. Era obvio que la oportunidad del acierto de Einstein no sería más que una anécdota dentro de la Historia de la Física. Tan pequeña contribución a la mejora científica de la interpretación de los movimientos planetarios no era suficiente para dar el empujón definitivo a unos postulados que contravenían a las informaciones de los sentidos con extravagantes ideas sobre la interacción del espacio-tiempo y la curvatura del espacio en presencia grandes acumulaciones masivas.

2.2.4.2 El eclipse de 1919.

Para fortuna y gloria de nuestro sabio, cuatro años más tarde tendría lugar una prueba contundente e irrefutable a la vez que asequible a la divulgación y que tuvo gran repercusión entre el público en general debido a la curiosidad periodística que suscitó. La Royal Astronomical Society y de la Royal Physical Society financiaron dos expediciones para corroborar las predicciones de Einstein con el eclipse de Sol que se produciría el 29 de mayo de 1919. La primera a Sobral (Brasil), a cargo de **Andrew Crommelin** y la segunda a la Isla Príncipe, en el Golfo de Guinea, dirigida por

---

[87] En 1949 se descubrió el asteroide Icarus, cuya órbita excéntrica es muy sensible a este efecto. Se midió experimentalmente una variación de 10" coincidiendo el resultado con el que se predecía teóricamente.

sir **Arthur Eddingtong**. Einstein había predicho que en el espacio vacío la luz viaja en línea recta, pues su movimiento no se encuentra perturbado por ningún campo gravitatorio; pero si se dieran unas condiciones especiales en las que la luz procedente de un lejano astro tuviese que pasar cerca del Sol para llegar hasta la Tierra se vería afectada por el campo gravitatorio generado por la gran masa solar y los rayos luminosos se torcerían de manera clara. Tal observación era muy difícil ya que el Sol, por su cercanía, enmascara la luz de las demás estrellas. Por eso el acontecimiento de un eclipse podía permitir tales mediciones; pues se tenía conocimiento exacto de la posición de estrellas detrás del sol, que no deberían ser visibles a no ser que, como pronosticaba el sabio, la luz se curvara.

Se obtuvieron varias fotografías de las estrellas cuya luz rozaba el Sol. En ellas se deducía una desviación de 1,60" a partir de los datos de Isla Príncipe y de 1,98"a partir de los de Sobral. Esas fotografías demostraban que el espacio se curva en presencia de un objeto masivo como el Sol y que por lo tanto la luz se dobla al seguir su geodésica tal como predice la teoría. A pesar de las dificultades de las experiencias, de los inconvenientes climatológicos y de la posible imprecisión de los cálculos, la repercusión periodística del acontecimiento fue enorme.

El 22 de noviembre de 1919 apareció en el **Illustrated London News** la explicación detallada de todo el experimento. Las predicciones de Einstein eran correctas, la luz de la estrella se desviaba según sus cálculos que habían predicho que si la luz de una estrella pasaba cerca del Sol experimentaría una desviación de 1,75" de arco, el doble de la que podía predecirse a partir de correcciones sobre las ecuaciones de Newton y coherente con los datos experimentales de las expediciones.

Figura 68. Gráfico del Illustrated London News del 22/11/1919.

La Teoría de la Relatividad tenía por fin un soporte experimental y también bien un soporte mediático. Einstein había tocado la gloria.

Alfred N. Whitehead (1861-1947), matemático y físico británico, relata en siguiente fragmento lo sucedido en la sesión del 6 de noviembre de 1919 de la Royal Society:

> "La atmósfera de intensa emoción era exactamente igual a la que existe en el drama griego. Nosotros formábamos el coro que comentaba los decretos del destino, tal como son revelados por el devenir del acontecimiento supremo. Había un elemento dramático en aquella ceremonia, tan escénico y tan tradicional, que se desarrollaba teniendo como telón de fondo un retrato de Newton, que nos recordaba que la mayor de las generalizaciones científicas acababa, en aquel preciso momento, después de más de dos siglos, de recibir su primera modificación. Ningún interés personal se encontraba en juego: una gran aventura del pensamiento acababa, finalmente, de atracar, y de manera extremadamente correcta, en la orilla". [60]

A lo largo de los años se han ido repitiendo con éxito pruebas sobre la existencia de la curvatura del espacio tiempo. Sería prolijo enumerarlas todas, por ello he elegido, a modo de ejemplo, **el caso de la sonda Cassini**. Esta sonda de la NASA y la Agencia Espacial Europea fue lanzada en octubre de 1997 con destino a Saturno. Los datos obtenidos por la nave confirman la Teoría de Einstein con una precisión cincuenta veces superior a cualquier otra hecha hasta el momento.

La experiencia se realizó en el verano del año 2002, aprovechando que la nave se posicionó detrás del Sol. Las ondas de radio emitidas por la nave sufrieron un cambio en su frecuencia debido a su paso junto al astro lo que demostraba la curvatura del espacio-tiempo en las cercanías de un objeto enormemente masivo. Esto no es más que un nuevo experimento de Eddintong modernizado. Lo que verdaderamente nos interesa ahora es que desde la Tierra se emitió una señal electromagnética que fue recogida por la nave y reenviada. La conclusión fue contundente: las señales sufrían un retraso al verse obligadas a seguir una línea curva por la presencia del Sol. Una muestra inequívoca de la dilatación espacio-temporal propuesta por la teoría.

Figura 69. La sonda Cassini y la comprobación de la curvatura del espacio.

2.2.4.3 El desplazamiento hacia el rojo.

Se conoce con el nombre de **efecto Doppler** el cambio de frecuencia que se produce cuando la fuente emisora de ondas está en movimiento respecto del observador. La frecuencia de las ondas observadas es diferente de la de las ondas emitidas por la fuente.

Todos hemos experimentado este fenómeno cuando se manifiesta a través de las ondas sonoras. Pensemos por ejemplo en la sirena de una ambulancia o en el silbido de un tren que se acercan. Se nota claramente que el sonido va haciéndose más agudo a medida que se aproximan. Esto se debe que las ondas "nacen" cada vez más cerca del observador produciéndose una reducción progresiva de la longitud de onda, es decir, de la separación que hay entre ellas y por tanto un aumento de la frecuencia y en consecuencia del tono del sonido. En el caso contrario, en el de que los móviles se alejen, las ondas deben recorrer cada vez más distancia hasta llegar al observador y por lo tanto aumenta la longitud de onda, disminuye la frecuencia y el sonido se va haciendo más grave.

Figura 68. Cristian Doppler.

Cristian Doppler (1803-1853) fue un físico austriaco nacido en Salzburgo. Estudió en su ciudad natal y posteriormente en el Instituto Politécnico de Viena. Fue profesor en el Instituto Técnico de Praga y en el Instituto Politécnico de Viena y más tarde ocupó el cargo de director del Instituto de Física de la Universidad de Viena en 1850 y fue director del Instituto de Física y profesor de Física Experimental en la Universidad la capital austriaca. En 1842 presentó un trabajo sobre la luz coloreada de las estrellas dobles en el que se incluían los fundamentos teóricos del efecto que lleva su nombre: el efecto Doppler. En él se enuncia que la frecuencia observada de una onda de luz o sonido depende de la velocidad relativa de la fuente respecto al observador.

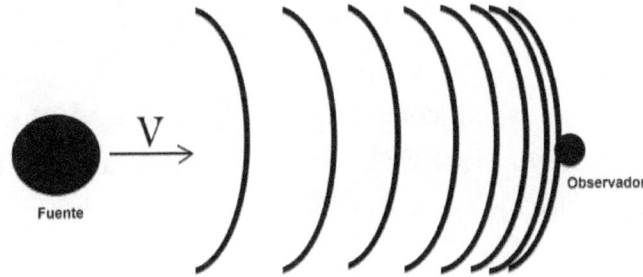

Figura 71. Efecto Doppler para una onda procedente de una fuente en movimiento que se aproxima.

Doppler fue quien encontró, basándose por supuesto en la teoría de Newton, las ecuaciones matemáticas que explicaban el corrimiento de las frecuencias. Las ecuaciones que surgen de la Mecánica Clásica pueden deducirse así:

Consideremos, para simplificar el planteamiento el movimiento unidimensional de una fuente y un receptor a lo largo de una misma recta. Llamaremos u_1 y u_2 a sus velocidades relativas al aire. Supongamos ahora que la fuente emite una señal acústica de frecuencia v y, por lo tanto, de período $T = 1/v$. Pensemos para simplificar que se trata de un sonido en forma de pulsos o pitidos separados por un tiempo igual al período de pulsación T. Pongamos el tiempo a cero cuando se emite el primer pulso P_1 que viaja por el aire a la velocidad del sonido, que llamaremos w. La distancia recorrida por el pulso P_1 en el tiempo T es wT. La fuente se moverá una distancia u_1T. De acuerdo con esto la distancia entre el primer pulso P_1 y el segundo P_2 vendrá dada por *$(w-u_1)T$,* expresión a la que podemos llamar *λ'* o longitud de onda efectiva. Es decir:

$$\lambda' = (w-u_1)T = (w-u_1)/v$$

Si tenemos en cuenta que la velocidad de los pulsos relativa al receptor viene dada por $w - u_2$ y por tanto el intervalo de tiempo de llegada entre P_1 y P_2 al receptor es T':

$$T' = \lambda'/(w-u_2) = (w-u_1)/v(w-u_2)$$

y dado que el inverso del período efectivo será la frecuencia efectiva deducimos:

$$v' = v(w-u_2)/(w-u_1) = v(1-u_2/w)/(1-u_1/w)$$

De ella pueden obtenerse dos situaciones simplificadas:
- Si la fuente está en reposo $u_1 = 0$ y el receptor en movimiento $u_2 = V$, la frecuencia deducida por Doppler es:

$$v' = v(1-V/w) = v(1-\beta) \quad donde\ \beta = V/w$$

- Si la fuente está en movimiento $u_1 = V$ y el receptor en reposo $u_2 = 0$, la frecuencia deducida por Doppler es:
$$v' = v/(1+ u_1/w) = v/(1+ \beta)$$

De las fórmula anteriores se deriva que tanto si la fuente se aleja del receptor, como si el receptor se aleja de la fuente, o ambas cosas a la vez, la frecuencia efectiva *v'* es menor que la frecuencia de la fuente.

Abordemos ahora el mismo problema desde el punto de vista de la Relatividad Especial. Supongamos que una fuente emisora de luz está situada en el origen de un sistema de referencia que llamaremos *S*. Cada pulso viaja a una velocidad *c*. Supongamos que un observador se mueve con una velocidad *V* respecto a *S* y está en reposo con respecto al sistema de referencia *S'* que viaja, por tanto, a esa velocidad con respecto al sistema *S*. Con este planteamiento y usando la transformación de Lorentz se determina que la frecuencia efectiva resulta ser[88]:

$$v' = = v[(1-\beta)/(1+\beta)]^{1/2}$$

Al comparar esta ecuación con las ecuaciones clásicas del efecto Doppler acústico se ve que esta ecuación relativista unifica los resultados clásicos y puede igualarse a ellos cuando β es muy pequeño, es decir cuando la velocidad *V* de la fuente es muy inferior a la de la luz **c**. Entonces el cociente **V/c** se hace ínfimo y es prescindible obteniéndose las ecuaciones clásicas. Por ejemplo. Si consideramos el receptor fijo respecto a *S* y a la fuente moviéndose a la velocidad *V* obtenemos $v' = v/(1-\beta)$, la ecuación pronosticada clásicamente.

---

[88] Los cálculos relativistas pueden seguirse de manera clara en el libro "Relatividad Especial" de A.P. French, pág. 153-158.

Una de las experiencias más famosas fue la realizada por el **Spuknik I**[89]. Este pequeño satélite de 58 cm de ancho fue lanzado el 4 de octubre de 1957. Fue la primera nave en órbita alrededor de la Tierra, dando una vuelta completa cada 96,2 minutos. Tras orbitar durante 57 días se desintegró al entrar en la atmósfera. Durante su viaje emitía señales que eran captadas desde Tierra. Estas señales presentaban un claro efecto Doppler que daba lugar a una variación de la frecuencia debida al alejamiento o al acercamiento de la nave a la estación terrestre receptora. Los cálculos de este experimento no necesitan de la teoría relativista puesto que la velocidad de la nave no era lo suficientemente alta para que los cálculos clásicos resultaran infructuosos. Sin embargo la cosa cambia cuando se trata de medir las emisiones de los núcleos atómicos del Sol o de otras estrellas de nuestra galaxia. Las líneas emitidas por estos átomos excitados presentan unos desplazamientos gravitacionales debido al inmenso campo gravitatorio al que están sometidos; pero también presentan corrimientos debidos a su movimiento de vibración que tienen una influencia importante en los cálculos. La medida de estos efectos no es sencilla debido a que cuando el átomo excitado realiza una emisión en el espectro óptico o en radiofrecuencia **sufre un retroceso** basado en el principio de acción y reacción, el cual emplea parte de la energía que tenía que ser emitida. Si E_0 es la energía de emisión y R la consumida en el choque la energía real emitida será $E_0\text{-}R$. Del mismo modo, en el caso de la absorción, la energía necesaria sería E_0+R. Este déficit $2R$ entre emisión y absorción impide la resonancia entre los dos fenómenos lo que conlleva un aumento en la anchura de línea con el consiguiente aumento en el error de la medida.

---

[89] Sputnik Zemli significa en ruso compañero de viaje.

Tales problemas fueron superados cuarenta años después de las predicciones de Einstein, cuando los experimentadores contaron con la nueva arma proporcionada por el **efecto Mössbauer**[90]. Este físico alemán demostró en 1958 que los problemas detectados en los espectros ópticos y de radiofrecuencias podían evitarse si se realizaban mediciones de las emisiones de los **rayos** γ. En tales casos, por resonancia, podían obtenerse líneas extraordinariamente finas. Una vez más los minúsculos efectos de la Teoría General de la Relatividad son, pues, difíciles de formular y, si cabe, más difícil resulta aún medirlos con la precisión adecuada. Y el problema se presenta todavía más complicado cuando pensamos en cuerpos que se mueven a velocidades próximas a las de la luz, como ocurre con las galaxias muy lejanas. Hemos de tener en cuenta que el hecho de que se encuentren a miles de millones de años-luz no las exime del cumplimiento de las leyes físicas. La teoría de Einstein ha de mostrarse válida también en tales casos.

Tal como ya anunciara **Hubble** en 1919 las galaxias se mueven a una velocidad proporcional a la distancia que nos

---

[90] Rudolf Mössbauer (1929-2011), físico y premio Nobel alemán conocido por el descubrimiento del efecto Mössbauer. Nació en Munich y se graduó en física por el Instituto Técnico de Munich en 1958. En 1960 viajó a Estados Unidos, uniéndose al cuerpo docente del Instituto de Tecnología de California. En 1953 Mössbauer comenzó a investigar la absorción de los rayos gamma por la materia y en 1955 observó por vez primera el fenómeno conocido actualmente como efecto Mössbauer: cuando un átomo radiactivo emite un rayo gamma, habitualmente se produce un efecto de retroceso. Por esta observación ganó en 1961 el Premio Nobel de Física. Mössbauer descubrió que en ciertas sustancias radiactivas en las que los átomos tienen una estructura cristalina cerrada no se produce el retroceso y los rayos gamma son emitidos en una frecuencia que corresponde a la diferencia exacta entre la energía nuclear en reposo y la energía en movimiento. Si un rayo gamma choca con un átomo del mismo elemento contenido en una estructura cristalina semejante es emitido otro rayo gamma con exactamente la misma frecuencia. El efecto Mössbauer permite hacer mediciones extremadamente precisas de los efectos gravitatorios, magnéticos y eléctricos.

separa de ellas y por lo tanto las galaxias lejanas alcanzan velocidades cercanas a la de la luz. En estos casos los términos β no son despreciables y predicen, por lo tanto, valores diferentes a los de la Mecánica Clásica. Este resultado debido al movimiento relativo de las galaxias con respecto a la Tierra se conoce con el nombre de corrimiento hacia el rojo de las galaxias lejanas y es una de las pruebas más contundentes de la expansión del Universo. Esta corroboración se obtiene comparando las frecuencias o las longitudes de emisión de átomos como el H, el He o el Ca en reposo con las recogidas a partir de la luz de estos elementos emitida por esas galaxias. Por ejemplo, las líneas espectrales del gas hidrógeno en galaxias lejanas son frecuentemente observadas con un corrimiento hacia el rojo considerable. La línea del espectro de emisión, que en reposo, en la Tierra, se encuentra en una longitud de onda de 21 centímetros, puede ser observada a 21,1 centímetros. Este milímetro de corrimiento hacia el rojo indicaría que el gas se está alejando de la Tierra a 1400 kilómetros por segundo.

En la actualidad los astrónomos se basan en el desplazamiento Doppler para calcular con precisión la velocidad de las estrellas y otros cuerpos celestes con respecto a la Tierra y para determinar si se acercan (corrimiento hacia el azul) o se alejan (corrimiento hacia el rojo).

2.2.4.4 La bomba.

En 1932, **Rutherford** (1871-1937)[91] verificó claramente el cumplimiento de la expresión $E = mc^2$. La materia se presentaba ante las generaciones futuras como un enorme almacén de energía.

---

[91] En 1919 ya había descubierto que cuando se hacían chocar violentamente núcleos de helio y nitrógeno estos podían transformarse en hidrógeno y oxígeno.

También en 1932, James Chadwick (1871-1974) confirmó esta fórmula y mediante el estudio de las transformaciones nucleares descubrió el neutrón, partícula subatómica neutra de masa similar al protón; suceso que convertiría el inocente juego de la mutación nuclear en algo peligroso. Así, un año después, Fermi concibió la posibilidad de bombardear núcleos atómicos con neutrones y lo hizo con los núcleos más pesados conocidos: los de uranio. Consiguió la desintegración de los mismos y la producción de un elemento desconocido que luego se denominaría plutonio; pero no fue consciente de estos acontecimientos, pues la novedad lo abrumaba y, debido a su inseguridad, hechos tan singulares tuvieron muy poca repercusión inmediata. Años después, cuando ya los nazis aterrorizaban al mundo, aparecieron nuevos hallazgos. Científicos alemanes demostraron que, en determinadas condiciones en la desintegración del uranio se transformaba una pequeñísima cantidad de masa en energía que se liberaba de una forma tremendamente violenta y devastadora. Comenzaba así la carrera hacia la construcción de una superbomba: **la bomba atómica**. Y el hecho de que uno de los competidores fuera la Alemania nazi hacía prever funestas consecuencias. Einstein era informado continuamente de los hallazgos científicos del antiguo continente y cuando varios científicos le visitaron en Princeton con objeto de explicarle los peligros de la posibilidad de una reacción en cadena le instaron también a que, aprovechando su enorme fama, pusiera su grano de arena para desbaratar tales proyectos. El sabio realizó todas las acciones a su alcance para evitar que los alemanes lograran sus objetivos y con tal motivo se erigió en uno de los artífices de la carta que el 2 de agosto de 1939 fue dirigida al entonces presidente de los Estados Unidos, Franklin D. Roosevelt.

"F.D.Roosevelt. Presidente de los Estados Unidos. Casa Blanca, Washington.D.C.

Señor: Recientemente ha llegado a mi conocimiento la versión manuscrita de algunos trabajos de E. Fermi y L. Szilard que hacen concebir la esperanza de que el elemento uranio pueda ser convertido en una nueva e importante fuente de energía en un futuro inmediato. Algunos aspectos de la situación actual parecen obligar a la Administración a una gran vigilancia y, si es necesario, a una rápida acción. Considero, por lo tanto, que mi deber es llamarle la atención sobre los siguientes hechos y recomendaciones.

En los cuatro últimos meses, la obra de Joliot en Francia y de Fermi y Szilard de los Estados Unidos ha demostrado la posibilidad —muy viable— de producir reacciones nucleares en cadena en una gran masa de uranio; con ellas se generarían grandes cantidades de energía y de nuevos elementos radiactivos. Parece seguro que todo ello puede conseguirse en un futuro inmediato.

Este nuevo fenómeno permitiría la construcción de bombas; y es concebible —aunque no tan seguro— que podrían construirse bombas extremadamente poderosas, de un nuevo tipo. Una sola de estas bombas, transportada por barco o lanzada en un puerto, podría destruir todo el puerto y una gran parte de sus alrededores. Puede ocurrir, sin embargo, que estas bombas sean demasiado pesadas para poderlas transportar por aire.

Estados Unidos dispone de minerales de uranio muy pobres y en cantidades moderadas. Hay buenos yacimientos en el Canadá y en la ex-Checoslovaquia; pero los yacimientos de uranio más importantes se encuentran en el Congo Belga.

En vista de esta situación, quizá considere usted deseable establecer un contacto permanente entre la Administración y el grupo de físicos dedicados a los problemas de la reacción en cadena en los Estados Unidos. Una de las formas posibles de esta relación podría consistir en que usted nombrase para encargarse de ella a una persona que goce de su confianza y que pueda actuar de manera oficiosa. Su tarea comprendería los siguientes extremos:

1. Relacionarse con los diversos departamentos gubernamentales, mantenerlos informados de la evolución de las investigaciones y hacer recomendaciones para la acción del gobierno, con particular atención al problema de asegurar un suministro continuo de mineral de uranio a los Estados Unidos.

2. Acelerar el trabajo experimental, que se realiza actualmente dentro de los límites de los presupuestos de los laboratorios universitarios; para ello habría que suministrar recursos económicos, si fuese necesario, estableciendo contacto con personas privadas deseosas de contribuir a esta causa y obteniendo, quizá la colaboración de laboratorios industriales dotados del equipo necesario.

Sé que Alemania ha prohibido la venta del uranio de las minas checoslovacas, sometidas actualmente a su control. Esta medida puede explicarse, quizá, porque el hijo del secretario de Estado alemán, von Weizsäcker, trabaja en la Kaiser-Wilhelm-Gesellschaft de Berlín, donde se están repitiendo actualmente algunos de los experimentos norteamericanos sobre el uranio.

Su
affmo.s.s. A.Einstein". [61]

Los nazis, en su afán de demostrar su superioridad como raza cometieron un gravísimo error: atacar abiertamente y amenazar a la comunidad científica que trabajaba en Alemania, Italia[92] y los países limítrofes, por lo que en los últimos años de la década de los treinta y principios de los cuarenta se produjo una verdadera fuga de cerebros y casi todos ellos, después de pasar por Inglaterra o Suecia, terminaron en los Estados Unidos, como

---

[92] Mussolini imita a Hitler en el antisemitismo.

nuestro hombre. Este fue el camino que siguieron los pioneros en la investigación que provocará la operatividad de la bomba. Los Fermi, Böhr, Meitner, Frisch... huyeron de Alemania o Austria y se llevaron de allí sus privilegiadas mentes, privando a los nazis de buena parte del camino recorrido en el desarrollo de la tecnología necesaria para la elaboración de la bomba. El temor a que los alemanes pudieran equiparse con semejante arma animó a muchos científicos a solicitar del gobierno estadounidense la atención precisa para solventar tan delicada situación. Por ello, aunque la carta a la que hemos hecho referencia no tuvo una repercusión correlativa en su posterior fama, el presidente Roosevelt creyó conveniente constituir un Consejo Asesor sobre el Uranio, cuyas investigaciones no darían grandes frutos. Sin embargo, la posibilidad real de fabricar la bomba era cada vez más grande. El apremio de los científicos, unido a la cada vez mayor amenaza alemana inclinaron al presidente a tomar la decisión definitiva para fabricarla, un 6 de diciembre de 1941. Un año después la Universidad de California y el Ejército de EE UU crearon el laboratorio de Los Álamos donde se desarrolló el Proyecto Manhattan para lograr la primera bomba atómica. El primer ensayo serio tuvo lugar en Chicago. El 16 de julio de 1945, ya muerto Hitler, se llevó a cabo la primera explosión atómica, en el campo de pruebas de Trinity; en el desierto de Nuevo México. El fatídico 6 de agosto llegó la gran tragedia: **Hiroshima**. Tres días después, **Nagasaki**.

La expresión $E=mc^2$, hoy convertida en un símbolo de modernidad, guarda en su sencillez un principio unificador de trascendental importancia para la Física: el principio de conservación da la materia-energía. Hasta la aparición de la Relatividad Especial materia y energía eran conceptos perfectamente delimitados y separados y amparados en sendos principios de conservación.

El de la materia manifestado a través del comportamiento de las reacciones químicas se apoyaba confiadamente en el hecho experimental de la ley de Lavoisier: *En una reacción química, la masa total de los reactivos, más los productos de la reacción, permanece constante.*

El principio alcanzó más tarde una formulación más general, que afirma que la cantidad total de materia en un sistema cerrado permanece constante.

Por su parte la energía tenía también su propio principio de conservación perfectamente compatible con el anterior y genuinamente diferenciado e independiente. Esta ley, que constituye el Primer Principio de la Termodinámica, fue formulada por Hermann von Helmholtz, Julius Robert von Mayer y James Prescott Joule y afirma que: *La suma de todas las energías en un sistema cerrado permanece constante.*

En la ecuación de Einstein se expresa la relación entre masa y energía bajo un mismo principio unificador. Por un lado nos indica que una pequeña cantidad de masa puede convertirse en ingentes cantidades de energía y viceversa; por otro es un auténtico principio de conservación que engloba a los dos anteriores expresando con toda claridad que la materia y la energía están íntimamente relacionadas en el Universo y que ninguna de las dos es inmutable ni constante: lo es su balance general.

Aplicando este balance a la bomba de Hiroshima en la que la cantidad de masa que se transformó en energía fue de un gramo, aunque la cantidad de uranio se acercara a los diez kilogramos y toda la bomba pesase más de cuatro toneladas, podemos determinar que la potencia energética generada por dicha transformación fue de 12,5 kilotones. Dicho así puede que no impresione mucho el dato; pero sí lo hará si establecemos alguna comparación; por ejemplo, para obtener esa potencia se necesitarían doce millones y medio de toneladas de TNT. Otra comparación interesante podría ser que ese mismo gramo de uranio convertido en energía eléctrica en una central nuclear generaría 25 millones de kW·h; suficientes para abastecer de energía a una ciudad pequeña durante un año.

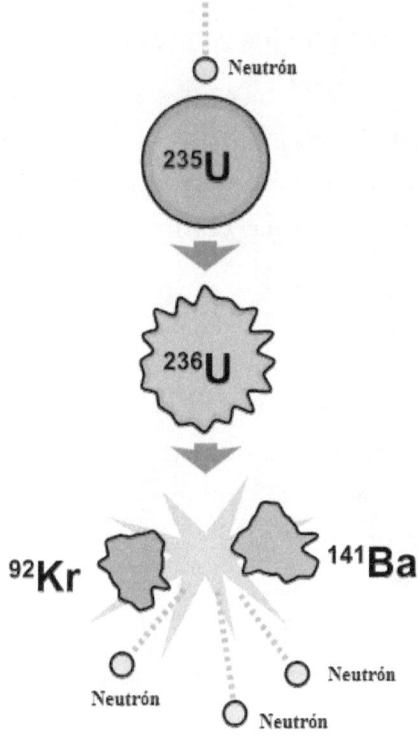

Figura 72. Esquema de la fisión nuclear del uranio. Un núcleo de uranio es bombardeado por un neutrón lento produciendo la rotura del núcleo y la producción de tres o más neutrones puede originar la reacción en cadena.

En palabras del propio Einstein se ilustran los más oscuros presagios que amenazan a nuestro mundo en caso de utilizar el poder de la Ciencia para un desarrollo militar descontrolado:

> "No sé con qué armas se librará la Tercera Guerra Mundial; pero en la Cuarta Guerra Mundial usarán palos y piedras". [62]

2.2.4.5 El retraso de los relojes atómicos.

Las partículas subatómicas, bien procedentes del espacio exterior, bien producidas en los laboratorios, se comportan como relojes de extraordinaria precisión que se manifiestan como instrumentos idóneos para la comprobación de las ideas de Einstein.

Antes de entrar en el concepto exacto de un reloj atómico y su utilidad en el campo relativista nos detendremos en el experimento que B. Rossi y D.B. Hall realizaron en 1941 utilizando unas partículas subatómicas denominadas **muones (μ)** para demostrar la dilatación del tiempo.

Un muón es una partícula inestable que es producida, por ejemplo, por los rayos cósmicos al impactar con la capa más externa de la atmósfera terrestre. Estas partículas entran en la atmósfera a una velocidad prácticamente igual a la de la luz y se desintegran dando lugar a otras entre las que se encuentran los electrones; hecho que permite medir con cierta facilidad el tiempo medio de desintegración de los muones con mucha precisión.

El experimento de Rossi y Hall consistió en instalar un contador de muones en lo alto del monte Washington y otro a nivel del mar. Se partió de la hipótesis de que el tiempo medio de vida de estas partículas era el mismo para los que eran detectados por el contador que para los que continuaban su camino hacia el mar, hipótesis completamente razonable. Se realizó el conteo de los muones que llegaban en lo alto de la montaña y tras una segunda medida, en la que se detectaban los electrones emitidos tras su desintegración, se calculó el tiempo medio para tal fenómeno. Realizando las mismas mediciones al nivel del mar se observó que el número de muones que llegaban era muy superior al esperado. La explicación, basada en los cálculos relativistas, proponía que para que esto ocurriera el tiempo transcurrido para el recorrido de estas partículas desde el detector de la montaña hasta el situado a nivel del mar debía ser nueve veces menor al previsto. Dicho de otro modo: los muones experimentaban, debido a su enorme velocidad, una dilatación del tiempo cuyo factor de dilatación, es decir el cociente entre su tiempo de viaje y su tiempo de vida media era de nueve.

Un experimento mucho más preciso fue realizado por **David H. Frinch** (1918-1991) en 1963 midiendo 563 muones por hora. La velocidad de los muones era $0,995c$. Después de atravesar los 1907 metros de altura entre el Monte Washington y el mar en 6,4 µs se detectaron un promedio de 412 muones por hora, resultando un factor de dilatación del tiempo de 8,8 muy de acuerdo con los 8,4 previstos por la teoría.

Sería interesante preguntarse cual sería, según la Relatividad, el punto de vista de un observador que viajase en una de esas partículas, es decir, un observador que hiciese las mediciones en el sistema de referencia de la partícula en reposo que ve acercarse a la Tierra a la velocidad de la luz registrando primero el paso del pico de la montaña y luego el de la superficie del mar. Pues bien, el tiempo para ese observador no presentaría anomalías ni contradicciones puesto que para él el espacio a recorrer sería mucho menor que el que nosotros observamos, ya que de acuerdo con las transformaciones de Lorenz tendría lugar una contracción del espacio perfectamente compatible con sus datos temporales. Este es un ejemplo más de la simetría espacio-temporal inherente a los conceptos relativistas.

Pasemos, después de esta interesante experiencia a hablar de **los relojes atómicos** propiamente dichos. Los relojes atómicos son los dispositivos de medida del tiempo más precisos. Su funcionamiento se basa en la frecuencia de la oscilación entre dos estados de energía de determinados átomos o moléculas. Estas vibraciones no resultan afectadas por fuerzas externas. Uno de los más conocidos y utilizados es el reloj de cesio. Su fiabilidad, exactitud y precisión[93] son tales que se usa para definir la unidad fundamental de tiempo en el Sistema Internacional de Unidades. Se basa en la medida de la frecuencia de la radiación absorbida por un átomo de cesio al pasar de un estado de energía más bajo a uno más alto. Así, en 1967 se redefinió el segundo a partir de la frecuencia de resonancia del átomo de cesio, es decir, la frecuencia en que dicho átomo absorbe energía. Esta es igual a 9.192.631.770 Hz. *El segundo es la duración de 9.192.631.770 periodos de la radiación correspondiente a la transición entre los dos niveles energéticos hiperfinos del estado fundamental del átomo de cesio 133.*

Puesto que un reloj atómico se muestra tan eficaz y exacto para la medida del tiempo, desde su descubrimiento pareció una herramienta apropiada para medir la dilatación del tiempo propuesta por Einstein para los relojes que se mueven en un campo gravitacional.

---

[93] Se estima que un reloj atómico de cesio retrasaría o adelantaría un segundo cada tres mil millones de años.

Una de las primeras experiencias relativistas con relojes de cesio fue realizada por el físico **J.C. Hafele**. Consistió en colocar cuatro de estos relojes en un avión y otros tantos en la Tierra. Se trataba de medir y comparar los tiempos medidos en un objeto en movimiento con respecto al sistema de referencia terrestre. Una vez finalizado se observó que los relojes viajeros presentaba un retraso de 273 nanosegundos con respecto a los de la Tierra. Hechos los cálculos teóricos a partir de la teoría einsteniana, las coincidencias fueron asombrosas.

Pudieran parecer ridículos o exagerados estos planteamientos por lo ínfimo de su apreciación; pero hemos de tener en cuenta que la velocidad de un avión, por muy grande que nos parezca, dista mucho de la de la luz por lo que las variaciones son prácticamente inapreciables y, por supuesto, del todo inútiles para nuestro quehacer mundano. Sin embargo, hemos de remarcar la filosofía del experimento; pues recordemos que Eistein es tanto más eficiente, tanto más diferente de los resultados clásicos, cuanto más dramáticas son las condiciones. Por ello, este primer intento tímidamente satisfactorio encontró muy pronto pruebas más sólidas hechas desde satélites y sondas espaciales. Tales pruebas se han ido realizando a lo largo de más de cincuenta años y los resultados corroboran siempre la teoría de nuestro sabio, acumulándose ya por centenares las experiencias de dilatación del tiempo realizadas con éxito.

Mención especial merecen los experimentos referentes a la dilatación de tiempos que se están realizando en la actualidad en la **Estación Espacial Internacional**, con los relojes atómicos de mayor precisión conocidos, cuyo error se cifra en un segundo cada trescientos millones de años, o los que entrarán en funcionamiento en un futuro cercano, con una desviación estipulada en un segundo cada tres mil millones de años.

En palabras de Lute Maleki, supervisor del Grupo de Ciencias Cuánticas y Tecnología del JPL (Jet Propulsion Lavoratory):

> "Poner relojes atómicos en órbita es una buena manera de probar la teoría de la Relatividad General. [...] hasta hora ha pasado cada prueba, pero ninguna teoría es perfecta —ni siquiera la de Einstein—. Eventualmente, y a medida que la precisión de nuestros experimentos sea mayor, esperamos encontrar errores en dicha teoría; y esto cambiará de manera espectacular nuestros conocimientos acerca de la naturaleza del Universo". [63]

2.2.4.6 Cosmología relativista

Los efectos gravitacionales producidos por la presencia de un objeto masivo han sido durante años una fuente inagotable de mediciones que confirman la Teoría General de la Relatividad. Nos ocuparemos en este caso de los que más llaman la atención entre el público en general: los púlsares, los agujeros negros y los quásares.

Los **púlsares** son **estrellas de neutrones** que giran muy rápidamente emitiendo señales pulsantes cuyo período es muy pequeño. Estas señales, llamadas radiopulsos, se detectan con radiotelescopios. Se emiten a intervalos constantes por lo que son de una extraordinaria fiabilidad a la hora de medir el tiempo. Los púlsares son objetos enormemente masivos donde la materia se concentra de manera espectacular, a pesar de ello su diámetro no supera los veinte kilómetros. Su densidad es tan enorme que si la cabeza de un alfiler tuviera una densidad semejante su masa alcanzaría más de 80.000 toneladas.

El primer púlsar fue descubierto en 1967 por el astrofísico británico **Anthony Hewish,** que explicó su formación sugiriendo que se trataba de los restos de la explosión de una estrella.

En 1974 el estudiante de doctorado **Russell Hulse** de la Universidad de Massachussets con el radiotelescopio gigante de Arecibo, en Puerto Rico, descubrió un nuevo objeto estelar con las características descritas; pero con un comportamiento todavía más extraño. Se denominó **PSR 1913 + 16** y estaba situado en la constelación El Águila. Este extraño objeto emitía una señal cuya frecuencia crecía y decrecía en un tiempo regular de siete horas y cuarenta y cinco minutos. Hulse, junto con su director Joseph Taylor, plantean la hipótesis de que esa estrella de neutrones estuviera orbitando alrededor de una gemela no visible porque emitía su señal en una dirección distinta. Se planteó así la existencia de dos estrellas de neutrones que formaban un púlsar binario, separadas unos setecientos mil km, orbitando una alrededor de la otra. El período de rotación se calculó en ocho horas y la velocidad en unos 300 km por segundo. Puesto que existía un movimiento de alejamiento y acercamiento de uno de los objetos hacia la Tierra era posible valorar el efecto Doppler y el valor experimental del mismo estuvo en perfecta consonancia con los cálculos relativistas. Del mismo modo fue posible la medida experimental del avance del perihelio de la órbita que fue de 4.2° por año, también de acuerdo con la Teoría de la Relatividad.

Pero estos dos aspectos no son más que nuevas aportaciones que se unen a las que hemos denominado pruebas clásicas. Lo novedoso fue la comprobación de que el púlsar emitía ondas gravitacionales que son perturbaciones, ondulaciones del espacio-tiempo que, según se cree, se difunden a la velocidad de la luz y transportan energía desde los lugares donde se acelera rápidamente una masa. Esto ocurre en las explosiones violentas de supernovas, que van acompañadas del colapso de los núcleos estelares y la posterior formación de estrellas de neutrones o agujeros negros; la interacción de agujeros negros; los púlsares (estrellas de neutrones en rotación) y los sistemas binarios de estrellas de neutrones, cuando sus dos componentes se funden en uno solo y mueren.

Es imposible una medida directa de estas ondas, pero sí pueden hacerse mediciones indirectas. Puesto que las ondas gravitacionales se llevan energía del sistema del que salen se puede observar una pérdida de la energía de este sistema. En el caso del púlsar binario del que estamos hablando, esto se manifestaría en una pérdida en la energía de rotación y por lo tanto en la disminución de la órbita, que en lugar de elíptica sería espiral, una disminución del radio de separación de los dos objetos masivos y del período de rotación.

La existencia de ondas gravitacionales fue prevista en la Teoría de la Relatividad General de Einstein y a pesar de que aún no se han detectado estas ondas, esquivas a cualquier antena de las que captan ondas electromagnéticas, la pérdida de energía de estos sistemas masivos se acepta como prueba de su existencia. Hulse y Taylor confirmaron estos resultados en 1979. En 1993 se les concedió el Premio Nobel de Física por sus trabajos sobre los púlsares binarios.

Podríamos imaginarnos en una nave moviéndose en órbita alrededor de una estrella de neutrones con una velocidad orbital suficiente para evitar el colapso e intentar interpretar lo que ocurre con el espacio y con el tiempo; o mejor, con el espacio- tiempo. Las geodésicas, es decir, las líneas más cortas que unen dos puntos, estarían curvadas y, en el caso del púlsar binario del que hemos hablado, sometidas a mareas gravitacionales que ocasionarían perturbaciones periódicas. Necesitaríamos contar también con una base hipotética en la estrella; y en ambos lugares de referencia, estrella y nave, coordinar la puesta en marcha de los relojes. La Teoría de la Relatividad predice que para los tripulantes de la nave los relojes situados en la superficie del astro van más despacio que los suyos. Existe pues un factor de dilatación del tiempo que depende entre otras cosas de la masa del astro.

En la actualidad se han catalogado casi un millar de púlsares y, en todos los casos estudiados, se pone de manifiesto el cumplimiento de la Teoría de la Relatividad General. Podríamos decir con ello que su poder alcanza los límites del Universo.

Entramos ahora en otro de los conceptos de la Astronomía moderna que más han impactado mediáticamente por el halo de misterio y ciencia ficción que han generado. Se trata unos cuerpos conocidos con el nombre de agujeros negros.

Un **agujero negro** es un ente cósmico con un campo gravitatorio tan extraordinariamente grande que ni siquiera la luz puede escapar de sus dominios. La atracción gravitatoria ejercida por este cuerpo, que concentra una cantidad masa en un espacio muy pequeño produciendo una densidad elevadísima, es tan poderosa que la velocidad de escape de una radiación electromagnética no es suficiente para abandonar el campo de atracción. Un agujero negro está delimitado por una superficie llamada horizonte de sucesos, a través de la cual la luz puede entrar, pero no puede salir, lo cual hace que la porción del espacio en la que esto ocurre aparezca totalmente negra.

Figura 73. Simulación artística de un agujero negro.

En 1916, teniendo en cuenta los trabajos de Einstein, el astrónomo alemán **Karl Schwarzschild** (1873-1916) desarrolló el concepto de agujero negro. Según la Relatividad General, la gravitación modifica intensamente el espacio y el tiempo en las proximidades de un agujero negro. Cuando un observador se acerca al horizonte de sucesos desde el exterior, el tiempo se retrasa con relación al de observadores a distancia, deteniéndose completamente en el horizonte. Esto implica que para el observador que se encuentra fuera del horizonte de sucesos la nave se encuentra paralizada, detenida como en un bucle espacio-temporal en el que permanecerá para siempre. Sin embargo, los hipotéticos viajeros de la nave no percibirán esa sensación, puesto que su sistema de referencia es el centro del agujero. En la actualidad se conoce la existencia de muchos de estos cuerpos y los estudios sobre ellos proliferan en todo el mundo. Su existencia es una nueva confirmación de la Teoría de la Relatividad.

Pero, ¿qué tiene que ocurrir para que se forme un agujero negro? De nuevo tenemos que hablar de las condiciones más extremas de la historia estelar. Una estrella por su comportamiento es un ente vivo: nace, crece, envejece y muere; terminando la mayoría de las veces como un cuerpo astral sin apenas luz conocido como enana blanca. Pero si esa estrella crece desmesuradamente alcanzando un diámetro centenares de veces superior al del Sol, el final de su vida es diferente: estalla produciendo una supernova. La masa del astro se colapsaría concentrándose en el centro gravitatorio, generando un cuerpo cuya densidad es tan grande que su poder gravitatorio es enorme. En este caso forma lo que hemos llamado anteriormente estrella de neutrones o en el caso límite un agujero negro, también denominado singularidad porque concentra una masa prácticamente infinita en un lugar muy pequeño del espacio.

En 1994, el telescopio espacial Hubble proporcionó sólidas pruebas de que existe un agujero negro en el centro de la galaxia M87. La alta aceleración de gases en esta región indica que debe haber un objeto o un grupo de objetos de 2,5 a 3,5 millones de masas solares. Desde entonces los candidatos a ser acreedores de esta categoría aumenta cada año. Por ejemplo, en 1977 un equipo de astrónomos estadounidenses descubrió de tres nuevos aspirantes a agujeros negros en los centros de las galaxias NGC 3379, NGC 3377 y NGC 4486B.

La existencia de agujeros negros ha suscitado y suscita grandes discrepancias en la comunidad científica, e incluso ha dado lugar a elucubraciones propias de la ciencia ficción. **Stephen Hawking**, una de las mentes actuales más preclaras en lo que se refiere a la interpretación de los fenómenos que suceden en el Universo, ha planteado la hipótesis de que muchos agujeros negros pueden haberse formado durante el **Big Bang** por lo que estaría muy alejados del resto de la materia y no serían esos devoradores de estrellas con los que muchas veces se pretenden identificar. Este eminente científico no está muy de acuerdo con el concepto de singularidad, sino que para él estos agujeros serían lo que él denomina "agujeros de gusano" que podrían ser una especie de puertas de acceso a otros universos diferentes al nuestro.

En cuanto a los **quásares**, su denominación hace referencia a las palabras inglesas "quasi-stellar radio source", que se traducen literalmente como "fuente de radio cuasiestelar" y se refieren a cualquier astro cuyo espectro que presenta un fuerte corrimiento hacia el rojo. Este hecho nos informa de que son objetos muy lejanos, a miles de millones de años luz, que se alejan de nosotros a velocidades muy altas, cercanas a la velocidad de la luz y que desprenden enormes cantidades de energía en forma de ondas de radio, de rayos-X y de rayos gamma. Esta emisión suele variar en lapsos de tiempo que van de días a años. También proyectan grandes chorros de materia. El 26 de septiembre de 1960, gracias a uno de los telescopios del Monte Palomar, se observó **la radio fuente 3C48**. Se la denominó quásar y fue considerado como el cuerpo más lejano, brillante y viejo del Universo. Se encontró que este objeto presentaba, debido al efecto Doppler, un enorme desplazamiento hacia el rojo y se concluyó que el quásar se alejaba de nuestro sistema a gran velocidad, cercana a la de la luz.

En 1963 se produjeron nuevos hallazgos. **Maarten Schmidt**, científico norteamericano, identificó en el quásar 3C273 los corrimientos hacia el rojo más grandes descubiertos en ningún objeto estelar. Estos descubrimientos eran la prueba fehaciente de la expansión del Universo y una corroboración experimental inequívoca de la ley de Hubble que establece que la velocidad de alejamiento causada por la actual expansión del Universo es directamente proporcional a la distancia del objeto.

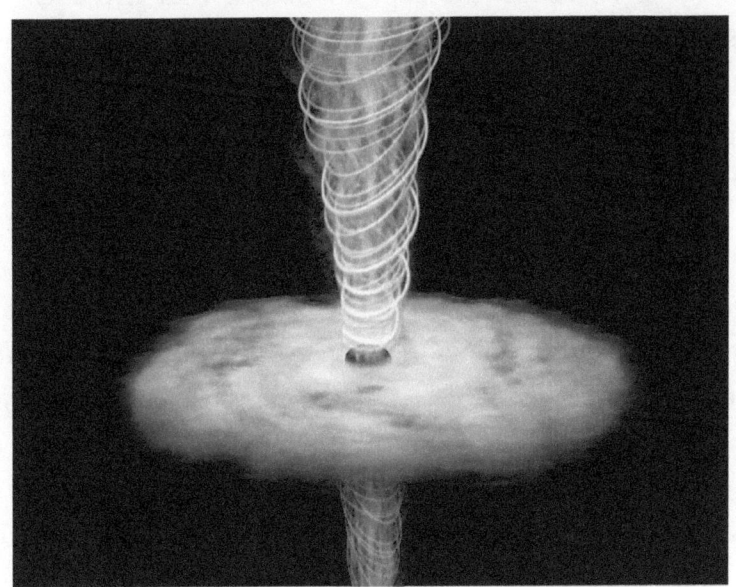

Figura 74. Representación artística de un quásar.

De los miles de quásares conocidos en la actualidad conviene reseñar, por ejemplo, el identificado por Monte Palomar en 1991, situado a una distancia de 12.000 millones de años luz y con un brillo decenas de miles de veces más grande que nuestra galaxia, a pesar de que su tamaño es mucho menor.

Los astrónomos explican estos hechos aduciendo que los quásares pueden ser agujeros negros rodeados de materia caliente que gira a su alrededor. Parte de este material cae al agujero negro; pero otra parte es proyectada hacia el exterior en forma de chorros, generalmente simétricos, a velocidades cercanas a la de la luz. Estas emisiones son las responsables de las radiofrecuencias captadas desde la Tierra.

No quisiera abandonar la cosmología relativista sin hacer referencia al concepto del propio Universo que se deriva de ella.

La idea de la curvatura del espacio debida a la presencia de grandes masas en él es la idea más genial de toda la teoría elaborada de Einstein y la que de hecho ha perdurado y causado más debates, discusiones y consecuencias teóricas para la Física. Supone la aceptación de una visión geométrica del espacio-tiempo y por lo tanto del Universo. Términos como pasado, presente, futuro, antes, después, arriba, abajo, simultáneo…, pierden su carácter absoluto y se convierten en relativos transformando la evolución espacio-temporal en pura matemática. Los distintos sistemas de referencia que podamos imaginar "compiten" en la descripción de los acontecimientos en igualdad de condiciones. No hay sistemas preferenciales y por lo tanto aquellos sucesos que en un sistema ocurren a la vez no tienen por qué hacerlo en otro que se mueve con respecto al anterior. Este principio desbarata cualquier imposición absoluta a los hechos. Lo que en un sistema es "antes" en otro es "después". En cierto modo, el concepto de eternidad pierde todo su sentido: es la Geometría la que es eterna. De igual manera ocurre con el concepto de espacio. ¿Son los objetos los que curvan el espacio o son los que lo crean? ¿Qué es la nada? Estas son preguntas cuya solución se ampara más en la Filosofía que en la Física que aún no tiene respuestas suficientemente respaldadas por la experimentación para ellas. Al final de nuestro recorrido intelectual llegamos a una cuestión que quizás las abarque todas: ¿qué es el Universo y cómo evoluciona? El diccionario de la RAE lo define como el conjunto de todas las cosas creadas, lo cual es tan ambiguo que suscita más cuestiones para las que ni siquiera las Filosofía tiene argumentos suficientes, lo que hace que debamos apoyarnos en la embaucadora fe. Desde el punto de vista de la Física, el Universo es la totalidad del espacio y del tiempo, de todas las formas de materia y de energía; incluyendo también las leyes físicas que las gobiernan. La Teoría de la Relatividad General presenta un Universo dinámico, en continua evolución, cosa que Einstein nunca terminó por aceptar[94]. Resulta curioso concluir que su propia teoría se volvió contra el sabio. Era partidario de un Universo estático y por lo tanto con un pasado, un presente y un futuro que lo hacen eterno.

Fue el físico ruso **Alexander Friedmann** (1888-1925) el que solucionó las ecuaciones de Einstein que implicaban un Universo cambiante que el sabio no podía aceptar. En 1922 publicó dos artículos en una prestigiosa revista alemana de física titulados "sobre la curvatura del espacio" y "sobre la posibilidad de un mundo con curvatura negativa constante del espacio". En ellos estudiaba los tres modelos de Universo que podían deducirse de las ecuaciones: con curvatura negativa (Universo abierto), nula (Universo estacionario) o positiva (Universo cerrado). Demostró que el modelo real de Universo depende de la densidad de la materia que hay en él. Si esta densidad está por debajo de un punto crítico el Universo se expandiría para siempre; pero que si este valor se supera llegará un momento en que la expansión se frene y el Universo involucione hasta volver al inicio para comenzar de nuevo.

---

[94] Esta y otras cuestiones –relacionadas, como ya sabemos, con sus reticencias a la Física Cuántica- hicieron que el sabio se apartara de los caminos por los que la Ciencia ha discurrido a partir del primer cuarto del siglo XX. "Hemos perdido a nuestro líder", llegó a afirmar el físico austriaco Paul Ehrenfest (1880-1933) cuando supo de la oposición radical del sabio a la Teoría Cuántica. Einstein fue incapaz de asimilar las propuestas de esta nueva teoría, basadas todas en la probabilidad de un suceso frente al determinismo que la Física Clásica e incluso la Relatividad pretende imponerle. Por ello a Einstein se le ha denominado **el último físico clásico**.

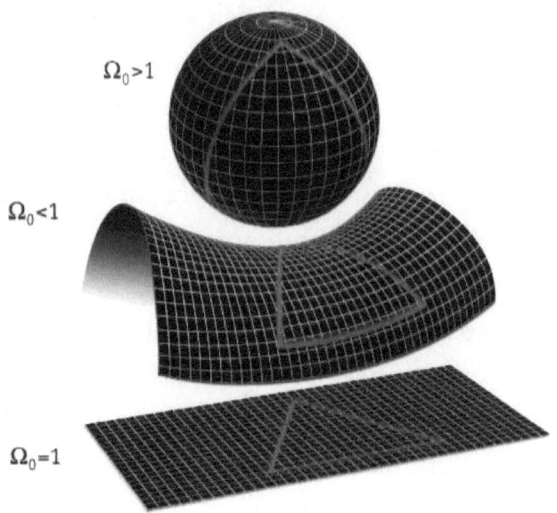

Figura 75. Los tres modelos de Universo.

En un intento desesperado por introducir la idea del de un Cosmos estático en las ecuaciones de la Relatividad General, Einstein dedicó ímprobos esfuerzos en introducir en ellas un "término cosmológico" que compensara los efectos gravitacionales sobre el espacio, cosa que fue un estrepitoso fracaso. Es como si hubiera luchado contra su propia idea. Él mismo se referiría a ello años más tarde al afirmar que había sido "el disparate más grande de mi vida".

Tal como sabemos —lo vimos por ejemplo con el corrimiento hacia el rojo de Hubble— nuestro Universo está en expansión. Existe un principio cosmológico que dice que cualquier observador que se encuentre en un punto del Universo creerá estar en su centro y verá alejarse de él a todas las galaxias. Ello es causado por el concepto relativista de que no existe ningún sistema de referencia fijo al que podamos recurrir. Esto es lo que sabemos hoy; que el Universo en el que vivimos se expande; pero ello no quiere decir que vaya a ser siempre así. No sabemos cuál de los dos sistemas dinámicos propuestos por Fiedmann es el correcto porque no conocemos todo el Universo. Los estudios, investigaciones y controversias que se han derivado de estas ideas han sido son y serán objeto de discusiones en la comunidad científica cuya exposición se necesitaría otro libro. Si se descubre otro tipo de materia —recordemos que recientemente se ha propuesto la llamada materia oscura[95]— puede que el valor crítico de Friedmann sea superado cambiando todas nuestras concepciones presentes en un instante. Así es la Ciencia; convulsa e impredecible, como el propio Cosmos.

2.2.4.7 Partículas misteriosas.

Hemos llegado hasta aquí después de haber hecho varios viajes. El primero y más evidente es el que hacemos a bordo de la nave imaginaria de la Ciencia que zarpó en los orígenes del pensamiento. Otro viaje es el que nos lleva desde el micromundo de las partículas subatómicas hasta la enormidad del Cosmos poblado de galaxias, pasando por el mundo de los fenómenos cotidianos que nos rodean. Recordemos que Einstein trabajó durante años en busca de una teoría que unificara la explicación de las interacciones que intervienen en todos los fenómenos que conocemos: gravitación; electromagnetismo; interacción débil, que explica las interacciones entre las partículas fundamentales; interacción fuerte, que explica el funcionamiento de los núcleos atómicos (la formación, cohesión y desintegración de estos). Esta teoría se le resistió entre otras cosas por las reticencias del sabio a aceptar los planteamientos de la incipiente Mecánica Cuántica.

---

[95] La Astrofísica emplea este concepto para referirse a la existencia de materia de composición desconocida que no puede ser detectada con los medios actuales porque no emite la suficiente radiación, pero cuya existencia se puede deducir a partir de los efectos gravitacionales que causa en la materia visible, por ejemplo en estrellas y galaxias.

En la actualidad, la llamada **Teoría Cuántica de Campos** ha conseguido ensamblar las tres últimas fuerzas en una sola. Postula que las interacciones de la naturaleza nacen de la interacción de la materia con determinadas partículas de tipo bosónico que generan un campo, llamadas **bosones de gauge**[96]. Estudiar la gravitación desde el punto de vista cuántico de la Teoría de Campos implica aceptar la existencia de una partícula transmisora de la interacción gravitacional: el **gravitón**, un bosón cuya masa se postula que debería ser extremadamente pequeña (millones de veces más pequeña que la de las partículas subatómicas conocidas); tan, tan ínfima, que con las posibilidades tecnológicas de hoy día es indetectable. Si algún día se logra, la partícula debería hacer coincidir las previsiones cuánticas con las relativistas.

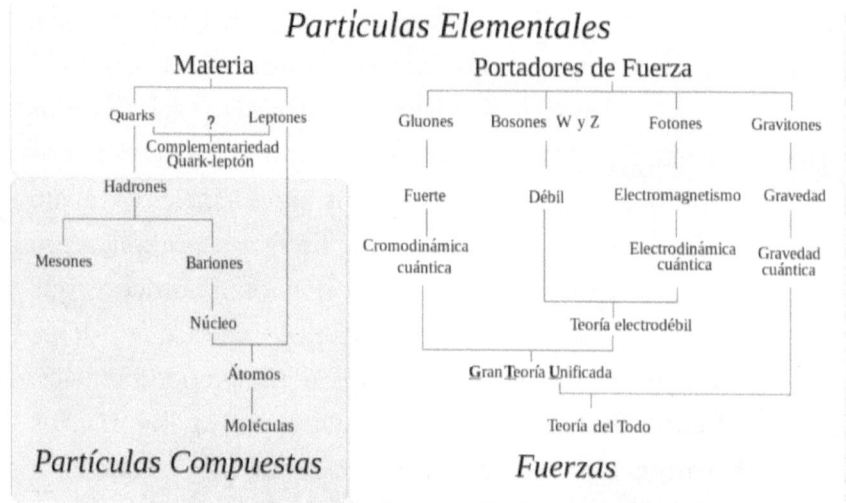

Figura 76. Las partículas más pequeñas y teorías que describen sus interacciones. El protón y el neutrón son bariones,

---

[96] Hay tres tipos de bosones de gauge: fotones, que explican la interacción electromagnética, bosones W y Z que explican la interacción débil y gluones que explican la interacción fuerte; el cuarto sería el gravitón.

mientras que el electrón es un leptón. La fuerza relativa que nos permite comparar la enorme diferencia entre las interacciones es del siguiente orden, de menor a mayor:

gravedad ($10^0=1$), interacción débil (10^{25}), electromagnetismo (10^{36}), interacción fuerte (10^{38}).

Vamos a sumergirnos ahora de lleno en el mundo de los átomos. De todos es conocido que estos están compuestos por un núcleo, formado por protones y neutrones que a su vez se componen de partículas más pequeñas llamadas quarks, rodeado por una nube electrónica. El problema reside en justificar el porqué hay tanta diferencia entre la masa de las distintas partículas elementales. Hay quarks con una masa miles de veces más grande que la del electrón y, por otra parte, el fotón es una partícula de masa cero. La solución la aportó Higgs[97] al suponer que todo el espacio está inmerso en un campo: el campo de Higgs, formado por un incontable número de bosones de Higgs (algo parecido a un mar) con el que interactúan las partículas (los peces nadando en el mar). Esta interacción proporciona a las partículas masa y energía. La masa se originaría al "friccionar" las partículas con el campo de Higgs, de manera que a mayor fricción más masa. El problema radica en que si hay un campo debe haber una partícula especial de ese campo que interactúe con las demás que se encuentran en él. Esta partícula elemental hipotética se denominó **bosón de Higgs**. Los científicos llevan años buscándola en los aceleradores de partículas. Su detección

---

[97] Peter Ware Higgs es un físico británico nacido en 1929 que ha trabajado en teorías físicas que intentan explicar el origen de la masa de las partículas elementales.

presenta enormes dificultades técnicas. Para generarlo se necesita una energía descomunal y además, una vez producida, la partícula es muy inestable y se desintegraría casi inmediatamente. Parece haber pruebas recientes de que ha podido ser identificada en el gran colisionador de hadrones de la frontera franco-suiza, según comunicó el CERN[98] el 4 de julio de 2012 (confianza del 99,99994%), circunstancia que ha supuesto la concesión del premio Nobel de Física 2013 a Peter Higgs y François Englert.

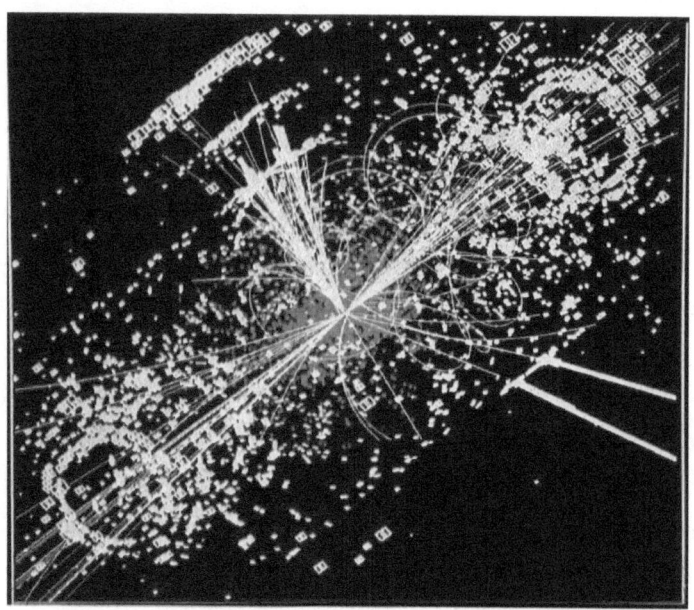

Figura 77. Traza hipotética del bosón de Higgs obtenido por colisión protón-protón.

Esta partícula sería la causante primigenia de la formación de las demás partículas del Universo y también de las interacciones energéticas surgidas de ellas y entre ellas. ¿Será esta

---

[98] Centre Européen pour la Recherche Nucleaire.

"partícula divina" el quinto bosón que cohesionará la "Física del Todo"? ¿Será la que va a dar sentido a la tan añorada teoría de la unificación que es la quimera de la Física? ¿No suena la Teoría de Campos a algo parecido a lo que buscaban los científicos decimonónicos con el misterioso éter? Estas y otras controvertidas cuestiones darán arduo trabajo a los físicos del siglo XXI. Sea como fuere, el bosón de Higgs habrá de soportar toda la estructura científica que se ha construido hasta la fecha, que no olvidemos que se sustenta en dos pilares fundamentales: la Física Cuántica y la Relatividad.

3.2.5 El legado del sabio.

Albert Einstein revolucionó con sus ideas el mundo científico. Podría decirse que construyó los pilares sobre los que se sustenta gran parte de la Física actual. A partir de sus pensamientos se han desarrollado instrumentos, máquinas, ingenios y procedimientos sobre los que se afianza la tecnología que invade nuestras vidas cada vez con más intensidad. Sin embargo, sus comienzos no fueron del todo alentadores. Su teoría era extremadamente revolucionaria. Contravenía, aparentemente, ideas que llevaban funcionando con fiabilidad y aplicabilidad práctica durante siglos; insultaba descaradamente a las percepciones sensoriales; afirmaba cosas que contradecían a los sentidos, como la dilatación del tiempo, la contracción del espacio, la transformación de materia en energía, la curvatura espacio-temporal y otros muchos conceptos que se estrellaban contra los conocimientos en los que se apoyaba la Ciencia de principios del siglo XX.

Einstein, tal vez apesadumbrado por tener que defenderse de las críticas en todos los frentes, se ve invadido por un sentimiento de soledad científica y de aislamiento intelectual que debieron acompañarle durante buena parte de su vida y no fue superado ni borrado por los éxitos y elogios que recibió. Así lo escribe en una carta:

> "Los físicos dicen que soy un matemático y los matemáticos dicen que soy un físico. Soy un hombre completamente aislado y aunque todos me conoce, hay muy poca gente que realmente sabe quién soy". [64]

Y también un artículo escrito en los años en los que recogía honores:

> "A la luz de los acontecimientos actuales, parece inevitable que se llegara a dar con la conclusión acertada. Cualquier estudiante inteligente puede entenderla sin problemas. Pero los años de ansiosa búsqueda en la oscuridad, con un deseo intenso, con las alternancias de agotamiento y confianza y la final aparición de la luz, eso es algo que sólo pueden entender los que han atravesado esa experiencia". [65]

En este apartado no se pretende hacer hincapié en las implicaciones filosóficas derivadas de los planteamientos einstenianos. Tales implicaciones deberían haber quedado suficientemente claras a estas alturas. Tanto en los epígrafes dedicados a la exposición de la teoría como en los referentes a las pruebas de la misma puede derivarse que Einstein tuvo una nueva manera de ver la Ciencia y estaba en una escala de pensamiento diferente al resto de la comunidad científica. Desde este punto de vista fue un visionario. Con toda seguridad se puede afirmar que lo más reseñable del trabajo del sabio no reside en la dificultad matemática de sus ideas: la teoría Especial de la Relatividad no entraña excesivas dificultades de comprensión a ese nivel. Lo verdaderamente brillante de su teoría reside en su elegancia formal y en la capacidad de saber interpretar los resultados de una manera coherente, a pesar de que todos los indicios sensoriales indicasen lo contrario. Cuando más tarde, para construir el andamiaje de la nueva gravitación, necesitó recursos matemáticos que no le eran accesibles no dudó en apoyarse en otros grandes hombres de Ciencia. Einstein sabe reconocer las inestimables aportaciones de otros investigadores, en concreto de Grossmann y de Minkowski.

Existe una anécdota que bien puede ilustrar lo dicho anteriormente. Alguien le preguntó una vez: "¿Dónde tiene su laboratorio?" El sabio sacó una pluma del bolsillo y contestó: "aquí". Esta simple respuesta ilustra con toda claridad los materiales de trabajo del sabio: pluma y papel. Con estas simples armas, un cerebro privilegiado y una carencia total de prejuicios científicos, Einstein, desde el mismo año de publicación de los tres trabajos, comenzó a generar nuevas vías de ver la realidad. Revolucionó la concepción del mundo atómico y subatómico; abrió, sin ser consciente de ello, los caminos de la Mecánica Cuántica y con su Teoría de la Relatividad Especial desplegó sobre un papel la esencia de la interrelación entre el espacio y el tiempo, entre la materia y la energía. Diez años después, con la Teoría General de la Relatividad, amparada por el Principio de Equivalencia, sentó las bases de la nueva Gravitación y de la nueva Astronomía, desde el concepto de Universo hasta las ideas cosmológicas más audaces.

Como señala el astrofísico salmantino Miguel Ángel Sabadell:

> "Quien sacó todo el partido a la cosmología encerrada en la Relatividad General fue un meteorólogo ruso llamado Alexander Friedmann, que optó por resolver las ecuaciones para descubrir cuál sería el futuro del Universo. Y encontró que sólo hay dos opciones: un Universo abierto en continua expansión y un Universo cerrado, donde la expansión se detiene y comienza a contraerse. Después entró en acción el belga Georges Lemâitre, un sacerdote con una encendida pasión por la Física, que siguiendo las ideas de Friedmann pensó que si se pasaba la película del Universo al revés, hacia el origen de todo, la materia tendría que haber estado concentrada en un punto, que bautizó con el nombre de átomo primitivo. Hoy su extravagante idea es aceptada por los cosmólogos de todo el mundo y Lemâitre es reconocido como el padre del Big Bang". [66]

Pero, como ya he señalado, todas estas conclusiones ya han podido ser suficientemente fundamentadas. Por eso quisiera aquí ser más pragmático en la discusión, amparándome en las contribuciones que sus ideas han dispensado a la tecnología de las cosas que nos rodean, que utilizamos diariamente sin darnos cuenta que nos están gritando que Albert Einstein las inspiró. No quiere esto decir que el sabio sea el responsable directo de la invención y el desarrollo de las máquinas y mecanismos que citaremos a continuación; pero sus ideas están presentes en todos ellos, constituyendo la esencia de su funcionamiento, justificando su naturaleza, describiendo sus características o permitiendo hacer predicciones de las consecuencias de su uso.

Recordemos el primero de los trabajos de 1905; el que describía el movimiento errático constante de partículas diminutas suspendidas en un líquido o un gas. Las moléculas del fluido chocan aleatoriamente con esas partículas y hacen que se muevan. Einstein consiguió elaborar una explicación basada en el comportamiento estadístico de dichos movimientos. Pues bien, hoy en día, los fundamentos derivados de de esta interpretación se utilizan en los campos más variados. Por ejemplo, se usan en la bolsa para calcular y predecir el comportamiento de las fluctuaciones del precio de las acciones; también las usa la policía para estudiar la evolución del tráfico de los vehículos que circulan por un lugar a lo largo de un período de tiempo; las usa la Biología para predecir el comportamiento de las membranas celulares y otros procesos biológicos indispensables para la vida. Todos estos procesos pueden ser descritos con fiabilidad a partir de la Física Estadística desarrollada por el sabio. Aquí el determinismo científico carece totalmente de sentido apartándose para dejar paso a la aleatoriedad, pero una aleatoriedad predecible desde la Ciencia. Muere la Ciencia de lo seguro y nace la de lo probable, la de lo posible.

Pero la contribución de Einstein a la Física Estadística no termina aquí. Para poder continuar recogiendo su herencia es necesario hablar de un matemático y físico indio con el que colaboró. Se llamaba **Satyendranath Bose** (1894-1974) y fue profesor de Matemáticas en varias universidades de la India, donde aplicó sus cálculos estadísticos a distintos campos del saber. En un trabajo publicado en 1924 fue capaz de deducir la ecuación de Max Planck referente a la cuantización de la luz basándose en la Teoría Cuántica. Cuando Einstein supo de este estudio quedó muy impresionado y a partir de entonces iniciaron una estrecha colaboración que los llevó a formular lo que hoy conocemos con el nombre **Estadística de Bose-Einstein**. Veamos su fundamento:

Las partículas que tienen un número cuántico de espín[99] entero, denominadas bosones, entre las que se cuentan los fotones (cuyo espín es nulo) presentan la propiedad de poder ocupar estados degenerados, es decir de la misma energía, sin limitación del número de partículas. Todo lo contrario de lo que les ocurre a los fermiones, o partículas con espín no entero, como los electrones, que se ven obligados a cumplir el principio de exclusión de Pauli, según el cual únicamente una partícula de una clase determinada puede ocupar un mismo estado cuántico.

Debido a esta propiedad de los bosones de ocupar un mismo estado energético puede conseguirse a bajas temperaturas que un enorme número de bosones ocupan el mismo estado de energía; el resultado de este proceso se conoce como condensación de Bose-Einstein.

El desarrollo de esta estadística especial elaborada por los dos científicos ha permitido explicar el comportamiento de los rayos láser o el fenómeno de la superfluidez del helio a temperaturas extremadamente bajas, ya que el núcleo del helio se comporta como un bosón, puesto que tiene un espín entero.

---

[99] El espín hace referencia a la propiedad física intrínseca de las partículas subatómicas relacionada con el giro hacia un lado o hacia otro respecto a su eje de rotación.

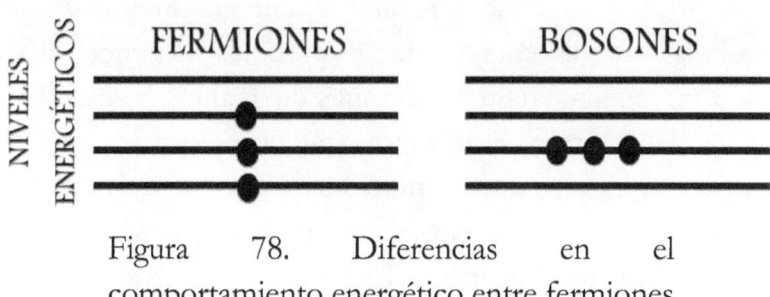

Figura 78. Diferencias en el comportamiento energético entre fermiones y bosones.

Basándose en esta hipótesis de un estado energético superpoblado a muy baja temperatura podría conseguirse que las partículas materiales sometidas a condiciones tan extremas permanecieran prácticamente paralizadas en un estado opuesto al caos cinético con el que se comportan en condiciones normales. Esta situación hace que los materiales cambien radicalmente sus propiedades; por ejemplo, pueden fabricarse sustancias superconductoras a partir de materiales que a temperaturas normales no lo son. En la actualidad este campo está sufriendo un enorme desarrollo y sus aplicaciones futuras permitirán diseñar tecnologías punteras en el campo de la Informática o de las Telecomunicaciones. Los resultados son tan espectaculares que podría decirse sin temor a exagerar que la situación física descrita por la condensación de Bose-Einstein es un nuevo estado de la materia.

Dejemos ahora la Estadística para ocuparnos del segundo de los trabajos del año prodigioso, el que más tarde le proporcionaría el premio Nobel: el Efecto Fotoeléctrico. Su fundamento y justificación ya fueron descritos en su momento, por lo que aquí vamos a ocuparnos de las repercusiones técnicas derivadas del mismo. Recordemos que Einstein explicó por qué una lámina metálica emitía electrones cuando era expuesta a un foco luminoso basándose en que la energía luminosa está cuantizada y que la energía de la partícula depende de la frecuencia de acuerdo con la fórmula de Planck $E=h\nu$. Este fenómeno de emisión electrónica que Einstein mesuró de manera precisa es la base del funcionamiento de aparatos que están presentes en nuestra vida diaria, como las células solares fotovoltaicas, los ordenadores, las cámaras de video o las fotocopiadoras, Por ejemplo, las cámaras digitales, para capturar imágenes, utilizan un dispositivo llamado **CCD** (Charge Coupled Device) que recibe la luz, es decir, fotones; y la transforma en una corriente de electrones que luego puede ser registrada en una memoria electrónica.

Figura 79. Campo de paneles fotovoltaicos.

Otro ámbito de extraordinario desarrollo en la actualidad por sus repercusiones prácticas en multitud de campos diferentes es el de las tecnologías máser y láser. Y una vez más estas ciencias aplicadas encuentran justificación y apoyo en las teorías de Einstein. Veamos primeramente, de forma sucinta, en qué consisten estos fenómenos y luego mostraremos su utilidad y su necesidad de recurrir a los cálculos relativistas.

Las siglas **MASER** responden a la denominación de Microwave Amplification by Stimulated Emission of Radiation que puede traducirse por amplificación de microondas por emisión estimulada de radiación. Es un dispositivo cuyo funcionamiento se basa en conseguir amplificar microondas y ondas de radio. Si tal amplificación se produce en la región visible del espectro recibe la denominación de **LÁSER**, acrónimo en el que la "L" hace referencia a la palabra inglesa Light, es decir, luz.

En 1917 Einstein publicó un trabajo que llevaba por título "Sobre la Teoría del Quántum en la Radiación". En este artículo muestra su descubrimiento de que un fotón con una energía determinada, al colisionar con un átomo puede conseguir que este emita un nuevo fotón de la misma frecuencia que el incidente. Bautizó ese proceso con el nombre de emisión estimulada. En 1954 los científicos estadounidenses Charles H. **Townes** y Arthur **Schawlow**[100] (1921-1999) consiguieron amplificar las radiaciones de microondas creadas de ese modo construyendo el primer máser. Seis años más tarde el también americano Theodore H. **Maiman** construyó el primer proceso láser en un cristal de rubí. A partir de este momento comenzó una carrera por desarrollar láseres cada vez más potentes y precisos.

¿Cómo se consigue amplificar la radiación incidente para que sea útil? Básicamente el proceso consiste en utilizar una corriente eléctrica para excitar los electrones de los átomos de

---

[100] Años más tarde debieron compartir la gloria y también la patente con el científico Gordon Gould, que reclamó por la vía judicial la autoría del descubrimiento.

un elemento o molécula idóneos contenidos dentro de una cámara de vidrio llena de gas para llevarlos a un nivel energético excitado. Estos electrones excitados regresan a su estado más estable y en el proceso de pérdida de energía emiten fotones, que inducen, en una especie de reacción en cadena, a otros átomos excitados a emitir más fotones con la misma frecuencia, la misma dirección y la misma fase que el fotón incidente, que no se absorbe durante la interacción. La suma de amplitudes de las ondas asociadas a los fotones se manifiesta en una amplificación de la señal incidente.

Las aplicaciones de los dispositivos máser y láser son enormemente variadas, pues permiten generar fuentes de radiación excepcionalmente coherentes. Así, los máseres se utilizan, por ejemplo, como reguladores de tiempo en relojes atómicos o como amplificadores de radiofrecuencias en las comunicaciones por satélite y en radioastronomía. Los láseres, por su parte, presentan un espectro de utilidades amplísimo. La medicina los usa para tratamiento y solución de multitud de enfermedades. La cirugía utiliza **el bisturí láser** para hacer cortes precisos y limpios. La microcirugía lo utiliza para la eliminación de tumores en lugares de delicado acceso. Se usa también para la limpieza de arterias taponadas o semiciegas, para la desintegración de cálculos de riñón o de vesícula, e incluso para la corrección de defectos visuales como la miopía, la hipermetropía, el astigmatismo o las cataratas.

La Informática y la Electrónica utilizan láseres para las comunicaciones por satélite o las comunicaciones espaciales y gracias a la **fibra óptica** se benefician de este adelanto tecnológico las redes de telefonía o las redes informáticas. Los medios audiovisuales han visto un despegue vertiginoso en cuanto a calidad y posibilidades con los lectores y grabadores de **CD** y **DVD** que inundan los mercados.

La tecnología láser está revolucionando el mundo de las telecomunicaciones. La fibra óptica se está revelando como el sistema ideal a través del cual transmitir cantidades ingentes de información audiovisual. La televisión, la radio, la telefonía, son campos con un futuro láser muy prometedor. La luz de un láser puede viajar enormes distancias manteniendo intacta su calidad, permitiendo transportar miles de veces más información que los canales normales de ondas de radio o microondas.

La Aeronáutica y la Astronáutica utilizan el giroscopio láser o **giroláser**, aparato que detecta con extraordinaria sensibilidad las variaciones de alguna magnitud, como por ejemplo los cambios de dirección, de velocidad, las vibraciones, las variaciones de temperatura. Para ello el aparato utiliza dos haces de luz láser que avanzan en sentidos contrarios recorriendo un camino triangular dirigidos por espejos. Cuando el conjunto gira se produce, como consecuencia del movimiento, una diferencia entre las frecuencias de las dos señales, es decir un efecto relativista. Esta diferencia se traduce a través de un fotodetector en la medición exacta de la rotación realizada.

La ingeniería militar utiliza los láseres como sistemas de **guía** para dirigir misiles hacia un blanco con un error de unos centímetros. También los utilizan para la comunicación de aeronaves y satélites y en la ingeniería nuclear.

La industria los usa para multitud de herramientas que suelen conllevar el empleo de una gran cantidad de energía de forma muy precisa. Así, por ejemplo, podemos citar los **soldadores láser** que pueden producir temperaturas cercanas a los cinco mil grados y concentrarlas en un punto muy pequeño pudiendo calentar, fundir, vaporizar, taladrar o modelar materiales muy duros. De este modo se puede soldar o taladrar metales, cortar piedra o tallar diamantes.

Incluso el arte se beneficia de la luz láser. La **holografía** es una técnica fotográfica que permite obtener imágenes en tres dimensiones que van mostrándose al observador en todas sus dimensiones a medida que este se mueve. Los hologramas se forman debido a las interferencias producidas por dos haces de rayos láser.

Centrémonos ahora en la expresión $E=mc^2$, símbolo máximo de la Relatividad Especial. Esta fórmula aparece inexorablemente asociada a la imagen del sabio. Cualquier foto o caricatura de Einstein de las tan manidamente utilizadas por empresas de entretenimiento o divulgación lleva sobreimpresos estos cinco caracteres como símbolo de inteligencia, agudeza y genialidad. Ya hemos expuesto cómo este simple enunciado puede explicar los efectos devastadores de las bombas atómicas; por lo que ahora nos ocuparemos del mismo procedimiento de transformación de materia en energía, pero con fines más constructivos para la humanidad. Me refiero, en particular a las **centrales nucleares**, que utilizan el proceso de **fisión nuclear** para producir energía eléctrica. Del mismo modo que la capacidad de destrucción de las armas atómicas es estremecedora; la posibilidad de obtener energía utilizable para fines pacíficos ofrece cifras espectaculares. A partir de un kg de uranio pueden obtenerse más de 18 millones de kW·h de energía eléctrica. Para conseguir esta misma producción se necesitaría una cantidad exorbitante de cualquier otro tipo de combustible. Parece, en principio, una panacea para las necesidades energéticas del mundo; pero lamentablemente no todo son ventajas en el proceso. Si todo fuera tan fácil, tan halagüeño, hace tiempo que los demás combustibles habrían pasado a la historia y no es así. Para producir la reacción en cadena generadora de la descomunal energía no es útil todo el uranio. Solamente sirve su isótopo $^{101}U^{253}$, cuya presencia en la naturaleza es muy escasa; representa menos del 1% del uranio, por lo que se necesita un proceso muy laborioso y extraordinariamente tecnificado para obtener cantidades mínimas de uranio enriquecido en ese isótopo. Muy pocos países pueden permitirse la tecnología necesaria para conseguirlo, por lo que el primer obstáculo para utilizar la energía nuclear es económico y tecnológico. Este no sería un inconveniente insalvable a medio plazo; sin embargo, existe un efecto secundario insuperable a la luz de los conocimientos científicos y tecnológicos actuales. En el proceso de fisión se generan partículas α, β o γ[102] y otros núcleos que denominamos residuos radiactivos que emiten radiación y por lo tanto interactúan con la materia[103] (y por lo

---

[101] Se llaman isótopos a los átomos de un mismo elemento químico (mismo número de protones y de electrones) que difieren en el número de neutrones. Por ejemplo, el hidrógeno (1 protón y un electrón) tiene tres isótopos: protio (0 neutrones), deuterio (1 neutrón) y tritio (2 neutrones).

[102] Las partículas (α) son núcleos de helio He^{2+} (formados por dos protones y dos neutrones). Se generan en fisiones radiactivas. Son muy energéticas pero con poca capacidad de penetración en el cuerpo humano

Una partícula beta (β) es un electrón que sale despedido de un proceso radiactivo. Son más penetrantes.

La radiación gamma (γ) es un tipo de radiación electromagnética y por tanto constituida por fotones, producida, entre otras causas, en la desintegración de elementos radiactivos. Son muy penetrantes y por lo tanto las más peligrosas.

[103] Este concepto de interacción de la radiación con la materia es esencial; porque solo es dañina aquella radicación que interactúa. En nuestro mundo actual estamos rodeados de infinidad de radiaciones electromagnéticas: radio, tv, móviles… Hasta la fecha no se ha probado de manera científica que exista interacción de estos tipos de radiaciones con el hombre. La palabra radiación genera en sí, desconfianza y recelo; y es sinónimo en muchos casos de algo perjudicial que hace que la opinión pública se lleve las manos a la cabeza cuando hablamos de telefonía. Sin embargo convivimos desde hace décadas con las señales de radio y televisión sin darles la menor importancia.

tanto también con la materia viva) produciendo en ella alteraciones. La vida media de estas sustancias es, en muchos casos, de decenas, centenares e incluso miles de años. Estos residuos son altamente peligrosos para la vida, ya que causan graves enfermedades como cánceres o mutaciones que podrían afectar a generaciones enteras. Debemos recordar que todavía hoy se recopilan datos de los efectos devastadores de las bombas caídas en Japón sobre la salud de los descendientes de los supervivientes de aquella catástrofe. Conviene recordar otras, como la de Chernóbil, cuyos efectos constituyeron una amenaza muy seria para millones de personas. Ante tan aplastantes perjuicios el decidirse por este proceso de fisión no resulta fácil; además, la opinión pública a través de asociaciones no gubernamentales de todo tipo realiza campañas en contra de este tipo de producción energética. Los países punteros en la producción de energía eléctrica por el proceso de fisión atómica extreman las precauciones y emplean medidas de seguridad que cuestan millones de euros. Pero, como escuché decir a un tertuliano en uno de los múltiples programas que proliferaron en las diferentes televisiones con motivo del terremoto de marzo de 2011 que provocó el accidente de la central de Fukushima en Japón; nadie debería plantearse el actuar por delante de la seguridad mundial, anteponiendo los intereses económicos a las normas que emanan de la propia lógica: el bienestar energético es importante pero la pervivencia de la especie es el principio esencial que debe primar en cualquier desarrollo científico o tecnológico.

Hace años que la salud del mundo camina por el filo de una navaja y, sin embargo, las centrales de fisión siguen multiplicándose, los grandes buques de guerra y los submarinos surcan los mares propulsados por motores atómicos y las ojivas nucleares continúan guardando una promesa de muerte planetaria en los arsenales secretos de unas superpotencias que deberían vender sentido común en lugar de inseguridad y miedo.

Pero no todo es tan pesimista como pudiera desprenderse de las últimas líneas. La fisión no es el único sistema de producción energética en cantidades ingentes. La expresión $E=mc^2$ es también la fuente de la que emana la explicación de la existencia de todo ser vivo en el planeta. La naturaleza nos muestra, como siempre, un ejemplo limpio, seguro y casi eterno de fabricación de energía. Y el principal mensajero portador de la noticia es el Sol, nuestra estrella madre, causa y efecto de la vida en la Tierra. Allí, como en el resto de las estrellas, se produce el fenómeno llamado **fusión nuclear**; y es gracias al combustible más abundante del Universo: el hidrógeno. El procedimiento es incluso más sencillo que el de la fisión: los núcleos de dos átomos de hidrógeno se funden en uno solo, de helio; proceso en el que una pequeña parte de la masa se transforma en energía que se expande por el Sistema Solar en forma de radiación. En el proceso no se genera ningún residuo radiactivo. Y como siempre, el hombre se esfuerza por imitar a la naturaleza, por someterla en su beneficio. Pero esta vez la naturaleza no nos lo ha puesto fácil.

La fusión nuclear artificial se consiguió por primera vez a principios de la década de 1930, bombardeando un blanco que contenía un isótopo del hidrógeno que recibe el nombre de **deuterio** y que se caracteriza por tener en su núcleo un protón y un neutrón, a diferencia del isótopo más abundante de ese elemento, el protio, únicamente formado por un protón y a diferencia también del isótopo más raro del hidrógeno: el tritio, cuyo núcleo cuenta con un protón y dos neutrones. Para ello, dichos átomos de deuterio debieron ser acelerados en un dispositivo denominado ciclotrón de manera que tuviesen una gran cantidad de energía cuando se hicieran colisionar, sin embargo la energía obtenida en el proceso no resultaba útil, ya que la mayoría se dispersaba en forma de calor en el blanco y no podía ser reutilizada.

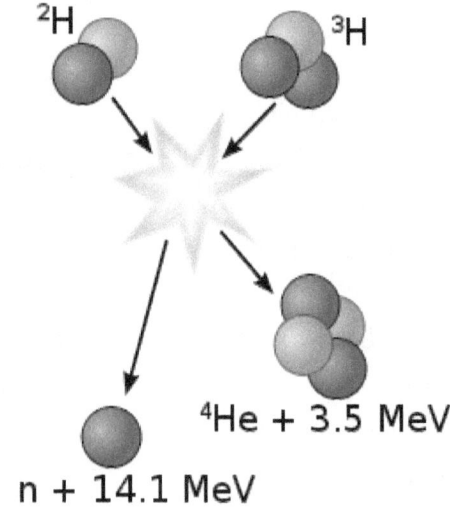

Figura 80. Fundamentos básicos de la fusión nuclear. Un átomo de helio creado a partir de la fusión de uno de deuterio con uno de tritio.

La primera obtención de energía fusión a gran escala tuvo lugar en los años 50, pero lamentablemente esta energía se liberaba de forma incontrolada y no era por lo tanto susceptible de manipulación para fines de abastecimiento energético. Cabría pues preguntarse cuál es la causa inherente al proceso de fusión que lo hace tan resistente a mostrarse útil. Pues bien, en una reacción de fisión como la del U^{253}, los neutrones lentos son los responsables de la reacción en cadena y como no tienen carga pueden estrellarse sin dificultad contra los núcleos de uranio para fragmentarlos; pero en una reacción de fusión como la del deuterio han de unirse dos núcleos con un protón y un neutrón cada uno. Ya que los protones son extremadamente pequeños comparados con los neutrones y poseen carga positiva su acercamiento resulta muy dificultoso, puesto que dos cargas del mismo signo se repelen, estando su comportamiento perfectamente descrito por la ley de Coulomb que dice que *dos cargas del mismo signo se repelen y que la fuerza de repulsión es tanto mayor cuanto menor es la distancia que las separa:*

$$F = KQQ'/d^2$$

Hemos de darnos cuenta de que aquí no estamos hablando de aproximar dos cargas del mismo signo, estamos hablando de fundir dos núcleos en uno solo. Una simple reflexión sobre la fórmula anterior implica que necesitaríamos una energía prácticamente infinita para conseguirlo. Y sin embargo el Sol lo consigue. ¿Cómo? Porque la temperatura necesaria para tal fin es de decenas de millones de grados centígrados, circunstancia que se da en el interior del astro. Solo en estas condiciones puede producirse la ignición nuclear que genera entonces más energía propagando el proceso en una cadena multiplicadora de tal energía.

En la actualidad se plantean dos problemas insalvables para la Ciencia: por un lado no existe tecnología capaz de generar **la temperatura de ignición** ni material en la Tierra viable para fabricar un recipiente que lo resguarde y por otra hay que conseguir que el gas sometido a esas condiciones tenga la suficiente densidad para que la reacción se propague en cadena. Otra dificultad añadida es la de poder controlar el proceso de producción ingente de energía y poder transformar el inmenso calor generado en energía eléctrica. Uno de los caminos elegidos para resolver el primer gran escollo se denomina confinamiento magnético y consiste en utilizar un campo magnético para encerrar el combustible nuclear. Otro camino en experimentación es el denominado confinamiento inercial que consiste en introducir el hidrógeno en una pequeña esfera que se bombardea con un láser. La esfera implosiona y como consecuencia de ello se consiguen las condiciones de ignición con un haz láser de pulsos. Esto provoca la implosión de la bolita y desencadena una reacción termonuclear que causa la ignición del combustible. Los avances en la investigación de la fusión son prometedores; pero probablemente hagan falta décadas para desarrollar sistemas prácticos que produzcan más energía de la que consumen. Además, las investigaciones son sumamente costosas.

Si la energía de fusión llega a desarrollarse se presenta como la panacea para dotar a los seres humanos de recursos energéticos inagotables, ya que el combustible es el deuterio, que se encuentra en cantidades ilimitadas en el agua del mar. Se trata de una energía limpia que no representaría ningún tipo de amenaza para la naturaleza. Tamaña empresa se convierte pues en un sueño para la comunidad científica y los proyectos y recursos que se dedican al desarrollo de esta tecnología son cada día más importantes. Los más osados pronostican la solución del problema dentro de menos de veinticinco años. Tal vez muchos de nosotros ya no podamos verlo; pero nuestros hijos o quizás nuestros nietos vean resueltos para siempre los problemas energéticos de la humanidad. No puedo, en este punto, pasar por alto la siguiente reflexión: …y una simple fórmula es capaz de encerrar en si misma la explicación de todo esto… Como decía el propio Einstein: "Lo más incomprensible del Universo es que podamos entenderlo".

Centraremos ahora la atención en otros dispositivos que cada día se usan de manera más generalizada. Me refiero a los **GPS** o sistemas de posicionamiento global. Tales dispositivos, que comenzaron utilizándose primero con fines militares y para controlar la navegación aérea y marítima, se han hecho tan populares que cada día son más las marcas que los incluyen ya de serie en sus vehículos. Esta tecnología permite una conexión directa entre el coche y un conjunto de satélites de manera que estos pueden emitir una señal que indique al conductor, con extraordinaria precisión, su posición actual, la hora exacta y el mejor itinerario a seguir para llegar a su destino. ¿Qué sitio ocupa Einstein en esta exposición? La explicación es bien sencilla: los satélites se mueven en órbitas alrededor del planeta a altas velocidades y se encuentran sometidos a influencias gravitacionales distintas a las de la superficie por lo que es necesario realizar las correcciones relativistas para que los datos de posición y tiempo que envían no sufran alteraciones. Su fiabilidad, exactitud y precisión dependen una vez más de nuestro sabio. Estamos hablando, como siempre, de desviaciones muy sutiles. En el caso del tiempo, la diferencia entre el reloj de un vehículo y el del satélite emisor[104] sería de unas millonésimas de segundo por día, pero eso repercutiría en cometer errores de posición de varios kilómetros y hemos de tener en cuenta que la precisión de un GPS tiene un error aproximado de ± 10 metros.

La tecnología GPS resulta cada día más asequible, precisa, sencilla de manejo y multidisciplinar. Se espera que en 2014, año de la publicación de este libro, entre en servicio el sistema de global de navegación por satélite **Galileo** que está siendo

---

[104] Para realizar una localización se necesitan cuatro satélites que a través del método de triangulación determinan la longitud, latitud, altitud y tiempo. Estos satélites están dotados de relojes atómicos.

desarrollado por la Unión Europea para satisfacer la creciente demanda. Nada de esto sería posible sin la Relatividad que una vez más, de manera callada pero efectiva, nos hace un guiño diario desde el cielo.

Podríamos continuar enumerando los múltiples campos del saber que utilizan los trabajos de Albert Einstein y de los discípulos y sucesores que a lo largo de un siglo han desarrollado las ideas relativistas haciéndolas útiles a través de las ciencias aplicadas. Pero esta enumeración ya no serviría para acrecentar más los méritos de un hombre que entregó su vida por entero a la Física y al que esta le recompensó con el honor de ser uno de los faros que guían la Ciencia actual. Después de todo esto se me hace ineludible una reflexión final: la Teoría de la Relatividad no fue, en modo alguno una construcción que se sostuvo durante su elaboración en hechos experimentales; estos fueron corroborados y encontraron aplicación o justificación una vez que la teoría fue completada. Por eso, todo lo que Einstein concibió fue fruto de su mente, de un lápiz y un papel; y por lo tanto ha de ser valorada como un triunfo de la inteligencia, el ingenio y la imaginación. Albert Einstein, en fin, ejemplifica de manera sublime al sabio por excelencia. Su obra le hizo un genio; su vida un mito; y el conjunto de las dos es simplemente maravilloso.

LA LLEGADA

Hemos viajado durante más de dos mil años. La travesía a lo largo del río ha sido emocionante y azarosa. Hemos corrido peligro. Hemos confundido el rumbo algunas veces; otras, las más, el devenir no ha querido acompañarnos en la ardua tarea de buscar la verdad. Ha habido contratiempos, injusticias, desengaños... Un nuevo viaje nos espera. Mientras zarpamos del puerto para atravesar el inmenso océano que se extiende majestuoso ante nuestros ojos y soñamos con que el viaje nos conducirá por singladuras apasionantes. El barco ha ganado en presencia, poder y posibilidades. Todo ello fue posible gracias a los singulares marinos que lo han diseñado y conducido; y no siempre, como hemos visto, con bonanza de vientos; sino a través de tormentas, sinuosos meandros, rápidos y aguas pantanosas. Muchos perdieron la vida por defender la ruta verdadera de navegación, otros murieron rechazados por sus coetáneos o malvivieron en condiciones de pobreza inmerecidas a su genio. Algunos recibieron de manera tardía el reconocimiento a su esfuerzo; pero también ha habido muchos que fueron pagados con el olvido de sus vidas; y lo que es peor, de su obra. A todos ellos debemos lo que hoy somos. Sin embargo, la aportación de un puñado de pioneros ha sido determinante. Pensemos, por ejemplo, en Galileo contemplando el mismo cielo en el que se suspendía la Luna con la que iniciamos este libro; en Newton paseando entre los manzanos de la campiña inglesa; o en el joven Einstein, sentado en aquella oficina de patentes desde la que soñaba universos de papel. Gracias a ellos y por extensión a todos los que como ellos utilizaron su inteligencia y su ingenio en favor del desarrollo del conocimiento y de la búsqueda de la verdad les debemos lo que hoy somos. Hoy la Ciencia sigue teniendo caminos por recorrer, sigue soñando con solucionar los problemas que amenazan al hombre, sigue renaciendo cada día gracias a los nuevos retos.

Recuerdo que un viejo profesor solía repetir:

> "La Ciencia es una gran habitación llena de puertas que guardan otras estancias misteriosas. Cada vez que hacemos el esfuerzo intelectual de entrar en una de ellas esta nos muestra, a su vez, más y más puertas las que deberemos franquear para seguir progresando. Ese es el gran reto del hombre: el pretender siempre la búsqueda de la sabiduría".

La nave nunca se detendrá. Los marineros querrán llegar a los límites del mar y después volar para conocer el cielo y el espacio. No hay límite para los sueños. Pero ese será otro viaje, tan apasionante, eso sí, como el que hemos finalizado. Y ahora, dejemos a los laboriosos marinos con la difícil tarea que tienen entre manos.

Apéndice I: Las imágenes en la obra.

Figura 1. En la Cosmogonía India la Tierra era sostenida por gigantescos elefantes que se sustentaban sobre el caparazón de una tortuga. Un gran áspid que se mordía la cola encerraba el conjunto de Tierra y cielo.
http://apuntesdehistoria.blog.com/files/2011/04/tortuga-serpiente.gif
Derechos: Dominio público.

Figura 2. Para los egipcios antiguos, la bóveda celeste era la diosa Nut que estaba enamorada de la Tierra. Todos los días, Ra, el dios del Sol, nacía y moría, después de recorrer el cuerpo de su madre en una embarcación.
http://commons.wikimedia.org/wiki/File:Geb,_Nut,_Shu.jpg?uselang=es
Fuente: What Life Was Like on the Banks of the Nile, edited by Denise Dersin
Autor: Photographed by the British Museum; original artist unknown
Derechos: dominio público.

Figura 3. Anaximandro proponía una Tierra con forma cilíndrica. La superficie del planeta se ajustaba a la base plana superior y flotaba en un mar universal.
Imagen elaborada a partir de
http://commons.wikimedia.org/wiki/File:Anaximander_world_map-es.svg?uselang=es
Fuente: Own work (original PNG version by User:Gwwfps is/was: en:Image:Anaximandermap.png, based on an image found in An Introduction to Early Greek Philosophy by John Mansley Robinson, Houghton and Mifflin, 1968, ISBN 0395053161).
Autor: User:Bibi Saint-Pol
Derechos: dominio público.

Figura 4. El mapa de los cielos de Hiparco descansa sobre los hombros del Atlas Farnesio, un gigante de mármol del s. II que encuentra en el Museo Arqueológico Nacional de Nápoles. El coloso sostiene un globo de 65 cm de diámetro en el que se muestran cuarenta y una 41 constelaciones dispuestas con precisión y un sistema de círculos de referencia, entre ellos el ecuador, los trópicos, el círculo polar ártico y el antártico. Fue el primer mapa estelar y se creía perdido hasta que un arqueólogo lo descubrió en 2005.
http://commons.wikimedia.org/wiki/File:Atlante.JPG
Fuente: own work
Autor: Dr.Conati
Derechos: dominio público.

Figura 5. Claudio Ptolomeo
http://commons.wikimedia.org/wiki/File:Claudius_Ptolemaeus.jpg
Fuente: originally uploaded to de.wikipedia by Benutzer:Dr. Manuel on 7. Apr 2005 copied from http://geocities.yahoo.com.br/saladefisica3/fotos/ptolomeu.jpg
http://www.seds.org/billa/psc/theman.html
Derechos: dominio público.

Figura 6. Los epiciclos de Ptolomeo.
Imagen del autor.

Figura 7. El Sistema Mundo según Ptolomeo. La Tierra está en el centro del Universo y el Sol y los planetas conocidos (Mercurio, Venus, Marte, Júpiter y Saturno) giran a su alrededor. Más lejos la esfera de las estrellas fijas, que da una vuelta cada 24 horas.
http://en.wikipedia.org/wiki/File:Cellarius_ptolemaic_system.jpg
Fuente: http://nla.gov.au/nla.map-nk10241
Autor: Loon, J. van (Johannes), ca. 1611–1686.
Derechos: dominio público.

Figura 8. Eratóstenes de Cirene.
http://enciclopedia.us.es/index.php/Erat%C3%B3stenes_de_Cirene
Fuente: Litografía de la obra *Dactyliotheca* de P.D. Lippert, c. 1760, tomada de www.livius.org
Derechos: dominio público.

Figura 9. El razonamiento de Eratóstenes para el cálculo de la circunferencia terrestre.
Imagen del autor.

Figura 10. Las Siete Artes Liberales.
http://es.wikipedia.org/wiki/Artes_liberales
Fuente: Hortus Deliciarum.
Autor: Herrad von Landsberg.
Derechos: dominio público.

Figura 11. El Universo medieval: descripción de los "orbes celestes". Ptolomeo. Théorique des ciels, 1528.
http://gallica.bnf.fr/ark:/12148/btv1b26002304
Fuente: gallica.bnf.fr/Observatoire de París.
Derechos: dominio público.

Figura 12. Galileo aceptando las condiciones de la Inquisición.
http://eigualmc2.wordpress.com/2008/04/11/20-cosas-que-quizas-no-sabias-de-galileo-galilei/
Autor: Cristiano Banti.
Derechos: dominio público.

Figura 13. Nicolás Copérnico: canónigo, médico, filósofo y astrónomo polaco. Después de treinta y seis años de trabajo escribió "De RevolutionibusOrbiumColestium", en donde diseña el Sistema Solar heliocéntrico.
http://commons.wikimedia.org/wiki/File:Nikolaus_Kopernikus.jpg
Fuente: http://www.frombork.art.pl/Ang10.htm
Derechos: dominio público.

Figura 14. Sistema Mundo de Copérnico. Esta imagen apareció en la versión original del Revolutionibus de 1543. En el centro se ve el Sol y, a su alrededor, la órbita de Mercurio, cuyo período de traslación se estima en ochenta días. Le sigue la órbita de Venus, con nueve meses. Luego, la Tierra, cuyo período de revolución es anual. Marte tarda dos años en efectuar el movimiento. Júpiter, doce y Saturno treinta años. La más externa es la esfera inmóvil de las estrellas fijas.
http://commons.wikimedia.org/wiki/File:CopernicSystem.png
Derechos: dominio público.

Figura 15. Giordano Bruno: un hombre adelantado a su tiempo. Su valentía intelectual le costó la vida.
http://pt.wikipedia.org/wiki/Ficheiro:Giordano_Bruno.jpg
Derechos: dominio público.

Figura 16. TychoBrahe: Astrónomo danés de familia noble que, bajo la protección de Federico II, construyó un observatorio con el mejor instrumental de la época. Durante 20 años trabajó en él. Cuentan que en su juventud tuvo una disputa por motivos científicos con un compañero de estudios, resultando con parte de la nariz cortada, por lo que tuvo que confeccionarse una postiza de plata y cera que le afeó el rostro para el resto de su vida.
http://es.wikipedia.org/wiki/Tycho_Brahe
Fuente: http://cache.eb.com/eb/image?id=83677&rendTypeId=4
Autor: Eduard Ender
Derechos: dominio público.

Figura 17. Sistemas planetarios de Ptolomeo, Copérnico y Brahe. Escena recogida en el libro "AlmagestumNovum" de Riccioli, publicado en 1651. Un hombre que tiene ojos en todo el cuerpo representa al astrónomo perfecto. Mientras, la musa Urania con una balanza compara los sistemas de Copérnico y Brahe. La balanza se inclina en favor de este último. El sistema de Ptolomeo aparece en el suelo indicando que es rechazado por su autor.
http://microcosmos.uchicago.edu/ptolemy/almagestum_novum_detail.html
Autor: Giovanni Battista Riccioli.
Derechos: dominio público.

Figura 18. Johannes de Kepler.
http://eltamiz.com/2014/04/10/las-cuatro-fuerzas-gravedad-i/
Derechos: dominio público.

Figura 19. Estructura de las órbitas planetarias de Kepler.
http://commons.wikimedia.org/wiki/File:Kepler-solar-system-1.png
Derechos: dominio público.

Figura 20. Segunda ley de Kepler $A_1 = A_2$.
Imagen del autor.

Figura 21. Frontispicio de las Tablas Rudolfinas donde se conmemora a los grandes astrónomos: Hiparco, Ptolomeo, Copérnico y TychoBrahe.
http://es.wikipedia.org/wiki/Tablas_Rudolfinas
Derechos: dominio público.

Figura 22. Retrato de descartes pintado por Frans Hals durante la estancia del filósofo en Holanda
Autor: Frans Hals.
https://www.google.es/search?q=descartes+imagen+dominio+publico&source=lnms&tbm=isch&sa=X&ei=6DbNU6fbJ-mS7AbE2ICQBQ&ved=0CAYQ_AUoAQ&biw=1708&bih=723&dpr=0.8#facrc=_&imgdii=_&imgrc=FG2rNrr6d0Nz4M%253A%3Bh9FUIrVc0am2BM%3Bhttp%253A%252F%252Fupload.wikimedia.org%252Fwikisource%252Fes%252Fthumb%252F2%252F24%252FReneDescartes.jpg%252F140px-ReneDescartes.jpg%3Bhttp%253A%252F%252Fes.wikisource.org%252Fwiki%252FRen%2525C3%2525A9_Descartes%3B140%3B188
Derechos: dominio público.

Figura 23. Isaac Newton.
http://eltamiz.com/2014/04/24/las-cuatro-fuerzas-gravedad-ii/
Derechos: dominio público.

Figura 24. Halley pudo predecir la vuelta del cometa que lleva su nombre gracias a los Principios de Newton.
http://infobservador.blogspot.com.es/2010/10/historia-del-cometa-halley.html
Derechos: dominio público.

Figura 25. Portada de los "PhilopophiaeNaturalis Principia Mathematica".
http://es.wikipedia.org/wiki/Philosophi%C3%A6_naturalis_principia_mathematica
Fuente: Originally from en.wikisource
Autor: Original uploader was Zhaladshar at en.wikisource
Derechos: dominio público.

Figura 26. Esquema de la curva branquistócrona.
Imagen del autor.

Figura 27. Imagen de la obra de Newton "System of the World", adicionada a la última edición de sus "Principios", que muestra la trayectoria que seguiría un cuerpo lanzado desde una alta montaña con diferentes velocidades ilustra claramente el efecto de la acción de las fuerzas centrípetas a medida que nos alejamos de la superficie del planeta.
http://www.sc.ehu.es/sbweb/fisica/celeste/kepler4/kepler4.html
Fuente: Sir Isaac Newton's Mathematical Principles of Natural Philosophy and his System of the World, Translated by Andrew Motte and Florian Cajori, University of California Press, 1962. [pág. 551]
Derechos: dominio público.

Figura 28. La fuerza gravitatoria que la Tierra ejerce sobre la Luna es proporcional a la masa la Luna e inversamente proporcional al cuadrado de la distancia. La atracción de la Tierra provoca que en la Luna aparezca una aceleración a_L que la obligaría a caer hacia el planeta si no fuera por el giro orbital al que está sometida. Es algo parecido a lo que ocurre con una piedra atada a una cuerda a la que hacemos girar con la mano. Imagen del autor.

Figura 29. El gran matemático G.W.Leibniz.
http://commons.wikimedia.org/wiki/File:Gottfried_Wilhelm_von_Leibniz.jpg
Fuente: Herzog-Anton-Ulrich-Museum, Braunschweig
Autor: Christoph Bernhard Francke
Derechos: dominio público.

Figura 30. Christiaan Huygens. El tema de la naturaleza de la luz lo enfrentó con Newton incluso en los tribunales.
http://en.wikipedia.org/wiki/File:Christiaan_Huygens.jpg
Autor: Caspar Nescher.
Derechos: dominio público.

Figura 31. Esquema del aparato de lord Cavendish (1731-1810) que aparece en la publicación original. Posee dos grandes masas y dos pequeñas; y está montado en una gran caja con controles exteriores para mover los pesos. Las escalas que controlaban la posición de los cuerpos estaban iluminadas con lámparas y observadas con telescopios.
http://www.escritoscientificos.es/fisica.htm
Fuente: Mackenzie, A. Stanley (1900). The laws of gravitation; memoirs by Newton, Bouguer and Cavendish, together with abstracts of other important memoirs.pág[59-105]., New York, Cincinnati, etc.: American Book Company.
Derechos: dominio público.

Figura 32: Representación esquemática del principio de difracción
http://commons.wikimedia.org/wiki/File:Diffraction_grating_principle.png
Fuente: Own work.
Autor: Tataroko.
Derechos: dominio público.

Figura 33. Ejemplo de un patrón de difracción.
http://en.wikipedia.org/wiki/File:Square_diffraction.jpg
Fuente: English Wikipedia.
Autor: V81, from the English Wikipedia.
Derechos: dominio público.

Figura 34. Birrefringencia del espato de Islandia (cristal de calcita).
http://es.wikipedia.org/wiki/Espato_de_Islandia#mediaviewer/Archivo:3310.calcite_%28Iceland_Spar%29_birefringence.jpg

Fuente: trabajo propio.
Autor: Furrfu
Derechos: dominio público.

Figura 35. Ondas longitudinales (sonido) y ondas transversales (luz).
Imagen del autor.

Figura 36. James Clerk Maxwell, autor de la Teoría Electromagnética.
http://commons.wikimedia.org/wiki/File:James_Clerk_Maxwell_big.jpg
Fuente: The Life of James Clerk Maxwell, by Lewis Campbell and William Garnett
Autor: digitized from an engraving by G. J. Stodart from a photograph by Fergus of Greenock
Derechos: dominio público.

Figura 37. H. R. Hertz.
http://commons.wikimedia.org/wiki/File:Heinrich_Hertz.jpg
Fuente: http://memory.loc.gov
Autor: Robert Krewaldt
Derechos: dominio público.

Figura 38. H. A. Lorentz.
http://commons.wikimedia.org/wiki/File:Hendrik_Antoon_Lorentz.jpg
Fuente: http://th.physik.uni-frankfurt.de/~jr/physpictheo.html
Autor: The website of the Royal Library shows a picture from the same photosession that is attributed to Museum Boerhaave. The website of the Museum states "vrij beschikbaar voor publicatie" (freely available for publication).
Derechos: dominio público.

Figura 39. El controvertido viento de éter. Relativizando el movimiento podemos estudiarlo si en lugar de considerar a la tierra viajando a través del éter inmóvil suponemos inmóvil nuestro planeta recibiendo el viento de éter.
Imagen del autor.

Figura 40. Ejes de Copérnico y de Galileo. La transformación de Galileo. Las coordenadas del punto son P (x, y, z) respecto al sistema en reposo y P' (x', y', z') respecto al sistema con movimiento relativo.
Imagen del autor.

Figura 41. Max Planck
http://commons.wikimedia.org/wiki/File:Max_Planck_1933.jpg
Fuente:http://www.gahetna.nl/collectie/afbeeldingen/fotocollectie/zoeken/weergave/detail/start/2/tstart/0/q/zoekterm/Planck
Derechos: dominio público.

Figura 42. Espectro de emisión del hierro.
http://es.wikipedia.org/wiki/Espectro_de_emisi%C3%B3n

Derechos: dominio público.

Figura 43. Rango del espectro electromagnético. La catástrofe ultravioleta es un error de la teoría electromagnética clásica.
http://es.wikipedia.org/wiki/Espectro_electromagn%C3%A9tico
Fuente: Translation from English version
Autor: Crates. Original version in English by Inductiveload
Derechos: dominio público.

Figura 44. Emisión del cuerpo negro.
Imagen del autor.

Figura 45. Albert Einstein en sus años de estudiante a la edad de 14 años.
http://commons.wikimedia.org/wiki/File:Albert_Einstein_as_a_child.jpg
Fuente: http://faculty.randolphcollege.edu/tmichalik/einstein.htm
Derechos: dominio público.

Figura 46. Congreso Solvay de 1911. 1 Walter Nernst 2 Robert Goldschmidt 3 Max Planck 4 Léon Brillouin 5 Heinrich Rubens 6 Ernest Solvay 7 Arnold Sommerfeld 8 Hendrik Antoon Lorentz 9 Frederick Lindemann 10 Maurice de Broglie 11 Martin Knudsen 12 Emil Warburg 13 Jean-Baptiste Perrin 14 Friedrich Hasenöhrl 15 Georges Hostelet 16 Edouard Herzen 17 James Hopwood Jeans 18 Wilhelm Wien 19 Ernest Rutherford 20 Marie Curie 21 Henri Poincaré 22 Heike Kamerlingh Onnes 23 Albert Einstein 24 Paul Langevin
http://commons.wikimedia.org/wiki/File:Solvay1911_participants2.jpg
http://es.wikipedia.org/wiki/Congreso_Solvay
Fuente: Benjamín Couprie.
Autor: Benjamín Couprie.
Derechos: dominio público.

Figura 47. Einstein en 1921.
http://commons.wikimedia.org/wiki/File:Einstein1921_by_F_Schmutzer_2.jpg
Fuente: http://www.bhm.ch/de/news_04a.cfm?bid=4&jahr=2006
Autor: Ferdinand Schmutzer
Derechos: dominio público.

Figura 48. La muerte del sabio supuso el nacimiento del mito.
http://es.wikipedia.org/wiki/Albert_Einstein#mediaviewer/Archivo:AlbertEinsteinStatue-InIsraelAcademyOfSciencesAndHumanities-ByRobertBerks.JPG
Fuente: trabajo propio.
Autor: Effib
This file is licensed under the Creative Commons Attribution-Share Alike 3.0 Unported license.
Derechos: Licencia Creative Commons CC-BY-SA 3.0. Creative Commons license

Figura 49. Esquema del Efecto Fotoeléctrico. La emisión de un electrón desde la placa metálica requiere la absorción de un fotón.
http://es.wikipedia.org/wiki/Archivo:EfectoFotoelectrico.png
Fuente: trabajo propio.
Autor: Dr Juzam.
Derechos: dominio público.

Figura 50. Esquema del experimento de Michelson-Morney. La luz recorre el mismo camino al incidir en los espejos y reflejarse hacia el detector. No se producen interferencias. No existe el viento de éter obrando a favor o en contra de la propagación.
Imagen del autor.

Figura 51. Esquema del recorrido del avión que se desplaza transversalmente al viento de éter.
Imagen del autor.

Figura 52. Las gigantescas naves espaciales que ilustran la Relatividad Especial.
Imagen del autor.

Figura 53. Esquema de la emisión de señales en las naves.
Imagen del autor.

Figura 54. Deducción de la interdependencia espacio-temporal.
Imagen del autor.

Figura 55. Longitud propia de la barra L' moviéndose con su sistema S' y su correspondiente contracción en el sistema S. El observador que se encuentra en el sistema respecto del cual la barra está en reposo siempre la verá más grande que otro observador que se encuentre en un sistema diferente en movimiento respecto del primero.
http://commons.wikimedia.org/wiki/File:Graph_for_explanation_of_Lorentz_contraction.png
Fuente: Graph_for_explanation_of_Lorentz_contraction.png
Autor: Graph_for_explanation_of_Lorentz_contraction.png: Spirituelle derivative work: kismalac
This file is licensed under the Creative Commons Attribution-Share Alike 3.0 Unported license.
http://commons.wikimedia.org/wiki/File:Graph_for_explanation_of_Lorentz_contraction.png
Derechos: Licencia Creative Commons CC-BY-SA 3.0. Creative Commons license

Figura 56. La dilatación del tiempo en relojes en movimiento.
Imagen del autor.

Figura 57. Solución gráfica de la paradoja de los gemelos. En este diagrama espacio-temporal la línea quebrada ascendente representa a Luis en su viaje de ida y vuelta a la Tierra, la cual se desplaza, con Carlos, a lo largo del eje vertical. que muestra al gemelo alejarse (primer tramo línea negra) y regresar a la Tierra. Como se ve, los planos de simultaneidad cambian de dirección cuando el gemelo viajero da la vuelta, de manera que la distancia entre A y B representa la diferencia de envejecimiento entre ambos hermanos.
http://commons.wikimedia.org/wiki/File:Twin_paradox_Minkowski_diagram-es.svg
Fuente: en:Image:Twins_paradox_diagram.png Uploaded on 13 March 2004 by en:User:Bartosz. Vectorized by Chabacano
Autor: original: en:User:Bartosz. Vectorization: Chabacano
This file is licensed under the Creative Commons Attribution-Share Alike 3.0 Unported license.
Derechos: Licencia Creative Commons CC-BY-SA 3.0. Creative Commons license

Figura 58. El experimento ficticio de la Caja de Einstein.
Imagen del autor basada en Relatividad Especial. A.P.French. Ed. Reverté. Barcelona, 1996 pág. 18.

Figura 59. Sistemas de referencia para la situación del punto P.
Imagen del autor.

Figura 60. En una superficie como la esférica no se cumplen las leyes de la geometría euclídea. Por ejemplo, la distancia más corta entre dos puntos de la superficie no es la línea recta, sino una línea curva llamada geodésica.
Imagen del autor

Figura 61. Distancia entre dos puntos en la Geometría Euclídea.
Imagen del autor.

Figura 62. Experimentos ideados por Einstein.
Imagen del autor basada en Einstein. Banesh Hoffmann. Salvat. Barcelona, 1984.

Figura 63. Comportamiento de los relojes en la nave B. En la imagen de la izquierda la nave se mueve con mru y por lo tanto el ajuste de relojes es posible. En la imagen de la derecha el movimiento es acelerado y el desajuste entre los relojes aumenta cada vez más.
Imagen del autor.

Figura 64. Curvatura del espacio según la teoría de la Relatividad General.
http://commons.wikimedia.org/wiki/File:Interacci%C3%B3n_de_la_gravedad.png
Fuente: Originally from es.wikipedia.
Autor: Luis María Benítez. Versiónes posteriores en wikipedia de Joaquín Bermúdez.
This file is licensed under the Creative Commons Attribution-Share Alike 3.0 Unported license.

Derechos: Licencia Creative Commons CC-BY-SA 3.0. Creative Commons license

Figura 65. El espacio-tiempo einsteiniano visto por Banesh Hoffmann.
Imagen del autor basada en Einstein. Banesh Hoffmann. Salvat. Barcelona, 1984, Pág. 115.

Figura 66. El cono de luz.
http://commons.wikimedia.org/wiki/File:World_line-es.svg
Autor: SVG version (English): K. Aainsqatsi at en.wikipedia
Original PNG version: Stib at en.wikipedia
Spanish version: User:Ignacio Icke
This file is licensed under the Creative Commons Attribution-Share Alike 3.0 Unported license.
Derechos: Licencia Creative Commons CC-BY-SA 3.0. Creative Commons license

Figura 67. Gráfico de la desviación del perihelio de Mercurio.
Imagen del autor.

Figura 68. Gráfico del Illustrated London News del 22/11/1919.
http://www.caosyciencia.com/actualidad/actualidad.php?id=123
Fuente: Edición del 22 de noviembre de 1919 del periódico Illustrated London News
Derechos: dominio público.

Figura 69. La sonda Cassini y la comprobación de la curvatura del espacio.
http://commons.wikimedia.org/wiki/File:Cassini-science-br.jpg
Autor: Image courtesy of NASA.
Derechos: dominio público.

Figura 70. Cristian Doppler.
http://saburchill.com/HOS/astronomy/025.html
Derechos: dominio público.

Figura 71. Efecto Doppler para una onda procedente de una fuente en movimiento que se aproxima.
Imagen del autor.

Figura 72. Esquema de la fisión nuclear del uranio. Un núcleo de uranio es bombardeado por un neutrón lento produciendo la rotura del núcleo y la producción de tres o más neutrones puede originar la reacción en cadena.
http://commons.wikimedia.org/wiki/File:Nuclear_fission.svg
Autor: Created by User:Fastfission in Illustrator.
Derechos: dominio público.

Figura 73. Simulación artística de un agujero negro.
http://news.harvard.edu/gazette/story/2012/04/black-holes-feed-on-stars/
Autor: Image courtesy of NASA.

Derechos: dominio público.

Figura 74. Representación artística de un quásar.
http://commons.wikimedia.org/wiki/File:Gb1508_illustration.jpg
Fuente: http://imagine.gsfc.nasa.gov/Images/news/gb1508_illustration.jpg
Autor: Image courtesy of NASA.
Derechos: dominio público.

Figura 75. Los tres universos.
http://commons.wikimedia.org/wiki/File:End_of_universe.jpg
Fuente:http://www.google.com.br/imgres?q=cubo&hl=pt-BR&gbv=2&tbm=isch&tbnid=kRVXDeBtM7wUyM:&imgrefurl=http://computac
aografica.ic.uff.br/erratas.html&docid=JGBhW5pzDGjSIM&w=2163&h=1713&ei
=bwplTrncOMWCgAfGouCMCg&zoom=1&iact=hc&vpx=1337&vpy=410&dur=
156&hovh=200&hovw=252&tx=173&ty=72&page=1&tbnh=133&tbnw=168&sta
rt=0&ndsp=55&ved=1t:429,r:30,s:0&biw=1920&bih=899
Autor: Permission of NASA Official: Gary Hinshaw
Derechos: dominio público.

Figura 76. Las partículas más pequeñas y teorías que describen sus interacciones. El protón y el neutrón son bariones, mientras que el electrón es un leptón. La fuerza relativa que nos permite comparar la enorme diferencia entre las interacciones es del siguiente orden, de menor a mayor: gravedad ($10^0=1$), interacción débil (10^{25}), electromagnetismo (10^{36}), interacción fuerte (10^{38}).
http://commons.wikimedia.org/wiki/File:Archivo-
Informaci%C3%B3n_general_de_part%C3%ADculas.png
Fuente Particle_overview.svg
Autor: Particle_overview.svg: Headbomb derivative work: Jakeukalane (talk)
This file is licensed under the Creative Commons Attribution-Share Alike 3.0 Unported license.
Derechos: Licencia Creative Commons CC-BY-SA 3.0. Creative Commons license

Figura 77. Traza hipotética del bosón de Higgs obtenido por colisión protón-protón.
http://commons.wikimedia.org/wiki/File:CMS_Higgs-event.jpg
Fuente: http://cdsweb.cern.ch/record/628469
Autor: Lucas Taylor.
This file is licensed under the Creative Commons Attribution-Share Alike 3.0 Unported license.
Derechos: Licencia Creative Commons CC-BY-SA 3.0. Creative Commons license

Figura 78. Diferencias en el comportamiento energético entre fermiones y bosones.
Imagen del autor.

Figura 79. Campo de paneles fotovoltaicos.
http://commons.wikimedia.org/wiki/File:Giant_photovoltaic_array.jpg
Fuente: Solar panels connect to base electric grid

http://www.nellis.af.mil/news/story.asp?id=123071269
image - http://www.nellis.af.mil/shared/media/photodb/photos/071009-F-0136B-001.jpg
Autor: U.S. Air Force photo/Airman 1st Class Nadine Y. Barclay
Derechos: dominio público.

Figura 80. Fundamentos básicos de la fusión nuclear. Un átomo de helio creado a partir de la fusión de uno de deuterio con uno de tritio.
http://commons.wikimedia.org/wiki/File:Deuterium-tritium_fusion.svg
Fuente: Trabajo propio, based on w:File:D-t-fusion.png
Autor: Wykis
Derechos: dominio público.

Apéndice II. Citas.

[1] Newton I. *Principios Matemáticos de Filosofía Natural. Estudio preliminar, traducción y notas de Antonio Escohotado.* Editorial Nacional. Madrid, 1982, pág. 13.
[2] Einstein, A. *Notas Autobiográficas.* Alianza Editorial. Madrid, 1986, pág. 34.
[3] Lamelas, J. La *Leyenda de las Lágrimas Doradas.* Editorial Atlantis. Madrid, 2010. Contraportada.
[4] Sagan, C.; Druyan, A y Soter, S. *Cosmos. Capítulo 1. En la Orilla del Océano Cósmico.* Serie Documental. PBS, 1980.
[5] Luminet, J.P. *El Incendio de Alejandría.* Byblos. Barcelona, 2002, pág. 117.
[6] Citado en http://www.poetasandaluces.com/poema.asp?idPoema=1038
[7] Citado en http://www.google.es/url?sa=t&rct=j&q=&esrc=s&source=web&cd=1&ved=0CC4QFjAA&url=http%3A%2F%2Fdialnet.unirioja.es%2Fdescarga%2Farticulo%2F62140.pdf&ei=gmhhUtLLJcmV0AWsuoHYDg&usg=AFQjCNFG6LnW2f0lX_gMS6NWxO5TS6TxsQ&bvm=bv.54176721,d.d2k
[8] Citado en http://www.librosmaravillosos.com/fisicarecreativa1/capitulo01.html
[9] Citado en http://weib.caib.es/Recursos/revolucio_cientifica/revolucioncientifica/textos/texto5.html
[10] Cusa de, N. *La Docta Ignorancia. Traducción del latín, prólogo y notas de Manuel Fuentes Benot.* Aguilar, Madrid, 1961, pág. 84.
[11] Copérnico. *Sobre las revoluciones (De los orbes celestes).* Edición preparada por Carlos Mínguez y Mercedes Testal. Editorial Nacional, Madrid, 1982, pág 117.
[12] Citado en www.juntadeandalucia.es/averroes/~23005141/**Kepler**.pps
[13] Citado en http://hidraulica.umich.mx/bperez/caidadelosgraves.htm
[14], [15] Descartes, R. *Principia,* II, 36. III, 19.
[16] http://www.paginadigital.com.ar/articulos/varios1/elhornero16nat.html
[17] [18] [19] [20] [21] [22] [23] [24] Newton I. *Principios Matemáticos de Filosofía Natural.* Estudio preliminar, traducción y notas de Antonio Escohotado. Editorial Nacional. Madrid, 1982, pág. 10, 201, 228, 237, 237, 238, 655, 669.
[25] Citado en Gerard Holton. *Introducción a los conceptos y teorías de las Ciencias Físicas.* Revisada y ampliada por Stephen G. Brush. Editorial Reverté S.A. Barcelona, 2004, pág. 166.
[26] Citado en Granés, J; Cárdenas, J.L. *Isaac Newton. Obra y Contexto.* UNC. Bogotá, 2005, pág. 263, 264.
[27] Verne. J. *De la Tierra a la Luna.* Anaya. Madrid, 1989, pág. 102.
[28] Citado en http://es.wikiquote.org/wiki/Isaac_Newton
[29] [30] [31] [32] Citado en *Historia General de las Ciencias.* Traducción española de Manuel Sacristán. Orbis. Barcelona, 1988. V.9, pág. 208, 209, 210.
[33] Einstein, A. *Notas Autobiográficas.* Alianza Editorial. Madrid, 1986, pág. 35, 36.
[34] [35] Einstein, A. *Mis Ideas y Opiniones.* Antoni Boch, editor S.A. Barcelona, 2011, pág. 19, 87.
[36] [37] Einstein, A. *Notas Autobiográficas.* Alianza Editorial. Madrid, 1986, pág. 10-11,15-16.

[38] [39] Citado en Caminos Abiertos por Albert Einstein. Editorial Errando. Madrid, 1977, pág. 15, 21.
[40] Einstein, A. *Notas Autobiográficas*. Alianza Editorial. Madrid, 1986, pág. 20.
[41] [42]Citado en Hoffmann, B. *Einstein*. Salvat. Barcelona, 1984, pág. 43-44, 128.
[43] [44] [45] [46] Citado en Caminos Abiertos por Albert Einstein. Editorial Errando. Madrid, 1977, pág. 137,137, 153, 154.
[47] Pagels, H. R. *El Código del Universo*. Pirámide. Madrid, 1990, pág. 71.
[48] Citado en Hoffmann, B. *Einstein*. Salvat. Barcelona, 1984, pág. 61.
[49] Einstein, A. *Notas Autobiográficas*. Alianza Editorial. Madrid, 1986, pág. 61.
[50] [51] http://www.iac.es/cosmoeduca/gravedad/complementos/enlace3.htm
[52] Einstein, A. *Sobre la Teoría de la Relatividad Especial y General*. Alianza Editorial. Madrid, 2008, pág. 50, 51.
[53] Citado en pág. García Morente, M. *Obras Completas* I, Vol. 2. Edición de Juan Miguel Palacios y Rogelio Rovira. Barcelona, 1996, pág. 679.
[54] Geroch, R. *Relatividad General (de la A a la B)*. Alianza Editorial. Madrid, 1984, pág. 159.
[55] Hoffmann, B. *Einstein*. Salvat. Barcelona, 1984, pág. 115.
[56] Kaku, M. *El Universo de Einstein*. Antoni Bosh Editor. Barcelona, 2005, pág 76.
[57] Pagels, H. R. *El Código del Universo*. Pirámide. Madrid,1990, pág. 50.
[58] Geroch, R. *Relatividad General (de la A a la B)*. Alianza Editorial. Madrid, 1984, pág. 207, 208.
[59] Citado en Hoffmann, B. *Einstein*. Salvat. Barcelona, 1984, pág. 119.
[60] Citado en http://www.cienciahoy.org.ar/hoy44/demo5.htm
[61] Citado en Caminos Abiertos por Albert Einstein. Editorial Errando. Madrid, 1977, pág. 143, 144.
[62] Citado en http://es.wikipedia.org/wiki/Tercera_Guerra_Mundial
[63] Citado en http://ciencia1.nasa.gov/science-at-nasa/2002/08apr_atomicclock/
[64] Citado en http://edant.clarin.com/diario/2004/04/29/t-751046.htm
[65] Citado en Hoffmann, B. *Einstein*. Salvat. Barcelona, 1984, pág. 118.
[66]http://www.elmistico.com.ar/ciencia/einstein/legado_de_einstein.htm#.Umgr XBBrikM

BIBLIOGRAFIA

En esta obra han ido apareciendo muchos de los acontecimientos forjadores de la Física Moderna. Si el lector desea ampliar algún aspecto de los tratados en ella puede acudir a alguna de las referencias bibliográficas que a continuación se citan. La mayoría de ellas presenta los temas de modo sencillo y claro, lo que las hace accesibles a cualquier aficionado a las lecturas científicas de divulgación.

Obras de Historia de la Ciencia:

A HOMBROS DE GIGANTES:
ESTUDIO SOBRE LA PRIMERA REVOLUCIÓN CIENTÍFICA. Alberto Elena.
Alianza Editorial. Madrid, 1989

ASTROLOGÍA Y ASTRONOMÍA EN EL RENACIMIENTO:
LA REVOLUCIÓN COPERNICANA. J. Vernet.
El Acantilado D.L. Barcelona, 2000.

BIOGRAFÍA DE LA FÍSICA. George Gamow.
Alianza Editorial. Madrid, 1998.

DE PARACELSO A NEWTON:
LA MAGIA EN LA CREACIÓN DE LA CIENCIA MODERNA. Charles Webster.
Fondo de Cultura Económica. México, 1988.

EN BUSCA DE LAS ANTIGUAS ASTRONOMIAS. E.C. Krupp.
Pirámide. Madrid, 1989.

HISTORIA DE LA ASTRONOMIA. Giordano Abetti.
Fondo de Cultura Económica. México, 1966.

HISTORIA GENERAL DE LAS CIENCIAS. Varios.
Ediciones Orbis S.A. Barcelona, 1988.

HISTORIA DEL TELESCOPIO. Isaac Asimov.
Alianza Editorial. Madrid, 1986.

HISTORIA DE LA CIENCIA Y LA TECNOLOGÍA.
DE LA PREHISTORIA AL RENACIMIENTO. Giovanni di Pascuali.
Editex. Madrid, 1999

LA ASTRONOMIA EN EL ANTIGUO TESTAMENTO. Juan V. Schiaparelli.
Espasa Calpe. Madrid, 1969.

LA REVOLUCION COPERNICANA. Thomas S. Kuhn.
Ediciones Orbis S.A. Barcelona, 1988.

LAS MARAVILLAS DEL CIELO: ASTRONOMÍA Y ASTRONÁUTICA. Antonio Pazulie.
Danae. Barcelona, 1977.

LA REVELIÓN DE LOS ASTRÓNOMOS: COPÉRNICO Y KEPLER. Juan L. García.
Nivola. Madrid, 2000.

LA REVOLUCIÓN CIENTÍFICA DE LOS SIGLOS XVI Y XVII. A. Baig y M Agustench.
Alambra. Madrid, 1988.

LAS QUIMERAS DE LOS CIELOS: ASPECTOS EPISTEMOLÓGICOS DE LA REVOLUCIÓN COPERNICANA. Alberto Elena.
Siglo XXI. Madrid, 1985.

REFLEJO DEL COSMOS: ATLAS DE ARQUEOASTRONOMÍA EN EL MEDITERRÁNEO ANTIGUO. Juan A. Belmonte y Michael Haskin.
Equipo Sirius D.L. Madrid, 2002.

Obras de divulgación científica

A HOMBROS DE GIGANTES: LAS GRANDES OBRAS DE LA FÍSICA Y LA ASTRONOMÍA. Stephen Hawking .
Crítica. Barcelona, 2010.

BREVÍSIMA HISTORIA DEL TIEMPO. . Stephen Hawking y Leonard Modinow.
Crítica. Barcelona, 2005.

EL CODIGO DEL UNIVERSO. Heinz R. Pagels.
Pirámide. Madrid, 1990.

EL COMETA HALLEY. Isaac Asimov.
Plaza & Janés. Barcelona, 1986.

EL GRAN DISEÑO. S. Hawking y L. Mlodinow.
Crítica. Barcelona, 2010.

EL SEÑOR DEL AZAR:
CÓMO DIOS RIGE EL UNIVERSO CON SUS DADOS. Tomás Alfaro.
Ed. San Pablo D.L. Madrid, 1997.

ESPACIO, TIEMPO Y GRAVITACIÓN. Robert M. Wald
Fondo de Cultura Económica. México, 1994.
GRANDES METÁFORAS DE LA FÍSICA. Rafael Andrés Alemañ Berenguer.

Celeste Ediciones. Madrid, 1998.

HISTORIA DEL TIEMPO. Stephen Hawking.
Alianza Editorial. Madrid, 1999.

HISTORIA DE UN ÁTOMO UNA ODISEA DESDE EL BIG BANG HASTA LA VIDA EN LA TIERRA Y MÁS ALLÁ. Laurence M. Krauss.
Ed. Laetoli. Pamplona, 2005.

INTRODUCCIÓN A LA CIENCIA. Isaac Asimov.
Ediciones Orbis S.A. Barcelona, 1986

LA ÓPTICA. Ronal Prat.
Ediciones Orbis S.A. Barcelona, 1988.

LA BUSQUEDA DEL PRINCIPIO DEL TIEMPO. Heinz. R.Pagels.
Antoni Boch. Barcelona, 1983.

LA BUSQUEDA DE LOS ELEMENTOS. Isaac Asimov.
Plaza & Janés. Barcelona, 1986.

LA IMAGEN DE LA NATURALEZA EN LA FISICA ACTUAL. Werner Heisenberg.
Ediciones Orbis S.A. Barcelona, 1986.

LA LUZ. Pierre Rousseau.
Ediciones Orbis S.A. Barcelona, 1987.

LA NATURALEZA DEL ESPACIO Y DEL TIEMPO. S. Hawking y R Penrose.
Ed. Debate. Madrid, 1996.

LA TEORÍA DEL CUERPO NEGRO Y LA DISCONTINUIDAD CUÁNTICA. T. S. Kuhn.
Alianza Editorial. Madrid, 1987.

LAS DIMENSIONES GEMELAS. Géza Szamosi.
Pirámide. Madrid, 1988.

MATERIA Y ANTIMATERIA. Maurice Duquesne.
Oikos-Tau. Barcelona, 1990.

Obras sobre Astronomía:

ASTRONOMIA DE POSICION: ESPACIO Y TIEMPO. TeodoroVives.
Alhambra. Madrid, 1971.

ASTRONOMIA POPULAR. Camille Flammarion.
Montaner y Simon. Barcelona, 1963.

ASTROFISICA. RECOPILACION DE ARTICULOS DE LA RECHERCHE.
Varios.
Ediciones Orbis S.A. Barcelona, 1987.

ASTRONOMÍA SIN TELESCOPIO. Pierre Rousseau.
Ediciones Orbis S.A. Barcelona, 1987.

CONOCIMIENTO ACTUAL DEL UNIVERSO. Bernall Lovell.
Labor. Madrid, 1987.

DE LOS AGUJEROS NEGROS A LAS PROTOESTRELLAS. Rachid Ouyed.
Mundo Científico. Barcelona: RBA Revistas, septiembre, 1998.

EL COMETA HALLEY. INTRODUCCION AL ESTUDIO DE LOS COMETAS.
T. Vives.
Hermann Blume. Madrid, 1985.

EL INVIERNO CÓSMICO. V. Cluve y B. Napier.
Alianza Editorial. Madrid, 1995.

EL NACIMIENTO DEL TIEMPO:
CÓMO MEDIMOS LA EDAD DEL UNIVERSO. John Gribbin.
Paidós D.L. Barcelona, 2000.

EL PUNTO OMEGA: LA BÚSQUEDA DE LA MASA PERDIDA Y EL DESTINO FINAL DEL UNIVERSO. John Gribbin.
Alianza Editorial. Madrid, 1990.

EL UNIVERSO EN UNA CÁSCARA DE NUEZ. Stephen Hawking.
Crítica. Barcelona, 2011.

EL UNIVERSO. SU PRINCIPIO Y SU FIN. Loyd Motz.
Ediciones Orbis S.A. Barcelona, 1986.

INICIACION A LA ASTRONOMIA. Fred Hoyle.
Hermann Blume. Barcelona, 1984.

LA ASTRONONÍA Y LA ASTROFÍSICA. Francisco Sánchez.
Ed. Acento. Madrid, 1994.

LA CONEXIÓN CÓSMICA. Carl Sagan.
Ediciones Orbis S.A. Barcelona, 1986

LOS ENIGMAS DEL UNIVERSO: UN REPORTAJE SOBRE LA CREACCION.
A. González Labor. Madrid, 1987

LOS PROXIMOS DIEZ MIL AÑOS. Adrian Berry.
Alianza Editorial. Madrid, 1979.

MAS ALLA DEL SOL... Desiderio Papp.
Espasa Calpe. Madrid, 1977.

TEORÍAS DEL UNIVERSO. Ana Rioja y Javier Ordoñez.
Síntesis D.L. Madrid, 1999.

Obras de Albert Einstein:

DE MIS ÚLTIMOS AÑOS. Albert Einstein.
Ed. Aguilar, México, 1983.

EINSTEIN-BORN: CORRESPONDENCIA (1916-1955). A. Einstein, M. y H. Born.
Ed. Siglo XXI. México, 1973.

EL SIGNIGICADO DE LA RELATIVIDAD:
SOBRE LA TEORÍA DE LA RELATIVIDAD ESPECIAL Y GENERAL. Albert Einstein.
Planeta. Barcelona, 1992.

LA FÍSICA, AVENTURA DEL PENSAMIENTO. Albert Einstein y L. Infeld.
Ed. Losada. Buenos Aires, 1982.

NOTAS AUTOBIOGRÁFICAS. A. Einstein.
Alianza Editorial, Madrid 1986.

MI VISIÓN DEL MUNDO. Albert Einstein.
Ed. Tusquets. Barcelona, 1980.

MIS IDEAS Y OPINIONES. A. Einstein.
Antoni Boch, editor S.A. Barcelona, 2011.
SOBRE LA TEORÍA DE LA RELATIVIDAD ESPECIAL Y GENERAL. A. Einstein.
Alianza Editorial. Madrid, 2008.

Obras sobre Albert Einstein:

ABC DE LA RELATIVIDAD. Bertrand Russell.
Editorial Orbis S.A. Barcelona, 1986.

CAMINOS ABIERTOS POR ALBERT EINSTEIN. E. García Camarero.

Ed. Herrando. Madrid 1977.

CIEN AÑOS DE RELATIVIDAD. LOS ARTÍCULOS CLAVE DE ALBERT EINSTEIN DE 1905 Y 1906. Traducción, introducción y notas de Antonio Ruiz de Elvira.
Nivola libros y ediciones SL. Madrid, 2003.

EINSTEIN. Banesh Hoffmann.
Salvat. Madrid, 1986.

EINSTEIN. Walter Isaacson.
Debate. Madrid, 2008.

EINSTEIN: EL HOMBRE Y SU OBRA. Jeremy Bernstein.
McGraw-Hill. Madrid, 1992.

EINSTEIN EN ESPAÑA. Catálogo de la exposición de la Sociedad Estatal de Conmemoraciones Culturales y la Residencia de Estudiantes editado para el Año Internacional de la Física. Varios autores.
Amigos de la Residencia de Estudiantes. Madrid, 2005.

EINSTEIN, HISTORIA DE UN ESPIRITU. Desiderio Papp.
Espasa Calpe. Madrid, 1980.

EINSTEIN, PROFETA Y HEREJE. Luis Navarro Veguillas.
Ed. Tusquets. Barcelona, 2009.

EINSTEIN: UNA BIOGRAFÍA DIFERENTE. Denis Brian.
Acento Editorial. Madrid 2005.

EINSTEIN Y SU OBRA. C. Bidon.
Ed. Dopesa. Barcelona 1978.

EL ESPACIO TIEMPO DE EINSTEIN. Rafael Ferraro.
Ediciones Cooperativas. Buenos Aires, 2008.

EL JOVEN EINSTEIN: EL ADVENIMIENTO DE LA RELATIVIDAD. Lewis Pyenson.
Alianza Editorial. Madrid, 1990.

EL SEÑOR ES SUTIL...LA CIENCIA Y LA VIDA DE ALBERT EINSTEIN. Abraham Pais.
Ariel. Barcelona, 1984.

EL UNIVERSO DE EINSTEIN: CÓMO LA VISIÓN DE ALBERT EINSTEIN TRANSFORMÓ NUESTRA VISIÓN DEL ESPACIO Y DEL TIEMPO. Michio Kaku.
Antoni Bosh Editor. Barcelona, 2005.

EL UNIVERSO Y EL DOCTOR EINSTEIN. P. Barnet.
Fondo de Cultura Económica. México, 1964.

ENCUENTROS Y CONVERSACIONES CON EINSTEIN Y OTROS ENSAYOS.
W. Heisemberg.
Alianza Editorial. Madrid, 1979.

LO QUE EINSTEIN LE CONTÓ A SU COCINERO. Robert L. Wolke.
Ma non Troppo. Barcelona, 2011.

LO QUE EINSTEIN NO SABÍA. Robert L. Wolke.
Ma non Troppo. Barcelona, 2010.

¿QUÉ ES LA TEORÍA DE LA RELATIVIDAD? L. Landau e Y. Rumer.
Ed. Akal. Madrid, 1980.

RELATIVIDAD ESPECIAL. A.P.French.
Ed. Reverté. Barcelona, 1996.

LA RELATIVIDAD GENERAL (de la A a la B). R. Geroch.
Alianza Editorial. Madrid, 1985.

RELATIVIDAD SIN ENIGMAS. UN ENFOQUE RACIONAL. H. Sommer.
Ed. Herder. Barcelona, 1979.

RELATIVIDAD PARA TODOS. Rafael Alemañ.
Equipo Sirius SA. Madrid, 2004.

RELATIVIDAD Y UNIVERSO. RELATIVIDAD Y COSMOLOGÍA BÁSICAS.
Ángel Torregrosa Lillo.
ECU. Madrid, 2009.

TODO SOBRE EINSTEIN. Cynthia Phillips y Shana Priwer
Ma non Troppo. Barcelona, 2005.

UN ENCUENTRO CON EINSTEIN:
1905-2005 CENTENARIO DE LA RELATIVIDAD. Rodrigo Alonso Calzada.
Letra Clara D.L. Madrid, 2004.

Varios

EL CARACTER DE LA LEY FISICA. Richard P, Feynman.
Ed. Tusquets. Barcelona, 1988.

EL INCENCIO DE ALEJANDRIA. Jean-Pierre Luminet.
Alianza Editorial. Madrid, 1991.

EL SISTEMA MUNDO. Isaac Newton.
Alianza Editorial. Madrid, 1992.

GALILEO. Stillman Drake.
Alianza Editorial. Madrid, 1986.

INTRODUCCIÓN A NEWTON. Mauricio Maman.
Alianza Editorial. Madrid, 1995.

LA ENERGÍA NUCLEAR. Walter C. Patterson.
Ediciones Orbis S.A. Barcelona, 1986

LA HIPÓTESIS DE LOS PLANETAS. Claudio Ptolomeo.
Alianza Editorial. Madrid, 1987.

LA LEYENDA DE LAS LÁGRIMAS DORADAS. Juanjo Lamelas.
Editorial Atlántis. Madrid, 2010.

NICOLÁS COPÉRNICO. Benito Arbaizar.
Gaia. Coruña, 2002.

OPUSCULOS SOBRE EL MOVIMIENTO DE LA TIERRA. Nicolás Copérnico.
Alianza Editorial. Madrid, 1983.

PRINCIPIOS MATEMÁTICOS DE FILOSOFÍA NATURAL   Estudio preliminar, traducción y notas de Antonio Escohotado. Isaac Newton.
Tecnos. Madrid, 1987.

STEPHEN HAWKING: UNA VIDA PARA LA CIENCIA. M. White y J. Gribbin.
Salvat. Barcelona, 1993.

ÍNDICE

NOTAS DEL AUTOR 9

PARTE PRIMERA: EL COMIENZO DEL GRAN VIAJE 15

    1.1 El legado indeleble. 15

    1.2 La agonía de la Ciencia Antigua. 38

PARTE SEGUNDA: LOS MAESTROS CONTRUCTORES DE LA CIENCIA........ 57

    2.1 La herejía de los sabios. 57

    2.2 ISAAC NEWTON: el Determinismo Científico. 79

        2.2.1 Ambiente científico y filosófico de Newton.. 79

        2.2.2 Isaac Newton y su particular carácter. 84

        2.2.3 El Sistema Mundo de Newton: 92

        2.2.4 Filosofía científica de la obra newtoniana. 106

    2.3 Los grandes perjudicados. 108

    2.4 Los continuadores de la herencia newtoniana 117

PARTE TERCERA: EL CAMINO HACIA LA RELATIVIDAD 125

    3.1 Los cimientos de la Nueva Ciencia. 125

    3.2 ALBERT EINSTEIN. 149

        3.2.1 Una vida azarosa. 149

        3.2.2 Los tres trabajos. 172

        3.2.3 Hacia la Relatividad General. 213

        3.2.4 Las pruebas de la Relatividad. 234

        3.2.5 El legado del sabio. 277

LA LLEGADA 299

Apéndice I: Las imágenes en la obra. 302

Apéndice II. Citas. 314

BIBLIOGRAFIA 316

www.ingramcontent.com/pod-product-compliance
Lightning Source LLC
Chambersburg PA
CBHW021350210526
45463CB00001B/53